人生就要活得漂亮

东云 编著

北京工艺美术出版社

图书在版编目（CIP）数据

人生就要活得漂亮/东云编著. — 北京：北京工艺美术出版社，2017.5（2021.4重印）

（第一阅读系列）

ISBN 978-7-5140-1060-2

Ⅰ.①人…　Ⅱ.①东…　Ⅲ.①人生哲学-通俗读物　Ⅳ.①B821-49

中国版本图书馆CIP数据核字（2017）第051046号

出　版　人：陈高潮　　　　　　封面设计：青蓝工作室
责任编辑：陈宗贵　　　　　　　责任印制：高　岩

法律顾问：北京恒理律师事务所　丁　玲　肖灵利

人生就要活得漂亮

东　云　编著

出　　版	北京工艺美术出版社	
发　　行	北京美联京工图书有限公司	
地　　址	北京市朝阳区焦化路甲18号	
	中国北京出版创意产业基地先导区	
邮　　编	100124	
电　　话	（010）84255105（总编室）	
	（010）64283627（编辑室）	
	（010）64280045（发　行）	
传　　真	（010）64280045/84255105	
网　　址	www.gmcbs.cn	
经　　销	全国新华书店	
印　　刷	金世嘉元（唐山）印务有限公司	
开　　本	720毫米×1020毫米　1/16	
印　　张	24	
版　　次	2017年5月第1版	
印　　次	2021年4月第2次印刷	
印　　数	5001～15000	
书　　号	ISBN 978-7-5140-1060-2	
定　　价	59.00元	

前言
Preface

　　每个人都希望自己的一生能够一帆风顺，然而人的一生中总要感受成败得失，经历悲欢离合。我们对人生有什么样的期盼并不重要，重要的是要把自己的人生活得漂亮，活出一种精神，活出一种品位，活出一份至真至纯的精彩。

　　人生就像一片海，有时风平浪静，有时波涛汹涌；有时风和日丽，有时雷电交加。只有我们深刻感悟人生的真谛，才能在人生道路上走得更平稳、更顺利，从而使我们加快走向成功的步伐，早日拥有属于自己的一片蓝天。

　　本书汇集古今中外对人生具有启发和指导意义的感悟，内容深刻全面，涉及成败、得失、心态、机遇、宽容、品德、选择与放弃、细节、人脉、亲情、友情、婚姻等方方面面的人生话题。一个个精彩的小故事，都凝聚着人世间的爱与恨、痛苦、忧伤与欢乐，让你在瞬间的感受中得到体会，使你以新的角度审视自己的人生。

　　这些凝聚着前人智慧和经验的感悟是我们受益一生的法宝。

能让读者在轻松的阅读中得到全面的人生启迪，学会为人
处世及立足社会的必备技能，更深刻地理解和把握人生，
从容地面对生活中的各种问题，在未来的人生旅程中，多
一些得，少一些失；多一些成，少一些败。只要你深刻领
悟其中的道理，娴熟地掌握、运用，相信你一定能够成就
自我，你的人生就不会留下遗憾。

目录
Contents

第二章　并不是所有的成功，都会闪烁着耀眼的光芒

第三章　踩着失败走向成功

第四章　不要在不经意间，错过一些最重要的东西

第五章　如果机会不大，就要想办法争取机会

第六章　懂得生存，学会竞争

第七章 接受不幸不如接受挑战，相信命运不如相信自己

第十章　不要成为欲望和金钱的奴隶

第十一章　真诚待人，建立良好人际关系

第十二章　凡事都要有度，一切都要适可而止

第十三章　换一个角度看问题，很多事都可以坦然面对

第十四章　注重细节，抓住每次机遇

第十七章　要想收获果实，就必须先播种

第十八章　这世上最靠得住的东西，是智慧和本领

第一章

世界上没有失败，只有暂时的不成功

没有人能够永远成功，也没有人永远失败；世界上没有失败，只有暂时的不成功。所以，当我们遭遇一些挫折时，不要灰心和失望，要相信：失败只是暂时的，成功就在前面。

成功无定律，要靠自己去寻找

20 世纪 50 年代初期，有个叫丹尼尔的年轻人，从美国西部一个偏僻的山村来到纽约。走在繁华的都市街头，啃着干硬冰冷的面包，他发誓一定要闯出一片属于自己的天空。

然而，对于没有进过大学校门的丹尼尔来说，要想在这座城市里找到一份称心如意的工作，简直比登天还难，几乎所有的公司都拒绝了他的求职请求。

就在他心灰意冷之时，有一天，他接到一家日用品公司让他去面试的通知。他兴冲冲地去应聘，但是面对主考官有关各种商品的性能和如何使用的提问，他吞吞吐吐一句话也答不出来。说实话，摆在他眼前的许多东西他从未接触过，有的连名字都叫不出来。

眼看唯一的机会就要消失，丹尼尔在转身退出主考官办公室的一刹那，他有些不甘心地问："请问阁下，你们到底需要什么样的人才？"

主考官彼特微笑着告诉他："这很简单，我们需要能把仓库里的商品销售出去的人。"

回到住处，丹尼尔回味着主考官的话，他突然有了奇妙的感想：不管哪个地方招聘，其实都是在寻找能够帮自己解决实际问题的人。既然如此，何不主动出击，去寻找那些需要帮助的人？他想，总有一种帮助是他能够提供的。

不久，在当地的一家报纸上，出现了一则颇为奇特的启事。文中有这样一段话：谨以本人人生信用作担保，如果你或者贵公司遇到难处，如果你需要得到帮助，而且我也正好有这样的能力给予帮助，我一定竭力提供最优质的服务……

让丹尼尔没有料到的是，这则并不起眼的启事登出后，他接到了许多来自不同地区的求助电话和信件。

原本只想找一份适合自己工作的丹尼尔，这时又有了更有趣的发现：老约翰为自己的花猫咪生下小猫照顾不过来而发愁，而凯茜却为自己的宝贝女儿吵着要猫咪找不到卖主而着急；北边的一所小学急需大量鲜奶，而东边的一处牧场却奶源过剩……诸如此类的事情一一呈现在他面前。

丹尼尔将这些情况整理分类，一一记录下来，然后毫不保留地告诉那些需要帮助的人。而他，也在一家需要市场推广员的公司找到了适合自己的工作。不久，一些得到他帮助的人给他寄来了汇款，以表谢意。

据此，丹尼尔灵机一动，辞职注册了自己的信息公司，业务越做越大，他很快成为纽约最年轻的百万富翁之一。

后来，丹尼尔告诫自己的孩子：成功无定律，幸运从来不主动光顾你，要靠自己去寻找。有时候，给别人帮助的同时，其实也为自己创造了最好的成功机会。

感悟

世上没有万能的成功公式，也没有什么万能的成功定律。"条条大路通罗马"，通往成功的路也有多条，总有一条是属于你的，但到底走哪条路，要靠自己去寻找和选择。

要想使人生出现转机，就要做到出新出奇

毛姆是英国著名作家，写下了《人性的枷锁》等著名长篇小说，他的短篇小说在世界上也非常具有影响力。

可谁知道，这位大作家在成名之前，生活却十分艰难，常常饿着肚子写作。

有一天，快到山穷水尽的毛姆来到一家报社的广告部，找到主任后，结结巴巴地说："先生，请帮我一把吧，我要推销我的小说。想来想去，只能求助于报社刊登广告了。还请您帮忙，在各大报纸上都刊登。"

"各大报纸？"广告部主任瞪大了眼睛，"毛姆先生，你有钱来登广告吗？"

"有，这个广告刊登后，我的书肯定会销售一空的，您肯先帮我垫付广告费吗？到时加倍还您。"毛姆自信地说。

面对主任一脸的迷惘，毛姆递上自己拟好的广告词。主任飞速地看完，立即一拍桌子："好，这主意棒极了，我帮你！"

第二天，各大报纸同时登出了一则令人注目的征婚启事："本人喜欢音乐和运动，是个年轻而有教养的百万富翁，希望能和毛姆小说中的主角完全一样的女性结婚。"

女性读者们看到这则广告，马上飞奔到书店，抢购毛姆的小说，回到家后，更是闭门苦读，让自己向小说中的女性靠拢。

男性读者也不甘落后，他们也争相阅读，他们的目的是想研究女性心理，然后对症下药，以防范自己的女友投进富翁的怀抱。

短短几天时间，毛姆的小说就被抢购一空，毛姆一举成名。他的生活终于迎来了巨大的转机。

感悟

创新是一种智慧。一个人越有创新能力，他的观点和想法就越多，他的能力就越强，他成功的可能性就越大。要想使自己的人生出现转机，最好的办法就是做到出新出奇。

有时动机越简单，就越容易成功

美国有个叫杰福斯的牧童，他的工作是每天把羊群赶到牧场，并监视羊群不越过牧场的铁丝栅栏到相邻的菜园里吃菜。

有一天，小杰福斯在牧场上不知不觉地睡着了。不知过了多久，他被一阵怒骂声惊醒。只见老板怒目圆睁，大声吼道："你这个没用的东西，菜园被羊群搅得一塌糊涂，你还在这里睡大觉！"

小杰福斯吓得面如土色，不敢回话。这件事发生后，机灵的小杰福斯就想，怎么才能使羊群不再越过铁丝栅栏呢？他发现，那片有玫瑰花的地方，并没有牢固的栅栏，但羊群从不过去，因为羊群怕玫瑰花的刺。"有了，"小杰福斯高兴得跳了起来，"如果在铁丝上加上一些刺，就可以挡住羊群了。"

于是，他先将铁丝剪成了5厘米左右的小段，然后把它结在铁丝上当刺。接好之后，他再放羊的时候，发现羊群起初也试图越过铁丝栅栏去菜园，但每次被刺疼后，都惊恐地缩了回来。被多次刺疼之后，羊群再也不敢越过栅栏了。

小杰福斯成功了。

半年后，他申请了这项专利，并获批准。后来，这种带刺的铁丝网便风行全世界。

感悟

在做事时，有时动机越直接、越简单，目标就越明确，最后也就越容易成功。所以，在日常生活中，遇到无法解决的问题时，不要把它复杂化，只要抓住问题的关键所在，问题就很容易被解决。

世界上没有失败，只有暂时的不成功

西娅在维伦公司担任高级主管，待遇优厚。很长一段时间，她都为到底去什么地方度假而烦恼。但是情况很快就变得糟糕起来。为了应对激烈的竞争，公司

开始裁员，而西娅则是被裁掉的其中一员。那一年，她43岁。

"我在学校里一直表现不错，"她向朋友说道，"但没有哪一项特别突出。后来，我开始从事市场销售。在30岁的时候，我加入了那家大公司，担任高级主管。"

"我以为一切都会很好，但在我43岁的时候，我失业了。那感觉就像有人给了我的鼻子一拳。"她接着说，"简直糟糕透了。"西娅似乎又回到了那段灰暗的日子，语气也沉重了许多。

在那段灰暗的日子里，西娅不能接受自己失业的事实。躲在家里不敢出门，因为每当看到忙碌的人们，她都会觉得自己没用，脾气也越来越大，孩子们也越来越怕她。

情况似乎越来越糟糕。就在这时，转机出现了。一个出版界的朋友询问她该如何向化妆业出售广告。这是她擅长的东西，她似乎又重新找到了自己的方向：为很多的公司提供建议、出谋划策。

两年后，西娅已经拥有了自己的咨询公司。她已经不再是一个打工者，而是成为一个老板，收入自然也比以前的工作多很多。

"被裁员是一件糟糕的事情，但那绝对不是地狱。也许，还是一个改变命运的机会，比如现在的我。其实，重要的是如何面对。我记得那句名言：世界上没有失败，只有暂时的不成功。"西娅总结道。

感悟

没有人能够永远成功，也没有人永远失败；世界上没有失败，只有暂时的不

成功。所以，当我们遭遇一些挫折时，不要灰心和失望，要相信：失败只是暂时的，成功就在前面。

成败取决于自己

欧洲的某个城镇又热闹起来了，这里正在举行一年一度的电单车竞赛，全球的高手都陆续涌进这个城镇。许多竞赛好手都提前两三个星期到当地训练，以适应现场的地理环境。

在众多好手中，有3个不同人生观的青年。

第一个相信宿命论。有一次，他在竞赛时滑倒了，起来之后虽然拼尽全力，却无法改变失败的结果。此后，每遇比赛，一旦他不幸滑倒就会自动弃权，因为他认为那是命中注定的。他将整个竞赛的成败，寄托于冥冥之中的"命运"。

第二个青年，每逢竞赛之前，他一定跟从父母去向扶箕的人询问结果。若那人点头准许他参加竞赛的话，他便会有信心去参赛，否则，便放弃。这次参赛，父母已询问过了，说他这次一定可以夺取冠军。这名青年将整个竞赛的夺冠机会，交给一种超自然的神秘力量。

最后一个青年，是第一次参赛，他的目的也是为了夺取冠军，以赢取10万美元的奖金，好让他病重的母亲到外国去治疗。他每天都勤奋地练习，跌倒了，又爬起来，他不断鼓励自己：我一定要得到冠军！我一定要！他将这场比赛的胜利掌握在自己手中。

比赛开始了。一声枪响，选手们便往前冲去。

第一个青年在比赛开始后不久，因路滑跌倒，他便将单车推到路旁，很无奈地看着许多选手从他的眼前驰过。"唉，这是上天的安排，有什么办法呢！"第二个青年因有"神"的保佑而拼命地奔驰，突然，在一个转弯处，他一不留神，发生意外，人仰车翻，不省人事。至于第三个竞赛者，他也很拼命地奔驰。一旦跌倒了，他又赶快爬起来，忍痛继续冲刺。炎炎烈日，无法遮盖他那颗炽热的心。由于他将成败决定在自己手中，终于夺得了冠军。

有许多人把成败归于命运的安排或是神明的决定，这是一种极其消极的态度。其实，成功或失败只取决于自己——是否具有积极的心态，是否付出了努力。

想要取得成功，就要善于发现和抢占机会

1951年夏天，凯蒙斯·威尔逊驾驶一辆大汽车，带着全家老小开往华盛顿特区旅游观光。一路上，美丽的风光使他心旷神怡，可住宿的遭遇却让他十分恼火：客房既小又脏，水暖设备差，洗澡不方便，一家人合住一间客房，每个孩子睡在地板上也要收费。汽车旅馆很少有餐厅，即使有的话，所供应的食物都很差，收费却特别高。

"孩子睡在地板上还要加钱，太不应该了。"凯蒙斯对妻子抱怨道："设施齐全、服务周到的汽车旅馆居然一家都没有！"

"都是这样的，在外就将就些吧。"妻子劝慰说。

那一刻，凯蒙斯的眼睛一亮，汽车旅馆普遍差，这不是蕴含着巨大的商机吗？如果我建造一些宾馆式的汽车旅馆，不是能赚大钱吗？

他兴奋地对太太说："我打算建造许多新型的汽车旅馆，和父母同住客房的儿童，也决不另外收取费用。我要做到人们一看到旅馆的招牌，就像看到了自己的家，感到舒适和方便，这正是现在汽车旅馆所缺少的。我想，我是极其平常的人，我喜欢的东西，别人也会喜欢。"

1952年8月1日，他的第一家假日酒店正式开张营业。

旅馆所在的孟菲斯市萨默大街，是汽车从东进入孟菲斯的主要通道，也是来往美国东西部的一条重要机动车道路。

在路旁，一块18米高的黄绿两色"假日酒店"的大招牌特别引人注目。到了晚上，招牌上的霓虹灯闪闪发光，更是醒目。汽车无论行驶在高速公路上的哪个方向，都能一眼望到假日酒店的招牌。

走进酒店，你会发现服务设施特别周全：走廊上备有软饮料和制冰机，旅客可以免费取用；客房里的空调让人感到十分凉爽；游泳池里清波荡漾；走几步就

是餐厅，可供全家用餐，餐桌上还有特地为儿童设计的菜单；住进酒店，工作人员会叫得出你的名字，这让你备感亲切，他们见了你就微笑——这是凯蒙斯要求的。他说："世界上的语言有几百种，但微笑是通用的语言。微笑不需要翻译。"旅客需要服务，马上会有人来，并且决不收取小费；天气好的话，旅客可以在晚饭后出外散步，享受郊外的宁静感觉……而享受这一切，价格绝对便宜：单人房才收4美元，双人房6美元。凯蒙斯规定，和父母一起住的孩子，一概不另外收费。

"高级膳宿，中档收费。"凯蒙斯说，"既不完全是汽车旅馆，也不完全是宾馆，但提供它们两者都有的服务。"

一炮打响，凯蒙斯马上着手建造更多的假日酒店。他采取特许经营办法，向社会出售特许经营权，从而迅速推动假日酒店在全美各地到处开花……

20世纪60年代初，人们对电脑还是很陌生的。可凯蒙斯却已经在思考如何应用这个新的技术来为酒店服务。他有一种预感，电脑会给酒店带来许多好处。他想，为旅客预订外地假日酒店客房唯一的办法就是打长途电话，长途电话费太贵了。能不能利用电脑，为各地的假日酒店相互之间建立"快车道"呢？他委托 IBM 设计安装一套电脑系统，它可以即时找出或预订在任何地方的任何一家假日酒店的可供投宿的客房。

当时其他的连锁旅馆都没有这种先进设备，假日酒店一下子拥有了巨大的优势。

机会不是等来的，机会是需要被发现的，是需要被抢占的。很多人之所以能够成功，就是因为他们有敏锐的眼光，能够发现别人没有发现的机会，并能抢占机会。

成功没有固定的模式，一味地模仿不可能取得大的成就

托马斯·杰斐逊是美国第三任总统，他在给孙子的忠告里，提到了以下10点生活的原则：

1. 今天能做的事情绝对不要推到明天。

2. 自己能做的事情绝对不要麻烦别人。

3. 决不要花还没有到手的钱。

4. 决不要贪图便宜购买你不需要的东西。

5. 绝对不要骄傲，那比饥饿和寒冷更有害。

6. 不要贪食，吃得过少不会使人懊悔。

7. 不要做勉强的事情，只有心甘情愿才能把事情做好。

8. 对于不可能发生的事情不要庸人自扰。

9. 凡事要讲究方式方法。

10. 当你气恼时，先数到 10 再说话，如果还气恼，那就数到 100。

约翰·丹佛是美国硅谷著名的股票经纪人，也是有名的亿万富翁，在对记者的一次答辩中，他也发表了对以上几个问题的看法。从鲜明的对比中，我们可以看出一个政治家和一个商人的截然不同。

1. 今天能做的事情如果放到明天去做，你就会发现很有趣的结果。尤其是买卖股票的时候。

2. 别人能做的事情，我绝对不自己动手去做。因为我相信，只有别人做不了的事情才值得我去做。

3. 如果可以花别人的钱来为自己赚钱，我就绝对不从自己的口袋里掏一个子儿。

4. 我经常在商品打折的时候去买很多东西，哪怕那些东西现在用不着，可是总有用得着的时候，这是一个预测功能。就像我只在股票低迷的时候买进，需要的是同样的预测功能。

5. 很多人认为我是一个狂妄自大的人，这有什么不对吗？我的父母我的朋友们在为我骄傲，我找不出我有什么理由不为自己骄傲，我做得很好，我成功了。

6. 我从来不认为节食这么无聊的话题有什么值得讨论的。哪怕是为了让营养学家们高兴，我也要做出喜欢美食的样子，事实上，我的确喜欢美妙的食物，我相信大多数人有跟我一样的喜好。

7. 我常常不得不做我不喜欢的事情。我想在这个世界上，我们都没有办法完全按照自己的意愿做事。正像我的理想是一个音乐家，最后却成为一个股票经纪人。

8. 我常常预测灾难的发生，哪怕那个灾难的可能性在别人看来几乎为零。正是我的这种本能使我的公司在美国的历次金融危机中逃生。

9. 我认为只要目的确定，我就不惜代价去实现它。

10.我从不隐瞒我的个人爱好,以及我对一个人的看法,尤其是当我气恼的时候,我一定要用大声吼叫的方式发泄出来。

　　不同的行业,不同的人,有不同的生活方式和做人原则。也就是说,成功没有固定的模式,一味地模仿别人的人不可能取得大的成就。所以,我们必须用合乎情理的行为方式,去探索和追求属于自己的成功。

一个人若想成功,往往要经历很多事

　　安德莱耶维奇手拿报纸,坐在沙发上打盹儿。突然,有人急促地敲窗,这使安德莱耶维奇有些不知所措,因为他住在8楼,而且他这套房间是没有阳台的。起初,他只当是自己的幻觉。但是,敲窗声再次传来。陡然,窗户自动打开,窗台上显现出一个男子的身影,这人穿着长长的白衬衫。

　　安德莱耶维奇惊恐地暗想:"是个梦游病患者吧,他要把我怎么样?"只见那男子从窗台跳到地板上,背后有两个翅膀摆动了一下。接着,他走到沙发跟前,随便地挨着安德莱耶维奇坐下,说:"深夜来访,请您原谅。不过,这是我的工作。有人说,我们天使逍遥自在,终日吃喝玩乐,其实那是胡言乱语。实际上,他对我任意欺压,刻薄着呢。"

　　安德莱耶维奇一下子没弄懂,问:"这个'他'是谁呀?"天使压低声音回答:"我告诉你吧,是上帝!""哦,明白了,明白了。那么,上帝或者您,找我有事儿吗?"天使说:"您要知道,我是奉他的命令来找您的。我负责分配上帝所赐的东西,也就是智慧。每个人都应该分配到智慧,或多或少罢了。可是昨天我查明,我一时疏忽,您遭到了不公正的对待,也就是说,我忘了分配智慧给您。"

　　安德莱耶维奇怒气冲冲,从沙发上一跃而起:"什么,什么!您怎么能够如此粗心大意!快把我应有的一份交给我!别人的我管不着,可我的一份,劳驾,快交给我吧。哼,难道我低人一等?"天使安慰他:"我正是为此而来。我完全承认自己的过错。我尽力弥补,为您效劳。我给您送来的,不仅是智慧,而且是大智慧！"天使从怀里取出一只小塑料袋，里面五颜六色，流光溢彩。安德莱耶维奇接过小塑料袋，藏进床头柜的抽屉里，转身说："谢谢您想起了我！要不然，我就会一点智慧也没有、傻头傻脑地混一辈子了！""如今全安排好了！我真为您高兴！现在，您将享受到苦苦怀疑的幸福！""什么，什么？怎样的怀疑？"

"苦苦的怀疑。""这是为什么？非苦不可吗？""那当然。此外，您还将狠狠地摔跤，飞速地升迁。"安德莱耶维奇没听清楚："飞速地升迁？那好哇，还有什么？""狠狠地摔跤！"安德莱耶维奇警觉起来："唔，那么，还会怎么样？""您还会由于暂时不被理解的孤立而感到一种崇高的自豪。"

"暂时不被理解？您不骗人？的确是暂时的吗？""当然，暂时的！不过，这段时间可能比您的一生还长得多，但是您将经常具有一种创造的冲动！"安德莱耶维奇皱眉蹙额说："创造的冲动？还有什么？您全爽爽快快说出来吧，别折磨人了。""哦，还多着呢。也许，甚至要为所抱的信念而牺牲生命，死而无憾！""一定得……得死吗？""要有充分的思想准备。这是获得人们敬仰的、万世流芳的伟大幸福。"

安德莱耶维奇沉默片刻，使劲地握握天使的手，说："哦，好吧，谢谢您，感谢之至！"等天使飞出窗户，安德莱耶维奇就从抽屉里取出小塑料袋，准备丢进垃圾通道。

转念一想，又下了楼，走进院子，找了个阴暗角落，把一塑料袋大智慧深深地埋入土中。

成功是每个人都梦寐以求的事，但一个人若想成功，往往要经历很多事。这些事包括"苦苦的怀疑""大起大落"，甚至是"失去生命"。所以，如果你想成功，那么就要做好这些心理准备。

只有充分了解自己，才能握住成功的手

重塑形象的乌龟给狮王递上呈文，要求委以重任。

狗问乌龟："你想要什么职位？"

乌龟说："想当跟车的仆人。"

"这哪儿成？"狗纳闷儿，"你怎能胜任这个职务？你爬一步才前进一寸，而跟车的仆人要有飞毛腿般的奔跑能力，你真是异想天开。看来，你从没伺候过富家豪门。"

乌龟道："只要有孝心，老天爷肯安排，就一定能让他们满意。"

结果呢？乌龟果然当上了这个官差。这么一来，赞颂之辞漫天飞，都夸乌龟跑得快，是个了不起的奇才。

在这种社会评价下，乌龟更加自信，又产生了更宏伟的设想，于是找到了鹰王说："请教我飞翔吧！只上一堂课我就能冲上云霄，穿过大气层，翻飞在太空。在那里，我看太阳、月亮，还有成千上万的星星。我还可神速地降落，逍遥自在地掠过一个又一个城市，在短短的几天中饱览所有风光！

鹰王嘲笑乌龟的荒唐，奉劝他耐心地用自己的方式生存。可乌龟却固执己见，坚持要鹰王把飞翔的本领教给他。

鹰王无奈，只好抓起乌龟直飞云端，并对乌龟说："看你怎样飞翔！"说着鹰王爪子一松，乌龟掉了下来，摔得粉身碎骨。

在社会生活中，只有充分了解自己，才能握住成功的手。决不能因为得到一些美誉就飘飘然起来，忘记了自己是谁，有多大能耐。盲目地作超出自身实际能力的决策，最后只会把自己搞得遍体鳞伤。

拥有强烈的自信，就等于成功了一半

1926 年，毕业于东京大学法律系的大村文年进入"三菱矿业"做了一名小职员。

当公司为新人举行欢迎会时，他对那些与他同时进入公司的同事说："我将来一定要成为这家公司的总经理。"

一番豪言壮语之后，他开始了自己的长远计划。他凭借旺盛的斗志与惊人的体力，数十年如一日，孜孜不倦地工作，后来远远超过众多资深的同事，在毫无派系的背景之下，完全凭借本人实力，冲破险境，终于在 35 年之后当上"三菱矿业"的总经理。

以三菱财阀的历史而言，未到 60 岁就成为直系公司的总经理是史无前例的。他的成绩惊动了日本工商界人士，人们无不惊讶，并深感佩服。

再来看下面的这个故事。

在 1949 年，一个 24 岁的年轻人，充满自信地走进美国通用汽车公司，应聘做会计工作。这一切只是因为父亲曾说过"通用汽车公司是一家经营良好的公司"，并建议他去看一看。

在应聘时，他的自信使考官印象十分深刻。当时只有一个空缺，而考官告诉他，那个职位十分艰苦难当，一个新手可能很难应付得来。但他当时只有一个念头，即进入通用汽车公司，展现他足以胜任的能力与超人的规划能力。

当考官在雇用这位年轻人之后，曾对他的秘书说："我刚刚雇用一个想成为通用汽车公司首席执行官的人！"

这位年轻人就是从 1981 年开始出任通用汽车首席执行官的罗杰·史密斯。

感悟

　　一个自信的人，会把"不可能"变成"我能行"。谁拥有了自信，谁就成功了一半，另一半成功则是靠付诸行动。

无论做什么事，我们都要用心把它做好

　　第二次世界大战结束的时候，美国的国旗上只有 48 颗星，它代表着当时美国联邦政府的 48 个州。但 20 世纪 50 年代后期，两个新的州即将加入联邦政府，这样，有着 50 个州的美国，再用 48 颗星的国旗就显得很不合适了。那么谁是新国旗的设计者呢？出人意料的是，50 颗星的新国旗的设计者，在当时仅仅是个 17 岁的高中生，他的家在俄亥俄州的兰开斯特市。

　　那是 1958 年春天的一个星期五下午，高中生罗伯特·C.赫弗特坐着校车回家。他一路上都在思考历史课老师普拉特先生布置的家庭作业。老师要求全班同学各自独立完成一个课题，这个课题要能表达他们对历史这门学科的兴趣。要求是：有可视性，有独创性。作业要在下星期一完成。做什么好呢？

　　罗伯特所乘坐的校车驶过兰开斯特的闹市区时，一眼看见了飘扬在市政厅屋顶上的美国国旗。"就是它了，我要设计一面新的国旗。"他对自己说。

　　当时，阿拉斯加很快就将成为美国的第 49 个州，他有一个预感，其时由共和党占统治地位的夏威夷，也一定会在不久的将来，成为美国的第 50 个州。

　　回到家，一放下书包，罗伯特便着手设计心目中的新的美国国旗。他画出了 50 个小格子，每一个格子里画上一颗五角星。思路一打开，便一发不可收拾，他一口气将脑海中的图案定格于稿纸上：每行 6 颗星，一共有 5 行，另外还有 4 行，每行 5 颗星。

　　第二天早上，他从衣柜里找出家里备用的当时的国旗，在客厅里，用剪刀剪下了蓝底上印有 48 颗星的那一角。

　　妈妈看见罗伯特用剪刀剪国旗，着实吓了一跳。她责备罗伯特亵渎神圣的国旗。

可罗伯特争辩说，这是在做学校布置的家庭作业。"妈妈，我保证，我不会把国旗给搞糟的。"罗伯特说。

罗伯特骑车到商店买来了一块蓝色的棉布，还有一些补衣服用的胶布。只要用熨斗一熨，这些胶布就会黏在棉布上。他先用硬纸板剪好五角星，然后照着样子在胶布上画下 100 颗五角星，剪下来，这样，他就可以在蓝布的两面各贴上 50 颗星了。

本来，罗伯特打算请妈妈帮他把做好的旗面缝到那面旧国旗上，但是妈妈不愿意"胡来"。于是，罗伯特只好自己用脚踏缝纫机把这一角缝了上去，连他自己都惊讶，自己居然会无师自通地使用缝纫机。最后，他用熨斗把缝好的国旗熨烫平整。家庭作业完成了。

但结果并不像罗伯特所希望的那样能得到个"A"。老师普拉特先生仔细看了罗伯特的杰作，摇了摇头说："这不是我们真实的国旗，我们的国旗上哪来 50 颗星？"尽管罗伯特解释了又解释，但普拉特先生坚持只给罗伯特打个"及格"。罗伯特又气又恼，非常扫兴。他据理力争，这还是他第一次为自己的分数与老师争辩："我认为我的作业应该得到更好的分数。另一个同学做了一幅树叶黏贴画都得了'A'，我的作业为什么不能？何况我的作业还发挥了一定的想象力呢！"

普拉特先生冷静地看着罗伯特，宣布说："如果你不喜欢我给你的分数，那你自己把旗帜扛到华盛顿去，看他们能接受不？"

这正是罗伯特心中所希望做的事。他马上骑车去了当地议员沃尔特·莫勒先生的家。敲开议员的家门，罗伯特把他自己设计的、新做的国旗拿给沃尔特·莫勒先生看，并陈述了他为什么要这样设计新国旗的原因。这个稚气未脱的 17 岁的高中生问议员先生："您能把我设计的新国旗带到首都华盛顿去吗？如果要举行为 50 个州的美利坚合众国设计新国旗的比赛，议员先生，您能把这面旗帜推荐去参加比赛吗？"面对这位情绪激动

的高中生，莫勒先生显得手足无措，最终答应下来。

"也许他是想赶紧把我打发走。"罗伯特后来对人讲起这事时笑着说。

在接下来的两年中，罗伯特一直怀着希望等待着。1959 年 1 月，美国总统艾森豪威尔签署了公告，宣布阿拉斯加成为美国的第 49 个州。就像其他的州一样，按规定，代表阿拉斯加州的这一颗星，应该在 7 月 4 日美国国庆这一天加进国旗里。但是，显而易见，49 颗星的美国国旗几乎立即就要过时，因为到这一年的 8 月，夏威夷就将成为美国的第 50 个州。这正是罗伯特所预料和期望的。

这时，罗伯特已经高中毕业了，普拉特先生给那次作业判下的可悲分数"及格"仍然记录在登记本里。罗伯特成了一家工业公司的制图员。"我设计的那幅国旗不知怎么样了？"他时常禁不住想到它。他已经听说有成千上万的国旗设计方案交了上去。国会组织了一个专门的委员会负责审查，最后选出 5 个方案上报给艾森豪威尔总统。

到了那年 6 月份的时候，一天，罗伯特正在公司的制图室工作，一位秘书上气不接下气地跑来叫他："有你的电话，是一位国会议员打来的，快去接。"

是莫勒先生，罗伯特一下子就听出了他的声音。"孩子，我为你骄傲，艾森豪威尔总统选择了你的新国旗设计方案。祝贺你！"

罗伯特高兴得跳了起来。他买了机票飞到华盛顿，为的是亲眼去看看自己设计的新国旗被人们挂起来的样子。这是它第一次高高地飘扬在国会大厦的房顶上！那时，虽然还有成千上万的人也提出了类似的设计，但是罗伯特的方案是最先交上去的，而且，它不仅仅是一个草图，它是一面真实的旗帜。这正是罗伯特的方案胜出的优越条件。从此，罗伯特设计的美国新国旗便成了这个国家正式的国旗，它很快插遍全美各地；它在每一个州的议会大厦上高高飘扬；也遍插了美国驻世界各国大使馆的屋顶。

机遇无时无刻不在，我们千万不能因一时疏忽或别人的阻挠而关闭了迎接它的窗和门。无论做什么事，都要用心做好，或许一个微不足道的小举动，就可能创造出奇迹。

不要畏惧失败，要在失败中学到一些东西

1906 年 11 月，本田宗一郎出生在日本荒兵库县的一个贫穷家庭。由于家庭贫穷，9 个孩子中有 5 个因营养不良而夭折。

本田宗一郎在上学的时候非常喜欢逃课，这让他的父亲伤透了脑筋。用本田宗一郎自己的话说："那种正规的教育真是让人厌恶！"但是，对于学校的实验课，他却非常喜欢，所以他经常逃课去别的班级上实验课。早期的这种富于探索的精神，为他以后的事业奠定了良好的基础。

后来，本田宗一郎创立了自己的摩托车制造公司。当时摩托车行业已经快要趋于饱和了，但是他没有畏惧，依然进军这个行业。5 年内，他打败了 250 个竞争对手，实现了儿时的制造更先进摩托车的梦想。当然，这期间他经历了一系列失败。

当本田宗一郎成功的时候，他说："回首我的工作，我感到我除了错误、一系列失败、一系列后悔外什么也没有做。但是有一点使我很自豪，虽然我接连犯错误，但这些错误和失败都不是同一原因造成的。这使我在失败中学到了很多东西。"

本田宗一郎总结道："企业家必须善于瞄准不可能的目标和拥有失败的自由。"这句话言简意赅地阐明了做大事的人所必须拥有的心态，对很多人产生了深远的影响。

感悟

人生没有一帆风顺的，都要经历一些挫折和失败。挫折和失败并不可怕，可怕的是因为挫折和失败而放弃对成功的追求。只有那些把挫折和失败当成动因并能从中学到一些东西的人，才会接近成功。

认准并发挥自己的特长，就有机会成功

有这样一个关于军人和拿破仑·希尔的故事。

多年以前，一个年轻的退伍军人来找成功学大师拿破仑·希尔。

这位军人想要找一份工作，但是他觉得很茫然也很沮丧：只希望能养活自己，并且找到一个栖身之处就够了。他黯然的眼神告诉希尔，哀莫大于心死。这一个年轻人本来大有可为，但却胸无大志。希尔非常清楚，是否能够赚取财富，都在他的一念之间。

于是希尔问他："你想不想成为千万富翁？赚大钱轻而易举，你为什么只求卑微地过日子？"

他回答："不要开玩笑了，我肚子饿，需要一份工作。"

希尔说，"我不是在开玩笑，我非常认真。你只要运用现有的资产，就能够赚到几百万元。"

"资产？什么意思？"他问，"我除了穿在身上的衣服之外，什么都没有。"

从谈话之中，希尔逐渐了解到，这个年轻人在从军之前，曾经担任富勒·布拉许的业务员，在军中他也学得一手好厨艺。换句话说，除了健康的身体、积极的进取心，他所拥有的资产，还包括烹调的手艺及销售的技能。

当然，推销或烹饪并无法使一个人立刻晋身百万富翁，但是这个退役军人找到了自己的方向，许多机会就会呈现在眼前。

希尔和他谈了两个小时，看到他从深陷绝望的深渊中，变成积极的思考者。一个灵感鼓舞了他："你为什么不运用销售的技巧，说服家庭主妇，邀请邻居来家里吃便饭，然后把烹调的器具卖给他们？"

希尔借给他足够的钱，买一些像样的衣服及第一套烹调器具，然后放手让他去做。

第一个星期,他卖出铝制的烹调器具,赚了100美元。第二个星期他的收入加倍。然后他开始训练业务员，帮他销售同样式的成套烹调器具。

4年以后，他每年的收入都在100万元以上，他还自行设厂生产。

感悟

很多人对自己没有信心，认为自己没有成功的机会。其实，我们每个人都有自己的一技之长，找到并发挥其能力，就有机会获得成功。

把精力集中到一个目标上，迟早会有所成就

拉马克于 1744 年 8 月 1 日生在法国的毕加底，他是兄弟姐妹 11 人中最小的一个，也最受父母宠爱。拉马克的父亲希望他长大后当个牧师，送他到神学院读书。

后来，由于德法战争爆发，拉马克当了兵，因病退伍后，他爱上了气象学，想自学当个气象学家，于是整天仰首望着多变的天空。

再后来，拉马克在银行里找到了工作，想当个金融家。

很快的，拉马克又爱上了音乐，整天拉小提琴，想成为一个音乐家。

这时，他的一位哥哥劝他当医生，拉马克学医 4 年，可是对医学没有多大兴趣。

正在这时，24 岁的拉马克在植物园散步时遇上了法国著名的思想家、哲学家、文学家卢梭，卢梭很喜欢拉马克，常带他到自己的研究室里去。在那里，这位青年受益颇多。

以后，拉马克花了整整 11 年的时间，系统地研究了植物学，写出了名著《法国植物志》。拉马克 35 岁时，当上了法国植物标本馆的管理员。当拉马克 50 岁的时候，又开始研究动物学。

拉马克在 24 岁以前，虽然做过很多事，但一无所成。从 24 岁起，他集中精力，目标专一，终于成了一位著名的博物学家。

卡莱尔说："即使是最弱的人，只要集中其精力于单一目标，也能有所成就；反之，最强的人，分心于太多的事务，可能一无所成。"一个人的精力是有限的，目标太多，往往什么事都做不好，所以，目标要专一才能有收获。

只要敢想敢干，你就有可能做成任何大事

一位黑人母亲带女儿到伯明翰买衣服。一位白人女店员挡住黑人的女儿，不让她进试衣间试穿，傲慢地说："此试衣间只有白人才能用，你们只能去储藏室里专供黑人用的试衣间。"可母亲根本不理睬，她冷冰冰地对女店员说："我女儿今天如果不能进这间试衣间，我就换一家店购衣！"女店员为留住生意，只好让她们进了这间试衣间，自己则站在门口望风，生怕有人看到。那情那景，让女儿感触良深。

又一次，女儿在一家店里摸了摸帽子而受到白人店员的训斥，这位母亲再次挺身而出："请不要这样对我的女儿说话。"然后，她对女儿说："康蒂，你现在把这店里的每一顶帽子都摸一下吧。"女儿快乐地按母亲的吩咐，真把每顶自己喜爱的帽子都摸了一遍，那个女店员只能站一旁干瞪眼。

对这些歧视和不公，母亲对女儿说："记住，孩子，这一切都会改变的。这种不公正不是你的错，你的肤色和你的家庭是你不可分割的一部分，这无法改变也没有什么不对。要改变自己低下的社会地位，只有做得比别人好、更好，你才会有机会。"

从那一刻起，不卑不屈成了女儿受用一生的财富。她坚信只有教育才能让自己获得知识，做得比别人更好；教育不仅是她自身完善的手段，还是她捍卫自尊和超越平凡的武器！

后来，这位出生在亚拉巴马伯明翰种族隔离区的黑丫头，荣登"福布斯"杂志"2004年全世界最有权势女人"宝座，她就是美国国务卿赖斯。

赖斯回忆说："母亲对我说，康蒂，你的人生目标不是从'白人专用'的店里买到汉堡包，而是，只要你想并且为之奋斗，你就有可能做成任何大事。"

很多时候，现实是无奈的，有很多东西我们无法选择，但我们却可以选择奋斗。虽然歧视和不公制造了灰暗，但同时也催生了奋斗。所以，只要我们充满自信并挺直脊梁，就没有人能让我们自惭形秽。

始终怀有赢的激情，必然能创造辉煌的人生

1923 年，雷石东出生在美国波士顿一个清贫的犹太人家庭，17 岁就读于美国哈佛大学，20 岁被选拔服役，从事破译日军电报密码工作。31 岁时，他放弃了给他带来丰厚收入的律师事务所，开始了第一次创业，经营"国家娱乐有限公司"。几十年后，他积累了 5 亿美元的财富。

然而，不幸的事情发生了。1979 年，雷石东在参加华纳兄弟公司的一个聚会时，在酒店遭遇了一场火灾。火灾中，他身体 45% 的皮肤都被大火烧毁，右手腕几乎脱离了身体。对于一个 56 岁的人而言，生存成了一个严峻的问题。

然而，雷石东凭借自己那种想赢的激情和坚忍不拔的意志，与死神展开了激烈的搏斗，并最终取得了胜利，度过了生命中最艰难的岁月。56 岁的雷石东就像凤凰涅槃，浴火重生，并让生命散发出更为夺目的光彩。

63 岁时，他二次创业收购维亚康姆公司；70 岁时，收购派拉蒙电影公司；76 岁时，收购哥伦比亚广播公司；78 岁时，被《福布斯》评为全球排行第 18 位的富豪；2005 年，82 岁的他还管理着全球最大的传媒娱乐公司，并且正积极进军中国传媒市场，为事业发展再创高峰。

谈起那场几乎吞噬他生命的大火，他说："我个人的信念并没有因为这场大火而发生任何变化，我的价值观与发生大火前没有什么不同。无论在高中、大学、法学院学习，还是后来建立自己的媒体王国，我的价值观始终不曾改变。我始终怀有赢的激情，这种激情体现了我生命的全部意义。"

激情是战胜所有困难的强大力量，它能使我们的头脑变得灵活，能使我们的意志变得坚强。赢的激情更是一种强大的潜在的力量，始终怀有赢的激情，必然能创造辉煌的人生。

失败也是一种资本，它可以成为我们走向成功的基石

在外人看来，一个绰号叫斯帕奇的小男孩在学校里的日子应该是难以忍受的。他读小学时各门功课常常亮红灯。到了中学，他的物理成绩通常都是零分，他成了所在学校有史以来物理成绩最糟糕的学生。

斯帕奇在拉丁语、代数以及英语等科目上的表现同样惨不忍睹，体育也好不到哪去。虽然他参加了学校的高尔夫球队，但在赛季唯一一次重要比赛中，他输

得干净利落。即使是在随后为失败者举行的安慰赛中，他的表现也一塌糊涂。

在整个成长时期，斯帕奇笨嘴拙舌，社交场合从来就不见他的人影。这并不是说，其他人都不喜欢他或讨厌他，而是他根本就没有存在感。如果有哪位同学在学校外主动向他问候一声，他会受宠若惊并感动不已。

他跟女孩子约会时会是怎样的情形，大概只有天才知道。因为斯帕奇从来没有邀请哪个女孩子一起出去玩过，他太害羞了，生怕被人拒绝。

斯帕奇似乎是个无可救药的

失败者，几乎每个认识他的人都这样认为，他本人也清清楚楚，然而他对自己的表现似乎并不十分在乎。从小到大，他只在乎一件事情——画画。

他深信自己拥有不凡的绘画才能，并为自己的作品深感自豪。但是，除了他本人以外，他的那些涂鸦之作从来没有其他人看得上眼。上中学时，他向毕业年刊的编辑提交了几幅漫画，但最终一幅也没被采纳。尽管有多次被退稿的痛苦经历，斯帕奇从未对自己的画画才能失去信心，他决心成为一名职业的漫画家。

到了中学毕业那年，斯帕奇向当时的沃尔特·迪士尼公司写了一封自荐信。该公司让他把自己的漫画作品寄来看看，同时规定了漫画的主题。于是，斯帕奇开始为自己的前途奋斗。他投入了巨大的精力与时间，以一丝不苟的态度完成了许多幅漫画。然而，漫画作品寄出后却石沉大海，最终迪士尼公司没有录用他——失败者再一次遭遇了失败。

生活对斯帕奇来说只有黑夜。走投无路之际，他尝试着用画笔来描绘自己平淡无奇的人生经历。他以漫画语言讲述了自己灰暗的童年、不争气的青少年时光——一个学业糟糕的不及格生、一个屡遭退稿的所谓艺术家、一个没人注意的失败者。他的画也融入了自己多年来对画画的执着追求和对生活的真实体验。

连他自己都没想到，他所塑造的漫画角色一炮走红，连环漫画《花生》很快就风靡全世界。从他的画笔下走出了一个名叫查理·布朗的小男孩，这也是一名失败者：他的风筝从来就没有飞起来过，他也从来没踢好过一场足球赛，他的朋友一向叫他"木头脑袋"。

熟悉斯帕奇的人都知道，这正是漫画作者本人——日后成为大名鼎鼎漫画家的查尔斯·舒尔茨早年平庸生活的真实写照。

失败并不可怕，可怕的是在失败之后失去继续奋斗的信心和意志。有时，失败的经历也是一种资本，它可以成为我们走向成功的基石。所以，一个人要想成功，就要有屡败屡战的勇气，要对未来充满必胜的信心。

坚持错误的方向，只会离成功越来越远

有一个落魄潦倒的穷画家，一直坚持着自己的理想，除了画画之外，不愿从事其他的工作。

而他画出来的作品，一张也卖不出去，搞得一日三餐总是没有着落，幸好街角餐厅的老板心地很好，总是让他赊欠每天吃饭的餐费，穷画家也就天天到这家餐厅来用餐。

一天，穷画家在餐厅里吃饭，突然间灵感泉涌，不顾三七二十一，拿起桌上洁白的餐巾，用随身携带的画笔，蘸着餐桌上的酱油、番茄酱等各式调味料，当场作起画来。餐厅的老板也不制止他，反倒趁着店内客人不多的时候，站在画家身后，专心地看着他画画。

过了好一会儿，画家终于完成他的作品，他拿着餐巾左盼右顾，忘我地欣赏着自己的杰作，深觉这是有生以来画得最好的一幅作品。

餐厅老板这时开口道："嗨！你可不可以把这幅作品给我？我打算把你所积欠的饭钱一笔勾销，就当作是买你这幅画的费用，你看这样好不好啊？"

穷画家感动莫名，惊异道："什么？连你也看得出来我这幅画的价值？啊！看来，我真的是离成功不远了。"

餐厅老板连忙道："不！请你不要误会，事情是这样子的，我有一个儿子，他也像你一样，成天只想着要当一个画家。我之所以要买这幅画，是想把它挂起来，好时时刻刻提醒我的孩子，千万不要落到像你这样的下场。"

一个人要想成功，在其奋斗目标切实可行的前提之下，必须要有不达目的誓不罢休的精神。如果固执地坚持错误的方向，而且始终都不愿修正，那么非但不会成功，反而会离成功越来越远。

适时撤退或放弃，有时是走向成功的捷径

有人向一位企业家讨教他成功的秘诀。企业家毫不犹豫地说："第一是坚持，第二是坚持，第三还是坚持，第四是放弃。"

人们不解，作为一个成功的企业家怎么可以轻言放弃？

企业家说："该放弃的时候就要放弃。如果你确实努力再努力了，还不成功的话，那就不是你努力不够的原因，恐怕是努力的方向以及你的才能是否匹配的事情了。这时候最明智的选择就是赶快放弃，及时调整，及时调头，寻找新的努力方向，千万不要在一棵树上吊死。"

据说，乾隆皇帝曾经在殿试的时候给举子们出了一个上联"烟锁池塘柳"，要求对下联。一个举子想了一下就直接回答说对不上来，另外的举子们还都在冥思苦想时，乾隆就直接点了那个回答说"对不上来"的举子为状元。因为这个上联的五个字以"金木水火土"五行为偏旁，几乎可以说是绝对，第一个说放弃的考生肯定思维敏捷，很快就看出了其中的难度，而敢于说放弃，又说明他有自知之明，不愿意把时间浪费在几乎不可能的事情上。

"童话大王"郑渊洁曾经说过："每个人都有自己的最佳才能区，除非他是白痴。要拿自己的长处和别人的短处竞争。打得过就打，打不过就跑。"

聪明的人不会作无谓的浪费和牺牲，因为他们知道，虽然做什么事都需要努力，但如果自己付出了足够的汗水仍取胜无望的话，就要及时调整战略，或撤退或放弃。明智地选择放弃，有时是走向成功的捷径。

一个人只要是快乐的，那么他就是成功的

一位少年梦想成为帕格尼尼那样的小提琴演奏家。他一有空闲就练琴，练得心醉神痴，走火入魔，却进步甚微，连父母都觉得这可怜的孩子拉得实在太蹩脚了，完全没有音乐天赋，但又怕讲出真话会伤害少年的自尊心。

有一天，少年去请教一位老琴师，老琴师说："孩子，你先拉一支曲子给我听听。"少年拉了帕格尼尼24首练习曲中的第三首，简直破绽百出。一曲终了，老琴师问少年："你为什么特别喜欢拉小提琴？"少年说："我想成功，我想成为帕格尼尼那样伟大的小提琴演奏家。"老琴师又问道："你快乐吗？"少年回答："我非常快乐。"老琴师把少年带到自家的花园里，对他说："孩子，你非常快乐，这说明你已经成功了，又何必非要成为帕格尼尼那样伟大的小提琴演奏家不可？在我看来，快乐本身就是成功。"

少年听了琴师的话，深受触动，他终于明白过来，快乐是世间成本最低、风险也最低的成功，却能给人真实的受用。倘若舍此而别求，就很可能会陷入失望、怅惘和郁闷的沼泽。少年心头的那团狂热之火从此冷静下来，他仍然常拉小提琴，但不再受困于成为帕格尼尼的梦想。

这位少年就是阿尔伯特·爱因斯坦。他一生仍然喜欢小提琴，拉得十分蹩脚，却能自得其乐。

感悟

成功绝不仅仅指在事业上有所建树，名利双收。快乐即是成功。那些在现实生活中身心愉悦地生活着，活出了全部趣味的人，他们虽与功成名就不怎么沾边，但他们很快乐，我们同样也应该认为他们很成功。

只要脚步不停歇，那么失败就只是暂时的

犹太女作家纳丁·戈迪默，无疑是犹太民族的骄傲。她是自1966年后25年第一位获诺贝尔文学奖的女作家，也是诺贝尔文学奖设立以来的第七位女性获奖者。这份荣誉是她用40年的心血和汗水浇铸的，这当中，她多次面临困厄与失败，但她从不沉沦，毫不气馁。

戈迪默于1923年出生在约翰内斯堡附近的小镇——斯普林斯。她的父亲是犹太珠宝商，母亲是英国人，富裕的家庭生活，造就了戈迪默无限的憧憬和遐想。

6岁那年，她做起了当一位芭蕾舞演员的梦，舞蹈生涯最能淋漓尽致地表现人的修养和思想情感，也许这就是她追求的事业。于是，她报了名，加入了小芭蕾剧团的行列。事与愿违，由于体质太弱，她对大活动量的舞蹈并不适应，一些小病小灾时不时地纠缠着她，戈迪默被迫放弃了对这项事业的追求。

遗憾之余，她暗暗发誓：条条大道通罗马，我终究要找到适合自己的成功之路。然而，命运不但没有赐福给她，反而把她逼向痛苦的深渊。

8岁时，她因患病离开了学校，中断了学业。一个偶然的机会，戈迪默发现了斯普林斯图书馆，此后，她一头扎进了这家图书馆，整日泡在书堆里，尽情而贪婪地吮吸着知识的营养。终于，她那嫩弱的小手拿起了笔，一股股似喷泉一样的情感流淌在了白纸上。那年，她刚刚9岁，文学生涯就此开头。15岁时，她的第一篇小说在当地一家文学杂志上发表了。

1953年，戈迪默的第一部长篇小说《说谎的日子》问世。优美的笔调，深刻的思想内涵，轰动了当时的文坛。戏剧界、文学界几乎同时将关注的目光投向了这位非同一般的女作家——内丁·戈迪默。她像一匹脱缰的野马，就此创作一发不可收拾。漫长的创作生涯，她相继写出10部长篇小说和200篇短篇小说。多产伴着上等的质量，使她连连获奖：1961年，她的《星期五的足迹》获英国史密斯奖；1974年，她又获得了英国的文学奖。

创作上的黄金季节，使戈迪默越发勤奋刻苦。她说："我要用心浸泡笔端，讴歌黑人生活。"满腔的热忱很快就得到回报，她的《对体面的追求》一出版，就

成为成名之作，受到了瑞典文学院的注意。接着，她创作的《没落的资产阶级世界》、《陌生人的世界》和《上宾》等佳作，轻而易举地打入诺贝尔文学奖评选的角逐圈。然而，虽然几次都获诺贝尔文学奖提名，但每次都因种种原因而未能得奖。

失败从来没能阻碍戈迪默向前的脚步，更没有影响到她对事业的追求，她继续努力着、奋斗着，一刻也没放松文学创作。终于，在1991年时，她从荆棘中闯出了一条成功的路，如愿以偿地获得了诺贝尔文学奖。

感悟

失败只是一种暂时的状态，是人生道路上的一道障碍，成功的脚步不因此而停留。只有跨过了这道障碍，成功之花才会绽放。

头回上当，二回心亮

在小学的课本上有一篇乌鸦和狐狸的故事。狐狸想尽了各种办法骗走了乌鸦叼在嘴里的肉。多年以后，乌鸦的智商也是今非昔比了。自从被狐狸骗走了到嘴的一块肉以后，乌鸦一直很后悔。有一天，乌鸦又得到一块肉。当它在一棵大树上歇脚的时候，碰巧又被出来寻找食物的狐狸看见了。

这时乌鸦想："真是冤家路窄，这次可不能再把好不容易得来的上好五花肉给了它了。"

狐狸心想："真是踏破铁鞋无觅处，得来全不费工夫呀！好香的一块肉，乌鸦，这肉你就准备'送'给我吧！"

狐狸眼睛骨碌一转，便想了一个主意，立刻向乌鸦带着同情的眼光说："乌鸦大姐，您母亲得了重病，正在动物医院抢救呢！您快去看看吧，不然以后可能都见不着了，我帮您拿肉在这等您回来，您看好吗？"

乌鸦想："说谎连个草稿都不打，我妈三年前就去世了，我哪来的母亲！肯定是想骗我的肉，我才不上当呢！"

乌鸦假装没听见，狐狸又想出了一个主意说："哎呀，乌鸦大姐，您家那边天气转冷了，您回去搬家，我帮您拿肉在这等您回来，您看好吗？”

乌鸦想："不可能的，出门前我看了今天到明天的森林天气预报，我那不冷不热。狐狸一定是黄鼠狼给鸡拜年——没安好心。"

狐狸见乌鸦没有反应，又想："不理我，哼，我用三十六计的苦肉计来对付你。"狐狸立刻装作可怜的样子努力挤出眼泪，泪眼汪汪地说："乌鸦大姐，上次我偷你的肉是因为林子里的'巨无霸'来我家了，他打了我一顿不说，还要我给他拿一块肉不然就杀了我老母亲和刚生的一对儿女呀！鸣——鸣——这次我妈得了重病，医生说，要吃肉来补身子，不然就要死了！我儿子女儿也饿呀！"说完狐狸那鳄鱼的眼泪"哗"地一下就流了下来。

乌鸦有些被感动了，心想："哎，狐狸还挺可怜的，自己妈得了重病，儿女又饿得慌。"

可乌鸦又一想："狐狸大妈不是早死了吗？还是和我们借钱办的葬礼呢，那钱到现在都还没还呢！他的儿女不是被送去孤儿院了吗？想骗我的肉，才没这么容易呢！你用三十六计的'苦肉计'，哼，那么我就用三十六计'走为上计'了。"

想好了之后，乌鸦拍拍翅膀飞走了，而狐狸呢，因为没有东西吃，饿得两眼冒金星连家都找不到了！

这个故事换成一句话，就是："头回上当，二回心亮。"从失败中吸取教训，善待教训，无疑是智者的选择。对一个能够正确面对成败的人来说，教训一样可以催人奋进，激励自己去不断拼搏进取，使事业更有成就。相反，不会从失败中吸取教训的人，迎接他的可能是再一次的失败。

感悟

教训是对挫折与失败的理性思考，它告诉我们的是"不该"。吸取教训，更加理性地分析产生问题的原因，从中寻找出带有普遍性的规律和特点，可以使我们对客观事物的认识更加准确深刻。教训既可以给遭受挫折的人留下避免再次失败的路标，同时又可以为他人留下前车之鉴。

第二章

并不是所有的成功，都会闪烁着耀眼的光芒

　　人生难免遭受挫折和不幸，没有谁会一辈子一帆风顺。真正的成功者很明白这一点，他们是从不言败的，失败对于他们来说只是暂时的不成功，他们会继续努力，直到赢回来。相反，如果一个人在失败后没有再次奋斗的勇气，那他就是真的输了。

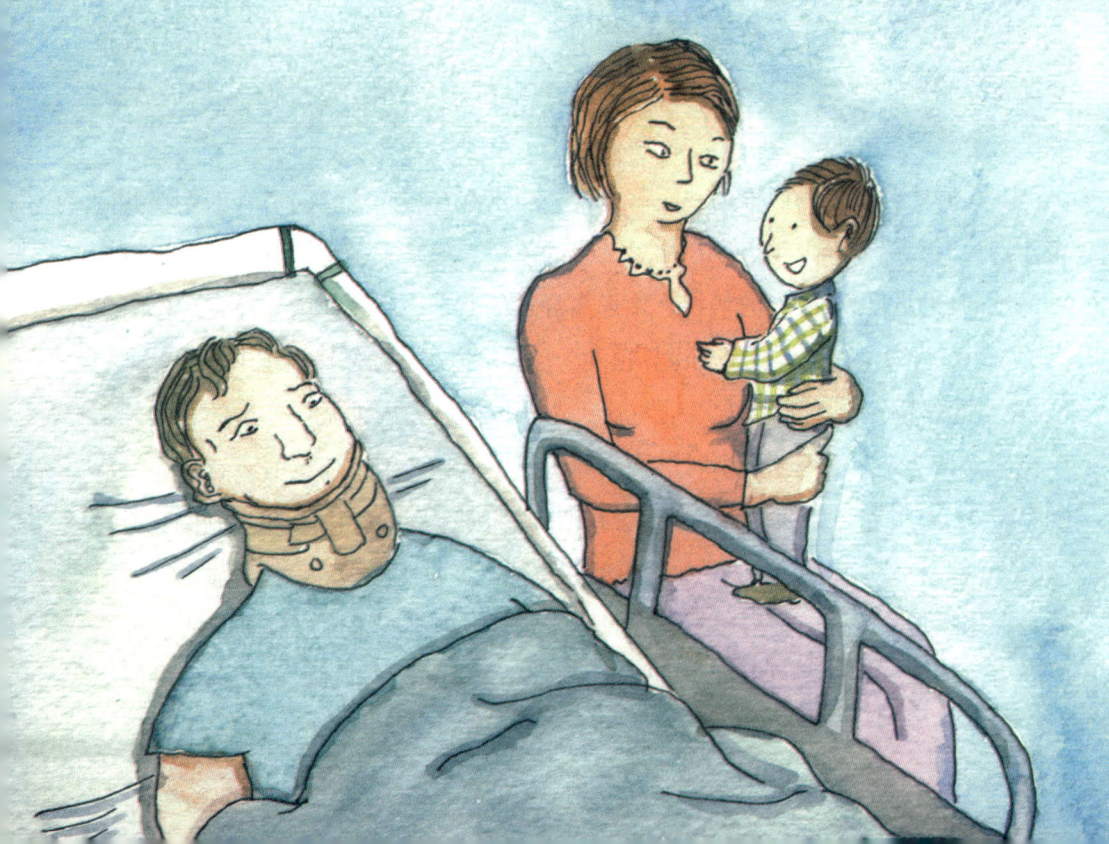

给自己一个坚毅的承诺，别怕为成功付出代价

蕾顿并非生就一副典型的体操选手体态，她并不优雅，也没有芭蕾舞者的柔美动作。她仅有145厘米高，有一副结实而强壮的体格，看来更像一位短跑选手，而不是一位具有潜力的体操明星。

由于对自己许下承诺，因此她不怕为成功付出代价。她曾说："我知道自己在地板运动、旋转及芭蕾动作上，看起来并不优雅，但我是名优秀的短跑者，我有无穷的动能及爆发力。所以，我能够做其他女孩做不到的事。"14岁时，她便是弗吉尼亚州的冠军，且在世界性的体操竞赛中夺魁。小小年纪，却有超龄的成熟，她已了解她要追求更高的目标。

"我需要有人在背后推动我，"她说，"我需要与其他志同道合的女孩共同奋斗。"当大部分青少年仍处在胡思乱想的阶段，丝毫不知承诺为何物时，蕾顿已为她的目标付出了极大的牺牲。她远离舒适的家，搬到休斯敦，住在一位陌生人的家里，只为了有机会受教于世界顶尖，且要求最严格的体操教练卡洛莉女士。

当其他孩子花时间在看电视、电影，与朋友闲聊，或去旅行郊游的时候，她已每周受训7天，每天4个小时。卡洛莉矫正了蕾顿8年来养成的所有习惯，从翻滚的方式，到每日的饮食。当奥运会日期日益迫近时，蕾顿如此描述她的一天："8点钟热身运动，然后上学。放学再回到体育馆练习4个小时，接着做功课，然后是上床睡觉。"很苦？当然。有趣吗？未必。那何必呢？因为胜利者所孜孜钻研的事，其他人甚至未曾想过要去尝试。她可能并不喜欢每日枯燥的训练，但是她热爱体操，热爱她的梦想，也就乐于接受挑战。

然而，就在夏季奥运会开始前几周，她的右膝突然动弹不得。裂开的软骨碎片松落，嵌入膝关节中。手术后不到 10 天，她又回到体操馆，做全套的赛前练习。时间迫在眉睫，不容拖延，所剩下的时间仅足以做最后冲刺。她已准备多年，不能让成果如此付诸东流。坚毅的承诺促使她务必坚持到底。

大赛中的最后一个项目——跳跃动作，蕾顿需要 9.95 分，几近满分的成绩，才能与罗马尼亚最有希望夺得金牌的选手打平。记者如此描述她所做的努力："她轻轻助跑至起跳线，跃然而起，在高空中旋转，像一条铅棒一般落下，纹丝不动，却轻柔得犹如一只春天的蝴蝶。"

她得到完美的 10 分，最高境界。但使所有观众、裁判及其他选手惊讶万分，又感到肃然起敬的是，她竟然要求第二次试跳。令人无法置信，其结果仍然一样，完美的 10 分！

感悟

没有谁会随随便便成功，任何人的成功都是建立在付出基础之上的。当一个人能够专注于自己的梦想的时候，他就会变得坚毅执着。也只有在这种情况下，他才不怕为成功付出代价，他才能做到别人做不到的事情。

并不是所有的成功，都会闪烁着耀眼的光芒

1867 年，玛丽出生于波兰首都华沙。她的父亲是中学的数学和物理教员，母亲当过小学校长。玛丽从小就爱好科学，父亲房间里放着的物理仪器、矿物标本等，

都引起了她的兴趣。

1890年，玛丽带着积攒下来的钱，只身来到法国，进入巴黎大学理学院读书。

在巴黎求学的四年里，玛丽以非同凡响的毅力过着一种贫寒却高尚的生活。她克服了常人难以想象的困难。在漫长的冬季，住在顶层阁楼中的玛丽因寒冷而无法入睡，便从箱子里取出所有的衣服穿在身上或盖在被子上，有时她甚至把椅子拉过来压在被子上取暖。对科学知识无止境的追求，使她忘记物质上的困窘，她似乎被一种神奇的力量驱使着，在科学的海洋里漫游，不知疲倦，永不停歇。为了实现自己的抱负，她放弃一般年轻女子的快乐享受，过着与世隔绝的枯燥生活，萦绕在她头脑中的只有学习和工作。她对自己的要求始终很高，她不满足一个物理学硕士的学位，她还要争取获得数学硕士学位，她不断地鞭策自己在科学研究的道路上奋勇向前。就是凭着这种坚韧不拔、永远进取的顽强精神，才使她在科学领域里逐渐显露头角，并且最终成为一颗耀眼的明星。

1895年，玛丽和居里结婚。以后，人们才开始称玛丽为居里夫人。后来，她第一次发现并提取了放射性元素——镭。

居里夫人的工作条件是比较艰苦的，设备也是相当简陋的。在提取和寻找镭的过程中，居里夫人常常把成袋子的沥青矿渣往她的"实验室"里搬，把它们倒在一口大铁锅里，用粗棍子搅拌。

因为居里夫人当时只是理论上的推测，并没有什么办法去证明新元素镭，所以巴黎大学的董事会拒绝为她提供实验室、实验设备和助理员，她只能在校内一个无人使用的四面透风漏雨的破旧大棚子里进行实验。她工作了4年，最初两年做的是粗笨的化工厂的活，不断地溶解分离。经过一千多个日夜的辛苦工作，8吨小山一样的矿渣最后只剩下小器皿中的一点液体，液体结晶后，就是新元素镭！

当她满怀希望抑制住激烈跳动的心朝

那只小玻璃器皿中看时，她看到四年的汗水和 8 吨的沥青矿渣最后的结果只是一团污迹！假如换了别人，也许会很生气、发火，然后把那个小器皿连同里面的那团污迹摔得粉碎！但是居里夫人没有，幸亏没有。

居里夫人疲倦地回到家，晚上她躺在床上，还在想着那团污迹，想找出失败的原因："为什么只是一团污迹，而不是一小块白色或无色晶体呢？那才是我们想要的镭。"居里夫人像是对自己又像是对居里说着。突然，她眼睛一亮：也许镭就是那个样子，不像预测的那样是一团晶体。居里夫人决定再去看个究竟。她从门缝里看到了自己伟大的"发现"：器皿里那团不起眼的污迹，此时在黑夜中正发出耀眼的光芒。

这就是镭——一种具有极强放射性的、新发现的元素！

![感悟]

有些人总是和成功失之交臂，那是他们轻易放弃的结果，或者是他们把成功的结果想象得太过美好。并不是所有的成功都会闪烁着耀眼的光芒，有时候，我们所梦寐以求的成功可能只是一个毫不起眼的东西，但那却是我们所要的。

任何一个细微的发现，都可能是你成功的所在

铃木有逛商店的习惯。一天，他来到一家服装店，发现那里挂衣服的衣架很不实用，就站在那里，望着衣服和衣架发起呆来。

"先生，您想买大衣，还是西服？"服务小姐走过来，彬彬有礼地说，"请试一试吧，试衣间在那边。"

这是一件高级毛料大衣，标价远远高出铃木平时一年四季所穿衣服的价格的总和。铃木当然不会为了装饰自己的外表而委屈自己的肚子。"啊，不……哦，但我可以试一试。"铃木突然想到了什么，他非常想"试一试"那个木头的衣架，而不是那件昂贵的大衣。

服务小姐很热情地把大衣从衣架上取下来，准备给铃木试一试。

"啊，谢谢，我自己来。"铃木接过大衣，随手把那个衣架一同拿进了试衣室。在试衣室里，铃木并没有试穿大衣，倒是一次又一次地给那只衣架"试穿"。他反复地琢磨着衣架的造型和质地，看看哪些地方"不合身"。时间一分钟一分钟地过去，他几乎忘记了自己是位顾客，是一个买大衣的顾客。

服务小姐终于看到铃木从试衣室里出来，她笑脸相迎："先生，这大衣一定很合身吧？如果您喜欢的话，可以低于标价12%付款。"

铃木犹豫了一下，终于下定决心用可以买一年四季所有服装的钱去买那件自己并不想买的大衣。并说："我希望能带走这个衣架！如果，贵店还有其他样式的衣架让我带走的话，我还可以再多付一些钱！"

服务小姐很乐意做这笔生意，她很快就给铃木拿来了三种不同样式的衣架，并声明说，这些衣架是送给铃木做纪念品的。

铃木回到家里，把那件昂贵的大衣放在一边，又研究起那几只衣架来。他思忖着，作为衣架，应该以不损伤衣服的衬里，同时又不会使衣服的外观变形为最重要，理想的衣架应是能呈现出人体曲线的，如果用塑料代替木材制作衣架的话，一定能够达到效果。于是，他便着手研制起新型衣架来。

不久，他的研究成功了，他把这种新型的塑料衣架定名为"露漫式"衣架，并申请了发明专利。

由于这种衣架具有实用性，质地又好，又美观耐用，一上市就受到许多批发商的欢迎，纷纷慕名赶来向铃木订货。铃木成立了自己的企业，虽然每天生产13000个衣架，但也抵不住频频飞来的订货单。

铃木的大衣仍然挂在衣柜里，他一次也没有穿过。不过，挂大衣的衣架已换成新型的塑料衣架，现在它是那件大衣的"主人"。铃木的新型衣架风行了整个日本，并推广到全世界。

并不是所有人的成功都是建立在伟大的发现之上的，相反，大部分人的成功都是从微小的发现开始的。无论你的发现有多么微不足道，都不要放弃，因为它很有可能是你获取成功的一次机会。

从生活的需要入手，做前人没有做过的事

多年前，安藤还不是什么老板，每天下班，他总要挤乘电车回家。等车的时候，他看到附近的饭店前，总有许多人排队等着吃热面条。这种情景已司空见惯，不足为怪了。可是有一天，他忽然来了灵感："日本人这么喜欢吃面条，有没有办法让他们不要排队，随时随地很快地吃到呢？"就这样，他想做一种"用开水一冲就可食用"的方便面。

他的想法立即招致家人和亲友的反对："安稳地做自己的工作吧，别异想天开了！"可安藤决心已定，不为所动，便凑了钱在家里搭起简易工棚，还买了一台轧面机，独自开始了试验。可是，最初几次尝试都失败了，轧出来的不是面条，而是一堆堆的面疙瘩。

这下，家人和亲友更是嘲讽和阻止他了："你不是搞科研和做生意的料。想发财穷得快，不要偷鸡不成蚀把米！"

安藤说："万事开头难，这是前人没有做过的事，哪能一次就成功呢？"他还是咬着牙继续试验下去。

1958 年 8 月，安藤终于试制成功了第一批"鸡肉方便面"。上市试销，很快就成为抢手货。安藤立即成立日清食品公司，正式生产、销售方便面条。公司开张 8 个月，就售出 1300 万份方便面。原来不以为然的面条同行看见有利可图，都一哄而上，抢做方便面条，还挑起了专利纠纷。安藤便高薪聘用技术专家，组建

方便面研究所，终于在1962年5月首先夺得专利权，击败了竞争对手。

安藤还不满足，为了打开海外市场，亲自去美、英、法等国深入考察。他发现袋装的方便面质量、调味都很好，就是吃起来不是很方便。于是，他果断地同美国达特公司联营，研制出适应美国人用叉子吃面条的杯子。5年后，正式推出杯装方便面。果然，它一下子风靡国内外市场，厂门口前来装货的卡车排成了长蛇阵。

安藤百福的成功，使原先反对他试验的家属和亲友们都感到惭愧。

感悟

在我们的日常生活中，有很多的需要得不到满足，这些需要是前人没有做过的事，从这些需要入手，做前人没有做过的事。尽管这样做会遭到别人的反对，甚至是嘲笑，但只要坚持下去，往往会获得成功。

失败只是暂时的，真正的成功者从不言败

美国著名电台广播员莎莉·拉菲尔在她30年职业生涯中，曾经被辞退18次，可是她每次都放眼最高处，确立更远大的目标。

最初，由于美国大部分的无线电台认为女性不能吸引观众，没有一家电台愿意雇用她。她好不容易在纽约的一家电台谋求到一份差事，不久又遭辞退，说她跟不上时代。莎莉并没有因此而灰心丧气，她总结了失败的教训之后，又向国家广播公司电台推销她的清谈节目构想。电台勉强答应了，但提出要她先在政治台主持节目。"我对政治所知不多，恐怕很难成功。"她也一度犹豫，但坚定的信心促使她大胆去尝试。她对广播早已轻车熟路了，于是她利用自己的长处和平易

近人的作风，大谈即将到来的 7 月 4 日国庆节对她自己有何种意义，还请观众打电话来畅谈他们的感受。听众立刻对这个节目产生兴趣，她也因此而一举成名。后来，莎莉·拉菲尔成为自办电视节目的主持人，曾两度获得重要的主持人奖项。

她说："我被人辞退 18 次，本来会被这些厄运吓退，做不成我想做的事情。结果相反，我让它们鞭策我勇往直前。"

感悟

人生难免遭受挫折和不幸，没有谁会永远一帆风顺。真正的成功者很明白这一点，他们是从不言败的，失败对于他们来说只是暂时，他们会继续努力，直到赢回来。相反，如果一个人在失败后没有再次奋斗的勇气，那他就真的输了。

定出超越自我的目标，就会有超越自我的作为

有一个生长在旧金山贫民区的小男孩，从小因为营养不良而患有软骨症，在 6 岁时双腿变形成弓字型，而小腿更是严重地萎缩。然而在他幼小心灵中，一直藏着一个没人相信会实现的梦——除了他自己，那就是要成为美式橄榄球的全能球员。

他是传奇人物吉姆·布朗的球迷，每当布朗所属的克里夫兰布朗斯队和旧金山四九人队在旧金山比赛时，这个男孩便不顾双腿的不便，一跛一跛地到球场去为心中的偶像加油。由于他穷得买不起票，所以只有等到全场比赛快结束时，从工作人员打开的大门溜进去，欣赏最后剩下的几分钟。

13 岁时，有一次他在布朗斯队和四九人队比赛之后，在一家冰淇淋店里终于有机会和心中的偶像面对面接触，那是他多年一直期望的一刻。他大大方方地走到这位大明星的跟前，大声说道："布朗先生，我是你最忠实的球迷！"布朗和气地向他说了声"谢谢"。这个小男孩接着又说道："布朗先生，你知道一件事吗？"布朗转过头来问道："小朋友，请问是什么事呢？"男孩一副自豪的神态说道："我记得你所创下的每一项纪录。"布朗姆十分开心地笑了，然后说道："真不简单。"这时小男孩挺了挺胸膛，眼睛闪烁着光芒，充满自信地说道："布朗先生，有一

天我要打破你所创下的每一项纪录。"听完小男孩的话，这位美式橄榄球明星微笑地对他说道："好大的口气，孩子，你叫什么名字？"小男孩得意地笑了，说："布朗先生，我的名字叫奥伦索·辛普森。"

奥伦索·辛普森在经过千辛万苦之后，的确实现了他少年时所说的话。他在美式橄榄球场上打破了吉姆·布朗所创造的所有纪录，同时也创下了一些新的纪录。

感悟

目标可以激发出一个人难以置信的能力，甚至可以改写一个人的命运。把目标定得足够有难度上，虽然看起来是不容易达到的，但它可以激发你的动力。当你可以为了某一件事而付出所有能力的时候，这件事的成功就不会太远。

如果无法改变厄运，那就勇敢地接受它

约翰·布伦迪被他的朋友们称为"马拉松人"。1973年6月6日，约翰照常做了20分钟的晨跑运动，但令他想不到的是，这次晨跑却是他一生中的最后一次。

那天早上跑完以后，约翰依旧到工地去，他和另外三个工人一同在屋顶上工作。天气非常炎热，工作也很辛苦，这时监工递给约翰一样工具，约翰便移动双脚想去接，不料房顶水泥尚未凝固。就这样，约翰失去了平衡，他头朝下掉落至地面。

下面是约翰事后的回忆。

那时候我听到很多杂音，甚至还有我的脊椎折碎的声音。现在想起来真是可怕，我整个身体一直往下掉，整个人僵直得就像饼干一样，那一瞬间我发现脚一点知觉也没有。以后的数秒之中，恐怖、愤怒、绝望——向我袭来，我很想站起来，可是心有余而力不足，能听从我指挥的只有头部。

我听见好像有人在上面说："唉哟！约翰掉下去了。"

我心里不断祈祷，也不断诅咒。我把头转向左边，看到10厘米远的地方有穿着鞋子的双脚，脚尖就在眼前，好像是我的脚，可是怎么会在这里呢？

那一刻，我真的好害怕。

好像又有人把我的头抬起，放在像枕头之类的东西上，其实刚开始我并不觉

得痛，后来剧烈的阵痛不断涌向我，痛得我几乎想死去，整个头好像被一根绳子吊起来，稍微一动就痛苦不堪。我猜想如果绳子断了，我的头是不是会扭转不停呢？很奇妙的想法，是不是？我一直努力使自己保持清醒，我听说这时如果睡去，恐怕就是永远的了。

急救人员很快就到了，他们把我抬到担架上，因为疼痛的关系，我非常害怕别人移动我的身体。但他们毕竟具有专业素质，他们一面鼓励我，一面尽可能减轻我身体上的疼痛，让我放心不少。

我被抬入救护车后，感觉舒服了一点，可能是心理因素吧！我认为马上就可以到医院去治疗，情况应该不会太严重的。

一到医院，神经外科医生表示要先照 X 光，把我放在手术台上，双手双脚呈八字形分开，为了配合角度，医生不时摆动我的头，一种从未有过的不安包围着我，真的，从未有的。过了一会儿，医生确定我的头骨断了，这不是一个好消息，我在孩提时代，曾听过头骨折断的故事，没想到竟也发生在我身上。

我开始向上帝祷告，请他赐给我力量，别发生任何让人悲伤的事。

漫漫长夜，好像永无止境，我不断地回想当天所发生的事，思绪越来越混乱，就这样熬过了黑夜。

在昏迷之中，我想起坐在轮椅上的总统罗斯福和他说过的一句话："应该恐惧的是恐惧本身。"于是，我变成一个积极乐观的人。我问自己："受伤对我有什么意义呢？"我不断地思考，告诉自己："我将来一定会了解的，现在必须想办法活下去！我一定要努力！"对于发生的一切，我心存感谢。

我真正的奋斗，从现在开始。

醒来时，我发现头部两侧的针头已经取出来，原来我还在医院里。当时我想，只要安静下来，痛苦就会逐渐减轻。令我惊讶的是，我全身竟像木乃伊一样，被白布包裹起来，而且一点知觉也没有。周围都是医疗用的机器，身旁的护士可以处理我身体上所有的突发状况，在我的眼中，他们仿佛是无所不能的神。

我从来没有进过医院，所以对周围的一切都很陌生。

经过几个星期的努力之后，约翰的伤势已被认定终生无法痊愈，可是他依旧充满希望，盼望奇迹出现。为使他的脊椎再度恢复健康，他仍继续接受治疗。

约翰急切地想知道自己的病情，唯一的方法只有向护士打听。有一天，他听到护士指着他房间的方向对助手说："四肢麻痹就是像他那个样子。"

约翰从来没有见过四肢麻痹的人，他甚至没有想过四肢会同时麻痹，哪里想得到自己竟变成这个样子。

简单的一句话揭开了真相。原本他是一个年轻又健康的人，现在却从头部以下全部麻痹，形同废人。

虽然如此，约翰仍然决定活下去，虽然痛苦不曾减轻，可是他活得比谁都坚强。他说："我之所以决心生存下来，是因为有三个老师支持着我，这三个老师是期盼、献身、坚定。我想活下去，想治好病，想知道自己究竟可以做什么事，我让这三个老师经常在我心中，我为此而奋斗，并相信有一天我可以得到胜利，所以永不灰心。"

当约翰坐着电动轮椅进入超级市场或过马路时，轮椅不断发出声音，引起许多小朋友的注意，他们有的在笑，有的一脸迷惑。遇到这种情形，约翰会做各种鬼脸逗孩子们发笑。后来，他经营了一个专门为附近社区居民介绍婴儿保姆的公司。甚至，他还在一个公益协会里做了一项名为新希望电话咨询中心的服务，他对人生充满新希望，并且非常愿意帮助那些失意的人找到希望。

约翰胜利了，因为他能勇敢地活下去。他曾说过："艰苦的日子总有结束的时候。心中充满希望，并能继续为生活而努力的人，才能享有新生命。"

他不但明白了这个道理，而且成为一个努力将厄运视为命运转机的人。

感悟

每个人都希望自己能顺利完成自己想做的事，谁都不希望厄运降临在自己身上，但在现实生活中，这又是不现实的。如果无法改变已经发生的厄运，那就勇敢地去接受它。很多时候，厄运并不能致人于死地，反而有可能会成为命运的新起点。

只有经过奔波、历练，才能得到我们想要的东西

著名作家刘墉在他的《创造超越的人生》中写过这样一个故事：

有个开罗人，一天到晚想发财。有一夜，他梦见从水里冒出一个人，浑身湿淋淋的，一张嘴，吐出一个金币，并且对开罗人说："你想发财吗？想发财，你就得去伊斯法罕，你只有到那里，才能找到金币。"说完就不见了。

开罗人醒过来，辗转反侧，再也睡不着。"天哪！伊斯法罕太遥远了啊，我必须穿越阿拉伯半岛，经波斯湾，再攀上扎格罗斯山，才到得了那山巅之城。我很可能死在半路。"开罗人想，"但是不去，我这辈子大概就发不了财了。"经过几天内心的挣扎，开罗人还是决定冒险。

千山万水我独行，开罗人千里跋涉，历经了许多艰难险阻，终于风尘仆仆地到达了伊斯法罕。天哪！伊斯法罕不但穷困，而且正闹土匪。当地的警卫把土匪赶跑，发现了奄奄一息的开罗人，并且喂他吃东西、喝水，把开罗人救活。"看样子、听口音，你不是本地人。"警卫队长说。"我从开罗来。""什么？开罗？你从那么远、那么富有的城市，到我们这鸟不生蛋的伊斯法罕来干什么？"警卫队长听说他梦见神的启示，大笑了起来："笑死我了，我还常做梦，我在开罗有个房子，后面有 7 棵无花果树和一个日晷，日晷旁边有个水池，池底藏着好多金币呢！快滚回你的开罗吧！"

开罗人衣衫褴褛、一无所有地回到了开罗，邻居看他的可怜相，都笑他疯了。但是，回家没几天，他成为开罗最有钱的人。因为那警卫队长说

的 7 棵无花果树和水池，正在他家的后院。他在水池底下，挖出成千上万的金币。

开罗人有没有白去伊斯法罕这一遭？当然没有！虽然金币就在他自己家里，但是他不去，就永远不会知道。

很多人曾经发出这样的感慨："人活一辈子，其实大部分时间都是在奔波劳累中度过的。"事实也的确如此，但是我们也应该知道，如果没有生命过程中的奔波、历练，我们就无法得到自己想要的东西。

只要还能笑，一切苦难都会过去

美国人克里斯托弗·里夫因在电影《超人》中扮演超人而一举成名，但没多久，一场大祸却降临在了他身上。

1995 年 5 月 27 日，里夫在弗吉尼亚一场马术比赛中发生了意外事故。他骑的那匹东方纯种马在第三次试图跳过栏杆时，突然收住马蹄，里夫来不及防备，从马背上向前飞了出去，以致头部着地，第一、第二颈椎全部折断。

5 天后，里夫醒来的时候，发现自己正躺在弗吉尼亚大学附属医院的病房里，从脚到腿高位瘫痪。医生说里夫的颅骨和颈椎要动手术才能重新连接到一起，而医生不能够确保里夫能活着离开手术室。

那段日子，里夫万念俱灰，甚至产生了轻生的念头。随着手术日期的临近，里夫变得越来越害怕。

一次，里夫 3 岁的儿子威尔问妈妈丹娜："妈妈，爸爸的膀子动不了吗？"

"是的。"丹娜答道。

"爸爸的腿也不能动了吗？"威尔又问。

"是的，是这样的。"

威尔停了停，有些沮丧，但忽然他又显出很幸福的样子，说："但是爸爸还能笑呢。"

爸爸还能笑呢。威尔的这一句话，让里夫看到了生命的曙光，重新找回了生存的勇气和希望。

10天后的手术很成功，尽管里夫的腰部以下还是没有知觉，但他毕竟顽强地活了下来。

后来，里夫不仅亲自导演了一部影片，还出资建立了里夫基金会，为医疗保险事业作出了贡献。里夫坚信他会在50岁之前重新站立起来，他要做一个真正的"超人"。

克里斯托弗·里夫在自传里，郑重地记下了儿子的那句话："爸爸还能笑呢。"

感悟

乐观是一种积极的心态，也是支撑我们不断挑战自我的动力。无论在工作还是在生活中，不管遇到什么样的困难，我们都应该藐视它，并对自己报以微微的一笑，然后告诉自己：只要我们对自己、对将来充满希望和信心，一切苦难都会过去。

只有适应了环境，才会有胜利的可能

这是社会心理学教授的最后一课。教授带着学生们来到家门前的草坪上，指着一棵老槐树说："这里有一窝蚂蚁，与我相伴多年。"

学生们凑上前观看：树缝里有小洞，小蚂蚁们东奔西跑，进进出出，很热闹。

教授说："近些日子，我常常想办法堵截它们，但未能取胜。"

学生们发现，树周围的缝隙、小洞大多被泥巴、木楔给封住了。

"可它们总是能从别处找到出路。"教授说，"我甚至动用樟脑丸、胶水，但是，它们都成功地躲过了劫难。有一段时间，我发现它们唯一的进出口在树顶，这是很不方便的；而一周后，我发现它们重新在树腰的空虚处开辟了一个新洞口。"

学生们表示钦佩。教授说："蚂蚁们的生存环境不比你们广阔，它们的奋斗舞台实在很狭窄，更重要的是，它们深深理解自己的力量，因此，当它们知道自己无法改变洞口被堵死这一事实时，它们就很快地适应了。而自然界中，那些善于拼搏、厮杀的猛兽们，如狮子、老虎、熊，目前的生存境况大多岌岌可危，因为它们似乎不太懂得奋斗的另一层力量——适应。"

教授说："适应环境本身就是奋斗的组成部分，只有在此基础上开辟战场去对抗生活才有胜算。"

不管你面对的是一个什么样的环境，当无法改变时，就不要企图去改变它们，而是要学会如何去适应。因为，你只有在学会适应的基础上，才能有成功的可能。

不屈服于自己的劣势，劣势就可以成为优势

好莱坞有个炙手可热的影星，名叫维恩·特罗耶。虽然他的身高只有 82 厘米，但他的大名在美国几乎家喻户晓。

特罗耶是家里最小的孩子，他还有个哥哥。说来也怪，他哥哥人高马大，而他却没长到一米。尽管身小力薄，但特罗耶从未因此感到自卑。

一次幸运的机会使他成为电影演员。这位"袖珍"影星多才多艺、演技超群，不论什么角色，他都能演得出神入化、惟妙惟肖。由于特殊的体形，特罗耶在其演艺生涯中多半都是出演各式各样的丑角。他那滑稽的动作、诙谐的语言，常常令观众捧腹大笑、如醉如痴。

特罗耶踌躇满志、雄心勃勃，后来还瞄上了美国总统宝座。在接受俄罗斯《超级明星》杂志记者独家采访时，特罗耶信心十足地说："我是美国所有矮人心目中的偶像。正因为这样，我将考虑竞选美国总统。在美国，电影演员参加政治竞选的不乏其例：前有里根竞选总统而一举成功，现有施瓦辛格角逐加州州长而大

获全胜。我坚信，我要是参选，所有矮人及众多选民都会踊跃投我的票。我聪明、帅气、有能力。我觉得，我们现代社会的不足之处正在于大家都变得太过严肃、太过正统了。您想呀，一个八十多厘米高的人一跃而成为总统——这简直就是超人嘛！人民会自豪地说，这才是他们自己的总统呀！"

在某种特定的情形下，劣势和优势是可以互相转化的。所以，不要向自己的劣势屈服，要知道，如果引导得好，就会把劣势转化为优势，而这种转化来的优势更有助于成功。

自强不息才能成大业，贪图安逸则平庸无为

20世纪初，在美国伊利诺伊州的奥克布洛市，一个名叫雷·克洛克的男孩。读到高中二年级时，因为贫穷被迫离开了学校。后来，克洛克想在房地产方面有所作为，开始在佛罗里达做房地产生意。好不容易打开了局面，不料第二次世界大战开始，房价急转直下，结果"竹篮打水一场空"，他破产了。在回家的路上，他没有大衣，没有外套，甚至连副手套也没有，走在冰冷的大街上，想到一直伴随着自己的低谷、逆境和不幸，他心灰意冷。

走到家门前，望着厚厚的窗帘缝中透出的橘黄色的光，克洛克忽然泪流满面，对于一个男人来说，这一刻，责任是他活下去的唯一理由。

接下来的日子，克洛克依然努力寻找着适合自己的工作。虽然时运不济，但他并没有怨天尤人，他深信并非没有时运，而是时候未到，他执着地认为大路是为那些审时度势、自强不息的人铺就的。

半年后，克洛克遇到一个名叫普林斯的人，他发明了一种多轴奶昔搅拌机。克洛克认为这种机器里蕴藏着很大商机，于是他立即与对方谈判取得机器的专售权，并辞掉工作致力于该机器的市场推销，一干就是15年。

1954年，克洛克前往加利福尼亚州的圣伯纳地诺城考察——那里有一个小店

一次性订购了 8 台多轴奶昔搅拌机，而在他过去 15 年的推销生涯中，从来没遇到过这样大的客户，凭直觉，他认为这位客户的买卖一定很兴隆。

果然，到了圣伯纳地诺城，他看到了马克和狄克兄弟开设的一家小汉堡店。室内没有座位，菜单上只有汉堡、饮料、奶昔等速食产品，人们可以在不到 1 分钟内点菜，并得到食物。虽然店里的伙计们忙得不可开交，但顾客仍然排起了长队。那一刻，克洛克看出他的客户经营的餐馆简直就是一座金矿。

克洛克问餐馆的主人马克和狄克兄弟为什么不多开几家分店，狄克笑着指了指不远处山坡上一座白色的建筑说："那是我们世代居住的地方，冬天我们可以躺在房子前面的斜坡上晒太阳，夏天我们可以在屋后的池塘里戏水游玩。如果我们开了连锁餐馆，就不得不一次次到陌生的地方去照看我们的生意，那样我们永远不会有这样的闲暇时光了。"

听完狄克的话，克洛克马上意识到机会来了。他对狄克兄弟说，如果他们能授权自己在全国各地开分店的话，自己将给他们兄弟提取利润的 5% 作为回报。面对不劳而获的收益，马克和狄克兄弟马上答应下来。

克洛克开始着手分店的选址工作，1955 年 4 月 15 日第一家分店在芝加哥开业。随后，增设分店的速度越来越快。1961 年，克洛克以 270 万美元的高价向马克和狄克兄弟买下了包括名号、商标所有权和烹饪处方等各项专利，自己完全拥有了这一品牌。如今，克洛克创下的连锁餐店已经在全世界五大洲的 121 个国家拥有 3 万家门市中心，年营业额超过了 400 亿美元。

对于美国人雷·克洛克的名字，我们知之甚少，但他一手创建的快餐店的名字却无人不知，它就是世界两大快餐航母之一，与肯德基并驾齐驱的麦当劳。

感悟

在挫折面前，最可贵的是能保持一种自强不息的精神——积极进取，把握时机。如果真的能做到这一点，就会成就一番大业。舒适、安逸的生活很容易消磨掉一个人的意志，也会失去很多机会。一个贪图享受的年轻人，为此所付出的代价往往是一生的碌碌无为。

面对艰难和诱惑，没有坚强的意志是不行的

一座泥像立在路边，风吹落它日渐干裂的皮肤，雨又不停地让他减肥，小孩子路过的时候又总是踢他几脚，他苦不堪言。他多么想找个地方避避风雨，然而他无法动弹，也无法呼喊。他十分羡慕人类，觉得做一个活生生的人真好，可以无忧无虑、自由自在地到处闲游。他决定抓住一切机会，向人类呼救。

这一天，一个长髯老者路过此地，泥像知道他道行高深，于是用他的神情向老者发出呼救。

"老人家，请让我变成人吧！"泥像说。

老者看了看泥像，笑了笑，手臂一挥，泥像真的变成了一个活生生的青年。"你要想变成人可以，但是你必须先跟我试走一下人生之路，假如你承受不了人生的痛苦，我马上可以把你还原。"老者严肃地说。

于是，青年跟随老者来到一个悬崖边。

只见两座悬崖遥遥相对，此崖为"生"，彼崖为"死"，中间有一条长长的铁索桥。这座铁索桥是由一个个大小不一的铁环串联而成的。

"现在，请你从此岸走向彼岸吧！"老者长袖一拂，已经将青年推上了铁索桥。

青年战战兢兢，踩着一个个大小不同的链环的边缘前行。然而，一不小心，一下子跌进了一个铁环之中，顿时两腿失去了支撑，胸口被链环卡得紧紧的几乎透不过气来。

"啊！救命啊！我要掉下去了，铁环快把我的肋骨弄断了。"青年大声向老者乞求。

"请君自救吧。在这条路上，能够救你的只有你自己。"长髯老者在前方微笑着说。

青年扭动身躯，拼死挣扎，好不容易才从痛苦之环中解脱出来。"你是个什么链环，为何卡得我如此痛苦？"青年愤然道。

"我是名利之环。"脚下的链环答道。

青年继续朝前走。忽然，隐约间，一个绝色美女朝青年嫣然一笑，青年飘然走神，脚下一滑，又跌入一个环中，被链环死死卡住。

"救……救命呀！好痛呀！"青年惊恐地再次呼救。

可四周一片寂静，没人回答他，更没人来救他。

这时长髯老者再次在前方出现，他微笑着缓缓道："在这条路上，没有人可以救你，只有你自己救自己。"

青年拼尽全力，总算从这个环中挣扎了出来，然而他已累得精疲力竭，便坐在两个链环间小憩。

"刚才这是个什么痛苦之环呢？"青年想。

"我是美色链环。"脚下的链环答道。

经过一阵休息后，青年顿觉神清气爽，心中充满幸福愉快的感觉，他为自己终于从链环中挣扎出来而庆幸。

青年继续向前赶路。然而料想不到的是，他接着又掉进了贪欲的链环、妒忌的链环、仇恨的链环……待他从这一个个痛苦之环中挣扎出来，青年已经没有力气再走下去了。抬头望望，前面还有漫长的一段路，他再也没有勇气走下去了。

"老人家！老人家！我不想再走人生之路了，你还是带我回到原来的地方吧。"青年呼唤着。

长髯老者出现了，手臂一挥，青年便又回到了路边。

"人生虽然有许多的痛苦，但也有战胜痛苦之后的欢乐和轻松，你难道真愿放弃人生吗？"长髯老者问道。

"人生之路痛苦太多，欢乐和愉快太短暂太少了，我决定放弃人生，还是去做我的泥像吧！"青年毫不犹豫。

长髯老者长袖一挥，青年又还原为一尊泥像。

"我从此再也不必受人世的痛苦了。"泥像想。

然而不久，一场洪水袭来，泥像便成为泥沙，四处流散了。

感悟

人生之路，充满了艰难险阻和种种诱惑，稍有不慎，我们就会深陷其中成为命运的傀儡。因此，在探索和征服人生的进程中，没有坚强的意志是万万不行的。在胆小悲观的人眼中，生活是艰难苦涩的；而在坚强乐观的人眼里，生活则充满了战胜痛苦之后的欢乐和轻松。

第三章

>>

踩着失败走向成功

没有经过失败的成功不会长久，成功之人也享受不到真正的喜悦。可以说，任何人的成功都不是一帆风顺的，他们之所以成功，是因为他们能够把失败当成垫脚石踩在脚下。

要想得到喝彩与掌声，就要付出超人的努力

世界上的雄辩家，有很多都是在最初被认为说话笨拙的人，狄里斯就是其中一个。

狄里斯生于公元 382 年，在西欧被称为"历史性的雄辩家"。

当时，在狄里斯的祖国首都雅典，有很严重的政治纷争，因此，能言善辩的人格外受到重视。狄里斯的知识非常渊博，因此他的想法也相当深奥，很擅长分析事理，几乎无人能出其右。

可惜，狄里斯的声音很低，而呼吸很短促，口齿不清，旁人经常听不懂他在说些什么。

一向能先提出时代潮流和趋势的狄里斯，认为自己缺乏说话技巧是很不适宜的。于是他作了一番充分的考虑，并且准备好演讲的内容，才走上了演讲台。但是，很不幸，他还是失败了。但是，狄里斯并不灰心，他反而比过去更努力，训练自己的胆量和意志力。

他每天都跑到海边去，对着浪

花拍打的岩石大声喊叫，回家以后，又对着镜子观察自己的口型，作发音练习，一直持续不辍。狄里斯就是这样努力了好几年，直到他27岁时，终于再度上台向众人演说。

辛苦的努力总算有了成果。他这次盛大的演讲，得到了许多人的喝彩与掌声，而狄里斯的名气也就这样响亮起来。

感悟

谁都想得到别人的喝彩与掌声，谁都想取得令人羡慕的成功，但这得之不易，需要付出努力，而且要付出超越常人的努力。唯有如此，我们才能超越自己，超越别人。

在失败面前，能否屡败屡战是取得成功的关键

梅西于1882年生于波士顿，年轻时出过海，以后开了一家小杂货铺，卖些针线。铺子很快就倒闭了。一年后他另开了一家小杂货铺，仍以失败告终。

在淘金热席卷美国时，梅西在加利福尼亚开了个小饭馆，本以为供应淘金客膳食是稳赚不赔的买卖，岂料多数淘金者一无所获，什么也买不起，这样一来，小铺又关门了。

回到马萨诸塞州之后，梅西满怀信心地干起了布匹服装生意，可是这一回他不只是倒闭，简直是彻底破产，赔了个精光。

不死心的梅西又跑到新英格兰做布匹服装生意。这一回他时来运转了，他买卖做得很灵活，甚至把生意做到了街上的商店。后来，位于哈顿中心地区的梅西公司成为世界上最大的百货商店之一。梅西成了美国百货大王。

让我们再来看一个屡败屡战的事例。

保罗·高尔文是个身强力壮的爱尔兰农家子弟，充满进取精神。13岁时，他见别的孩子在火车站月台上卖爆玉米花，他不由得被吸引，也加入其中。

但是他不懂得，早已占住地盘的孩子们并不欢迎有人来竞争。他们抢走了他的爆玉米花，把它们全部倒在街上。

第一次世界大战以后，高尔文从部队复员回家，他在威斯康星办起了一家电池公司。可是无论他怎么努力，产品都打不开销路。有一天，高尔文离开厂房去吃午餐，回来发现大门上锁，公司被查封了，高尔文甚至不能再进去取出他挂在衣架上的大衣。

1926年，他跟人合伙做起收音机生意来。当时，全美国估计有3000台收音机，预计两年后将扩大100倍。但这些收音机都是用电池作能源的。于是他们想发明一种灯丝电源整流器来代替电池。这个想法本来不错，但产品还是打不开销路。眼看着生意一天天走下坡路，他们似乎又要停业关门了。

此时高尔文通过邮购销售招揽了大批客户。他手里一有了钱，就办起了专门制造整流器和交流电真空管收音机的公司。可是没出3年，高尔文依然破了产。

这时他已陷入绝境，只剩下最后的机会——当时他一心想把收音机装到汽车上，但有许多技术上的困难有待克服。

到1930年底，他的制造厂账面上已净欠374万美元。在一个周末的晚上，他回到家中，妻子正等着他拿钱来买食物、交房租，可他摸遍全身只有24美元，而且全是赊来的。

然而，高尔文并没有停止奋斗，经过多年的不懈努力，高尔文终于成了腰缠万贯的富翁。他盖起的豪华住宅，就是用他的第一部汽车收音机的牌子命名的。

感悟

通向成功之路并非一帆风顺，会遭受很多挫折和失败，成功的关键在于能否屡败屡战。要相信，有失才有得，有大失才能有大得。当你觉得自己已经走到山穷水尽的绝境时，离成功也许仅一步之遥了。

每个人都有天赋，发挥天赋是成功的秘诀

著名漫画家朱德庸，25岁就红透宝岛，《双响炮》《涩女郎》《醋溜族》等作品经久不衰，非常畅销。但令人想不到的是，小时候的朱德庸却是一个"差生"。

朱德庸天生对图形很敏感，但对文字类的东西接受起来却很困难。在十几年的学生时期，他一直认为自己非常笨。读中学的时候，朱德庸完全没有办法接受刻板的"填鸭式"教育，他像个皮球一样被许多学校踢来踢去，就连最差的学校也不愿意招收他。

开始他也像老师一样认为自己非常笨。十几岁以后才明白，自己不是笨，是有学习障碍。他发现自己天生对文字反应迟钝，但对图形很敏感。

谈到求学时的痛苦经历，朱德庸说："我的求学过程非常悲惨！学习障碍、自闭、自卑，只有画画使我快乐。"画画是唯一能让朱德庸感到舒心的事情。他说："外面的世界我没法待下去，唯一的办法就是回到自己的世界，因为这个世界里有我的快乐。"

他的父母为此伤透了脑筋，也吃了很多苦头，他们动不动就被老师叫到学校去，听老师训话，还时常要带着儿子到各个学校去看人家的脸色，求学校收留。幸运的是，朱德庸的父母从不给他施加压力，一直任他自由发展。他的爸爸会经常裁好白纸，整整齐齐订起来，给他做画本。

朱德庸后来回忆说："如果我的父母也像学校老师一样逼我学习，那我肯定要死……每个人都有天赋，但是有些人的天赋被家长或者被社会的习惯意识遮盖了，进而就丧失了。"在这一点上，朱德庸很感谢自

己的父亲，在他小时候非常想画画又总拿着笔画个不停的时候，他的父亲从没有阻止他，相反支持了他。

关于天赋，朱德庸有非常精彩的见解："我相信，人和动物是一样的，每个人都有自己的天赋，比如老虎有锋利的牙齿，兔子有高超的奔跑、弹跳力，所以它们能在大自然中生存下来。人也是一样，不过是很多人在成长过程中把自己的天赋忘了，就像有的人被迫当了医生，而他可能是怕血的，那他不会快乐。人们都希望成为老虎，而这其中有很多只能是兔子，久而久之，就成了四不像。我们为什么放着很优秀的兔子不当，而一定要当很烂的老虎呢？社会就是很奇怪，本来兔子有兔子的本能，狮子有狮子的本能，但是社会强迫所有的人都去做狮子，结果出来一批烂狮子。我还好，天赋或者说本能，没有被掐死。"

感悟

什么是"天赋"？天赋是指上天赋予我们的才能，这种才能是与生俱来的，而且还是与众不同的。每个人都有各自的天赋，即使是智商很低的人也有自己的天赋。发现自己的天赋，并发挥自己的天赋，是许多成功人士成功的秘诀。

走一条别人没有走过的路，才能成为一名开拓者

1899年，爱因斯坦在苏黎世联邦工业大学就读时，他的导师是数学家明可夫斯基。由于爱因斯坦肯动脑、爱思考，深得明可夫斯基的赏识。师徒二人经常在一起探讨科学、哲学和人生。

有一次，爱因斯坦突发奇想，问明可夫斯基："一个人，比如我吧，究竟怎样才能在科学领域、在人生道路上，留下自己的闪光足迹、作出自己的杰出贡献呢？"

一向才思敏捷的明可夫斯基却被问住了，直到3天后，他才兴冲冲地找到爱因斯坦，非常兴奋地说："你那天提的问题，我终于有了答案！"

"什么答案？"爱因斯坦迫不及待地抱住老师的胳膊，"快告诉我呀！"

明可夫斯基手脚并用地比画了一阵，怎么也说不明白，于是，他拉起爱因斯

坦就朝一处建筑工地走去，而且径直踏上了建筑工人刚刚铺平的水泥地面。在建筑工人们的呵斥声中，爱因斯坦被弄得一头雾水，非常不解地问明可夫斯基："老师，您这不是领我误入歧途吗？"

"对，对，歧途！"明可夫斯基顾不得别人的指责，非常专注地说，"看到了吧？只有这样的'歧途'，才能留下足迹！"

然后，他又解释说："只有新的领域、只有尚未凝固的地方，才能留下深深的脚印。那些凝固很久的老地面，那些被无数人、无数脚步涉足的地方，别想再踩出脚印来……"

听到这里，爱因斯坦沉思良久，非常感激地对明可夫斯基说："恩师，我明白您的意思了！"

从此，一种非常强烈的创新和开拓意识，开始主导着爱因斯坦的思维和行动。他曾经说过这样的话："我从来不记忆和思考词典、手册里的东西，我的脑袋只用来记忆和思考那些还没载入书本的东西。"

于是，就在爱因斯坦走出校园，初涉世事的几年里，他作为伯尔尼专利局里默默无闻的小职员，利用业余时间进行科学研究，在物理学 3 个未知领域里齐头并进，大胆而果断地挑战并突破了牛顿力学。在他刚刚 26 岁的时候，就提出并建立了狭义相对论，开创了物理学的新纪元，为人类做出了卓越的贡献，在科学史册上留下了深深的闪光的足迹。

感悟

要想获得成功，就要有一种强烈的创新和开拓意识。怎样才能做到这一点呢？那就是从我们未知的领域入手，向别人没有涉足的地方迈进。只有这样，才能在你所涉及的领域中，成为一个开拓者，并会留下闪光的足迹。

选择一条自己的路，并且要一路走好

巴黎面包师傅波廉做的法国黑面包，全球畅销。

波廉从父亲手中接下面包店时，他立志走不一样的路。所以，他决定不做新口味面包，而是找回几乎已被人们遗忘的老口味面包。

波廉花了两年时间，登门求教了许多知名老烘焙师傅。等研究结束，他已经尝了 75 种从没吃过的面包，而且还就整个研究过程写了本书。这本书至今仍是法国各地烹饪学校的必备教科书之一。此外，他还有一间专门收集各种有关面包书籍的私人图书馆，里面藏书超过 2000 册。

经过长期研究，波廉发现以前的法国面包是黑面包，而不是现在人们熟悉的白面包。波廉解释说："传统的黑面色，因为是穷苦人家吃的，第二次世界大战以后，几乎销声匿迹。而来自外地的白面包，象征有钱及自由，于是成为新宠。"

基于民族情感和市场定位，波廉不做白面包，他将全部精力投入复古味的黑面包。

其实，面包师傅所做的工作并不特别复杂或困难，但是必须全神贯注。波廉说："3 种相同的原料就能做出千种以上不同的面包，这是因为水与面粉混合比例、生产地气候、发酵时间，甚至烤炉设计及燃料来源，都会影响面包的味道。"因此，波廉坚持要用砖及黏土制造的烤炉，而且燃料一定要用木材。他发现唯有如此，生产出来的面包送到其他地方再加温才能保持原味。

由于各地条件不一定能够完全配合，不便在全球各地开分店。为了打开国际市场，波廉便将面包厂设在巴黎机场附近，然后依靠机场旁的联邦快递转运中心，及时将面包送到世界各地。

波廉的面包顾客满天下，受到世界人们的喜爱。

无论做什么，都要全心地投入。选择好了自己要做的事，就要专心致志、全力以赴地去做；选择了一条自己的路，就要一路走好。只有这样，才能超越别人并有所成就。

不要惧怕失败，因为失败是通往成功的铺路石

博通早年埋头于发明创造，他先是发明了脱水肉饼干，但却未给他带来多少好处，相反，却使他在经济上陷入窘境。有了第一次失败的教训，又经过两年反反复复的试验，他终于又制成了一种新产品——炼乳，并决定把它推向市场。博通的第一步是要寻找专利保护。

博通发明的炼乳，是一种纯净、新鲜的牛奶，牛奶中的大部分水分在低温中利用真空抽掉。但是，博通为他的制造方式寻求专利权时，得到的答复是产品缺乏新意，并且，专利局的官员告诉他，在已批准的专利申请存档中已经有数十种"脱水乳"的专利权，其中包括一种"以任何已知方法脱水"。博通并不甘心，又一次提出申请。但他的申请再度被驳回，因为专利官员判定"真空脱水"并非是必要的过程，博通只是被认为制作态度比较谨慎而已。第三次申请仍被拒绝，理由是博通未能证明"从母牛身上挤出的新鲜牛奶在露天地方脱水"，与其他制作方式的目的不一致。

虽然3次申请，3次被驳回，但这并未把博通击倒。他对专利权仍然穷追不舍，因为他坚信他的创造。他的第四次申请终于被批准了。

然而，虽然有了专利权，推销新产品也不是一帆风顺的。博通的工厂是由一家车店改造的，租金便宜，刚开业时，博通每天花费18个小时在厂里指导炼乳的生产方法，监督生产程序，检查卫生清洁情况。由于附近有纯正、营养丰富的牛奶供应，因而炼乳的成本较低。

于是，博通小心地挑选一位社区领袖做他的第一位顾客，因为这位社区领袖对炼乳的意见会有助于巩固新公司及其新产品在该地区的地位，而且这位社区领

袖对产品也表示了赞赏。但是，当时当地的顾客习惯的是把掺有水分的牛奶放入一些发酵品，进行蒸馏，他们对炼乳有疑心，所以，很少有人问津。出师屡屡不利，甚至到了山穷水尽的地步——博通的两位合伙人都失去了信心，第一家炼乳厂被迫关闭了。

在失败面前，博通破釜沉舟，又建起了新厂，他的第二次尝试终于获得了成功。他的公司在他逝世时，已成为美国具有领导地位的炼乳公司。博通的奋斗奠定了现代牛奶工业生产的基石。

在博通的墓碑上，有这样一段墓志铭："我尝试过，但失败了。我一再尝试，终于成功。"这正是对他一生的总结，这对每个渴望成功的人也是一种激励。

感悟

失败决不会是致命的，除非你认输。失败也并不可怕，可怕的是在失败中垂头丧气。每一个有所成就的人，无不是经历了一个个的失败而走向成功的。因此，要想成功，就不应该惧怕失败，因为失败是通往成功的铺路石。

信心加上行动，是实现梦想的途径

1968 年的春天，罗伯·舒乐博士立志在加州用玻璃建造一座水晶大教堂。

他向著名的设计师菲力浦·约翰森表达了自己的构想："我要的不是一座普通的教堂，我要在人间建造一座伊甸园。"

约翰森问他预算时，舒乐博士坚定而明快地说："我现在一分钱也没有。100 万美元与 400 万美元的预算对我来说没有区别，重要的是，这座教堂本身要具有足够的魅力来吸引捐款。"

教堂最终的预算为 700 万美元，700 万美元对当时的舒乐博士来说是个超出了能力范围、甚至超出了理解范围的数字。

当天夜里，舒乐博士拿出一页白纸，在最上面写上"700 万美元"，然后又写下 10 行字：

1. 寻找 1 笔 700 万美元的捐款；

2. 寻找 7 笔 100 万美元的捐款；

3. 寻找 14 笔 50 万美元的捐款；

4. 寻找 28 笔 25 万美元的捐款；

5. 寻找 70 笔 10 万美元的捐款；

6. 寻找 100 笔 7 万美元的捐款；

7. 寻找 140 笔 5 万美元的捐款；

8. 寻找 280 笔 2.5 万美元的捐款；

9. 寻找 700 笔 1 万美元的捐款；

10. 卖掉 10000 扇窗，每扇 700 美元。

60 天后，舒乐博士用水晶大教堂奇特而美妙的模型打动了富商约翰·可林，他捐出了第一笔 100 万美元。

第 65 天，一位倾听了舒乐博士演讲的农民夫妇，捐出了 1000 美元。

第 90 天，一位被舒乐孜孜以求精神所感动的陌生人，在生日的当天寄给舒乐博士一张 100 万美元的银行支票。

8个月后，一名捐款者对舒乐博士说："如果你的诚意与努力能筹到600万美元，剩下的100万美元由我来支付。"

第二年，舒乐博士以每扇500美元的价格，请求美国人认购水晶大教堂的窗户，付款的办法为每月50美元，10个月分期付清。6个月内，1万多扇窗户全部售出。

1980年9月，历时12年，可容纳1万多人的水晶大教堂竣工，成为世界建筑史上的奇迹与经典，也成为世界各地前往加州的人必去观赏的胜景。

水晶大教堂最终的造价为2000万美元，全部是舒乐博士一点一滴筹集而来的。

感悟

人们常说，行动是最美的誓言。但行动往往需要一种内在的动力来支撑，这种内在的动力就是信心。面对困难，只要我们树立坚定的信心，再配合以积极的行动，心中的梦想就会变成现实。

再坚持一下，就会走向成功

老亨利是一家公司的董事长，每年利润就有上百万。年过七旬的他仍不愿意在家里享清福，每天都到公司巡视。

老亨利对员工很和善，从不发脾气，看见有人工作没做好，他就会说："伙计，没关系，别灰心，再坚持一下，准能成功。"说完还拍拍对方的肩膀。他这种做法很得人心，全公司上下都十分卖劲地工作，谁也不偷懒。

一天，新产品开发部经理马克向老亨利汇报："董事长，这次试验又失败了，我看就别搞了，这是第二十三次了。"马克皱着眉头，瘦削的脸上神情十分沮丧。办公室里温暖如春，各种装饰品闪闪发光，米黄色的地板一尘不染。看到这些，马克就想起自己经常停暖气的公寓，什么时候自己也能拥有这样的房子？再瞧瞧歪靠在皮椅上的董事长，脑门被阳光照得泛着亮光。这老头儿有啥本事成为这么大家业的主人？马克心里暗想。

"年轻人，别着急，坐下。"老亨利指了指椅子，"有时候事情就是这样，你屡干屡败，眼看没有希望了，但坚持一下，没准就能成功。"

"董事长，我真没办法了，您是不是换个人？"马克的声音有些沙哑。

"马克，你听我说，我让你搞，就相信你能搞成功。我小时候也是个苦孩子，从小没受过教育，但我不甘心，一直在努力，终于在我31岁那年发明了一种新型节能灯，这在当时可是个不小的轰动。但我是个穷光蛋，要进一步完善还需要一大笔资金。我好不容易说服了一个私人银行家，他答应给我投资。可我的新型节能灯一投放市场，其他灯就会没销路了，所以有人暗中千方百计地阻挠我成功。就在我要与银行家签约的时候，我突然得了胆囊症，住进了医院，大夫说必须做手术，不然有危险。那些灯厂的老板知道我得病的消息就在报纸上大造舆论，说我得的是绝症，骗取银行的钱来治病。这样一来，那位银行家也半信半疑，不准备投资了。更严重的是，有一家机构也正在加紧研制这种节能灯，如果他们抢在我前头，我就完蛋了！当时我躺在病床上万分焦急，没有办法，只能铤而走险，先不做手术，仍如期与那位银行家见面。

"见面前，我让大夫给我打了镇痛药。在我的办公室见面时，我忍住疼痛，装作没事似的，和银行家拍肩握手，谈笑风生，但时间一长，药劲过去了，我的肚子跟刀割一样疼，后背的衬衣都让汗水湿透了。可我咬紧牙关，继续和银行家周旋，我心里只剩下一个念头：再坚持一下，成功与失败就在能不能挺住这一会儿。病痛终于在我强大的意志力下低头了，自始至终，在银行家面前，我一点破绽也没露，完全取得了他的信任，最后我们终于签了约。我送他到电梯门口，脸上还带着微笑，挥手向他告别。但电梯门刚一关上，我就扑通一下倒在地上，失去了知觉。隔壁的医生早就准备好了，他们冲过来，用担架将我抬走。后来据医生说，当时我的胆囊已经积脓，相当危险！知道内情的人无不佩服我这种精神。我呢，就是靠着这种精神一步步走到现在。"

老亨利一口气将故事讲完，他的头靠在皮椅上，仿佛沉浸在对往日的回忆中。马克被老亨利的故事感动了。他望着董事长那油光发亮的前额，眼眶里闪动着晶莹的泪花，感到万分羞愧。唉，和董事长相比，自己这点困难算什么？从董事长身上他看到一种精神，而这精神就是创造财富的真谛！

"董事长，您刚才讲得太动人了，从您身上我真的体会到了再坚持一下的精神。我回去重新设计，不成功，誓不罢休！"马克挺着胸，攥着拳，脸涨得通红，说话的声音都有些颤抖了。

事实是最好的证明，在试验进行到第二十五次的时候，马克终于取得了成功。

感悟

有些时候，也许只是少了那么一点点坚持，成功就会与我们擦肩而过。常言道："坚持就是胜利。"人贵有坚持到底的毅力和勇气。请记住：坚持一下，再坚持一下，我们就能走出困境，取得成功。

把一件事坚持做下去，坚持到底就会胜利

24岁的约翰逊是一位平凡的美国人，他以母亲的家具做抵押，得到了500美元贷款，开办了一家小小的出版公司。

他创办的第一本杂志是《黑人文摘》。为了扩大发行量，他有了一个非常大胆的想法：组织一系列以"假如我是黑人"为题的文章，请白人在写文章的时候把自己放在黑人的地位上，严肃地来看待这个问题。

他想，如果请罗斯福总统的夫人埃莉诺来写一篇这样的文章是最好不过了。于是，约翰逊便给罗斯福夫人写了一封请求信。

罗斯福夫人给约翰逊回了信，说她太忙，没有时间写。约翰逊见罗斯福夫人没有说自己不愿意写，就决定坚持下去，一定要请罗斯福夫人写一篇文章。

一个月后，约翰逊又给罗斯福夫人发

去了一封信。夫人回信仍说太忙。此后，每过一个月，约翰逊就给罗斯福夫人写一封信。罗斯福夫人也总是回信说连一分钟的空闲也没有。约翰逊依然坚持发信，他相信，只要他坚持下去，总有一天夫人是会有时间的。

一天，他在报上看到了罗斯福夫人在芝加哥发表谈话的消息。他决定再试一次。他打了一份电报给罗斯福夫人，问她是否愿意趁在芝加哥的时候为《黑人文摘》写一篇文章。

罗斯福夫人终于被约翰逊的坚忍感动了，寄来了文章。结果，《黑人文摘》的发行量在一个月之内由 5 万份增加到了 15 万份。这次事件成为约翰逊事业的重要转折点。

后来，约翰逊的出版公司非常成功。

感悟

做任何一件事，都要有始有终，坚持把它做完。不要轻易放弃，如果放弃了，你就永远没有成功的可能。如果遭受挫折时，你要反复告诉自己："把这件事坚持做下去。"

只有善待失败，才能避免再次失败

罗森沃德是美国最大的百货公司西尔斯—娄巴克公司的最大股东，也是美国 20 世纪商界风云人物。然而，这个做服装生意起家的富翁却也经历了许多创业时的失败与艰辛。

罗森沃德 1862 年出生在德国的一个犹太人家庭，少年时随家人移居美国，定居在伊利诺伊州斯普林菲尔德市。

罗森沃德的家境不大好，为了维持生活，中学毕业后，他就到纽约的服装店做些杂工。罗森沃德从年幼时就受犹太人的教育影响，骨子里有一种艰苦奋斗的精神。他确信凡人都有出头之日，一个人只要选定了目标，然后坚持不懈地朝目标迈进，百折不挠，胜利一定会酬报有心人的。罗森沃德本着这种信念，十分卖力地赚了一些钱。

"我要当一个服装老板。"这是罗森沃德的奋斗目标。为了实现这个目标，他除了在工作中留心学习和关注市场动态外，把全部的业余时间都用于学习商业知识，找来有关的书刊阅读。到1884年，他自认为有些经验和小本金了，决定自己开设服装店。可是，他的商店门可罗雀，生意欠佳。经营了一年多，多年辛苦积蓄的血汗钱全部亏光了，商店只好关门，罗森沃德垂头丧气地离开纽约，回伊利诺伊州去了。

痛定思痛，罗森沃德反复思考自己失败的原因。最后，他找出了原由：服装是人们的生活必需品，但又是一种装饰品，它既要实用，又要新颖，这才能满足各种用户的需求。而自己经营的服装店，没有自己的特色，也没有任何新意，再加上自己的商店未建立起商誉，没有销售渠道，那注定要失败的。

针对自己出师不利的原因，罗森沃德决心改进，他毫不气馁地继续学习和研究服装的经营办法。他一边到服装设计学校去学习，一边进行服装市场考察，特别是对世界各国的时装进行专门研究。一年后，他对服装设计很有心得，对市场行情也看得较为清楚。于是，他决定重振旗鼓，向朋友借来几百美元，先在芝加哥开设了一间只有十多平方米的服装加工店，他的服装店除了展出他亲自设计的新款服式图样外，还可以根据顾客的需求对已定型的服装进行改进，甚至完全按顾客的口述要求重新设计。因为他的服装设计款式多，新颖精美，再加上其灵活经营，很快博得了客户的欣赏，生意十分兴旺。两年后，他把自己的服装加工店扩大了数十倍，改为服装公司，大批量生产各种时装。

从此以后，他声名鹊起，财源广进。

真正的失败是同样失败的反复。第一次不成功并不足耻，可是如果第二次又犯了同样的过错，就不值得原谅了。我们应该善待失败。在失败的基础上总结教训，这样才能避免再次失败。从某种意义上说，避免了失败就会走向成功。

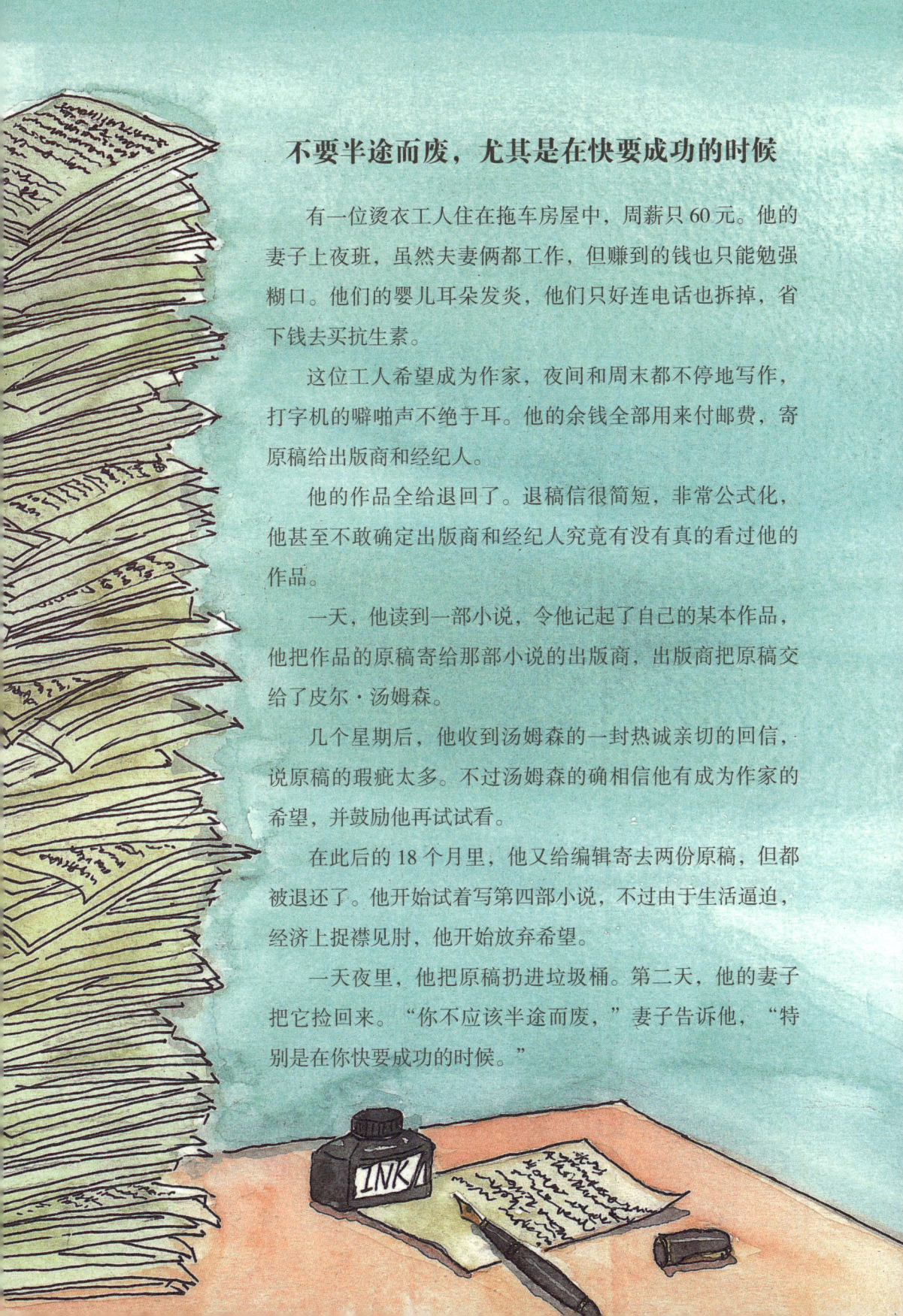

不要半途而废，尤其是在快要成功的时候

有一位烫衣工人住在拖车房屋中，周薪只 60 元。他的妻子上夜班，虽然夫妻俩都工作，但赚到的钱也只能勉强糊口。他们的婴儿耳朵发炎，他们只好连电话也拆掉，省下钱去买抗生素。

这位工人希望成为作家，夜间和周末都不停地写作，打字机的噼啪声不绝于耳。他的余钱全部用来付邮费，寄原稿给出版商和经纪人。

他的作品全给退回了。退稿信很简短，非常公式化，他甚至不敢确定出版商和经纪人究竟有没有真的看过他的作品。

一天，他读到一部小说，令他记起了自己的某本作品，他把作品的原稿寄给那部小说的出版商，出版商把原稿交给了皮尔·汤姆森。

几个星期后，他收到汤姆森的一封热诚亲切的回信，说原稿的瑕疵太多。不过汤姆森的确相信他有成为作家的希望，并鼓励他再试试看。

在此后的 18 个月里，他又给编辑寄去两份原稿，但都被退还了。他开始试着写第四部小说，不过由于生活逼迫，经济上捉襟见肘，他开始放弃希望。

一天夜里，他把原稿扔进垃圾桶。第二天，他的妻子把它捡回来。"你不应该半途而废，"妻子告诉他，"特别是在你快要成功的时候。"

他瞪着那些稿纸发愣。也许他已不再相信自己，但他的妻子却相信他会成功。一位他从未见过的纽约编辑也相信他会成功。因此，每天他都写 1500 字。

写完了以后，他把小说寄给汤姆森，不过他以为这次又准会失败。可是他错了，汤姆森的出版公司预付了 2500 美元给他。

这个人就是史蒂芬·金，他的经典小说《嘉莉》也就这样诞生了。这本小说后来销了 500 万册，还被摄制成电影，成为 1976 年最卖座的电影之一。

感悟

没有人能一步登天，失败只是暂时的。不要因为暂时的失败而半途而废，尤其是在快要成功的时候，只要再坚持一下，就会拥抱成功。

不计较一时的得失，才能成就大事业

日本东京岛村产业公司及丸芳物产公司董事长岛村芳雄，不但创造了著名的"原价销售法"，还利用这种方法，由一个一贫如洗的店员变成一位产业大亨。

岛村芳雄初到东京的时候，在一家包装材料厂当店员，薪金十分微薄，时常囊空如洗。由于没钱买东西，岛村下班后唯一的乐趣就是在街头闲逛，欣赏行人的服装和他们所提的东西。

有一天，岛村又像往常一样在街上漫无目的地溜达，无意中，他发现许多行人手中都提着一个纸袋，这些纸袋是买东西时商店给顾客装东西用的。一个念头在岛村的脑中闪现了，他认定这种纸袋一定会风行一时，做纸袋生意一定会大赚一笔。

考虑到自己一无经验，二无资金，岛村创造就了一种新的销售方法，即"原价销售法"，从而在激烈的商业竞争中站稳了脚跟，并为日后的发展打下了雄厚的基础。

所谓"原价销售法"，就是以一定的价格买进，然后以同样的价格卖出，在这个过程中，中间商没有赚一分钱。岛村先到麻产地冈山的麻绳商场，以 5 角钱的价格大量买进45厘米规格的麻绳，然后按原价卖给东京一带的纸袋工厂。这种完全无利润的生意做了一年后，在东京一带的纸袋工厂中，人们都知道"岛村的绳索确实便宜"，订货单也像雪片一样，从各地源源而来。

见时机成熟，岛村便开始着手实施自己的第二步行动。他先拿着购货收据，前去订货客户处诉苦："你们看，到现在为止，我是一毛钱也没有赚你们的。如果再让我这样继续为你们服务的话，我便只有破产这条路可走了。"

交涉的结果是，客户为岛村的诚实和信誉所感动，心甘情愿地把交货价格提高为5角5分钱。

接下来，岛村又与冈山麻绳厂商洽谈："您卖给我一条5角钱，我是一直按原价卖给别人，因此才得到现在这么多的订货。如果这种赔本生意让我继续做下去的话，我只有关门倒闭了。"

冈山的厂商一看岛村开给客户的收据存根，大吃了一惊。这样甘愿做不赚钱生意的人，他们还是生平第一次遇到。于是，这些厂商们没有多加考虑，就把价格降低为一条4角5分。

如此一来，以当时一天1000万条的交货量来计算，岛村一天的利润就可以达到100万元。创业两年后，岛村就成为名满天下的人。

真正的智者，真正有抱负、有理想的人，不会计较一时的得失，他们往往把眼光投向更远处，看到自己此时的损失能够为未来带来的好处。

敢于创造条件的人，才可以创造成功

在1995年的时候，法国记者博迪突然心脏病发作，导致四肢瘫痪，而且丧失了说话的能力。

被病魔袭击后的博迪躺在医院的病床上，头脑清醒，但是全身的器官中，只有左眼还可以活动。

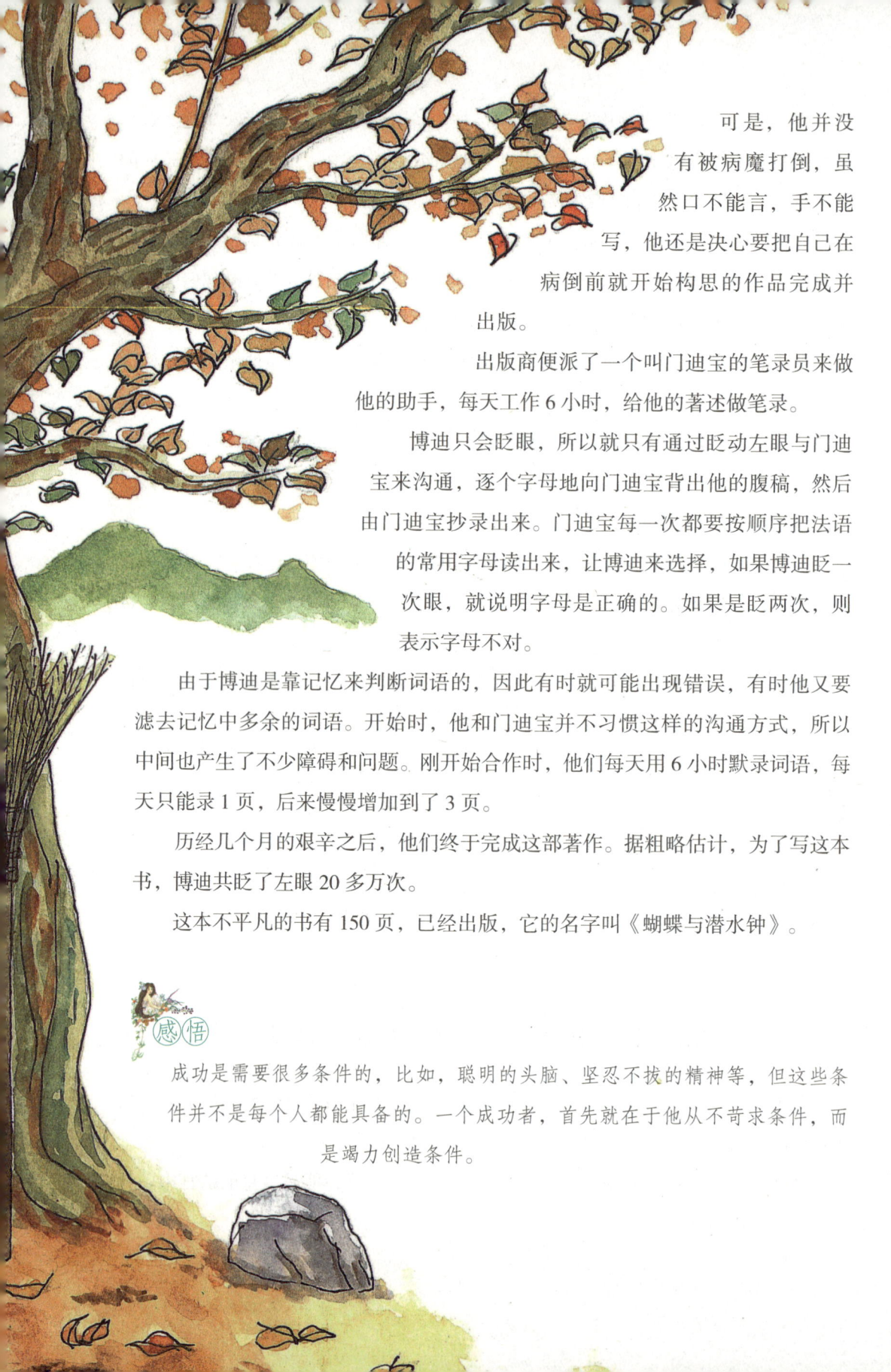

可是，他并没有被病魔打倒，虽然口不能言，手不能写，他还是决心要把自己在病倒前就开始构思的作品完成并出版。

出版商便派了一个叫门迪宝的笔录员来做他的助手，每天工作6小时，给他的著述做笔录。

博迪只会眨眼，所以就只有通过眨动左眼与门迪宝来沟通，逐个字母地向门迪宝背出他的腹稿，然后由门迪宝抄录出来。门迪宝每一次都要按顺序把法语的常用字母读出来，让博迪来选择，如果博迪眨一次眼，就说明字母是正确的。如果是眨两次，则表示字母不对。

由于博迪是靠记忆来判断词语的，因此有时就可能出现错误，有时他又要滤去记忆中多余的词语。开始时，他和门迪宝并不习惯这样的沟通方式，所以中间也产生了不少障碍和问题。刚开始合作时，他们每天用6小时默录词语，每天只能录1页，后来慢慢增加到了3页。

历经几个月的艰辛之后，他们终于完成这部著作。据粗略估计，为了写这本书，博迪共眨了左眼20多万次。

这本不平凡的书有150页，已经出版，它的名字叫《蝴蝶与潜水钟》。

感悟

成功是需要很多条件的，比如，聪明的头脑、坚忍不拔的精神等，但这些条件并不是每个人都能具备的。一个成功者，首先就在于他从不苛求条件，而是竭力创造条件。

留心才能生悟，熟练才能生巧

传说，明朝万历年间，东北方的女真人与明朝交战。皇帝为了要抗御强敌，决心整修万里长城。当时号称天下第一关的山海关，却早已年久失修，其中"天下第一关"的题字中的"一"字，已经脱落多时。

万历皇帝募集各地书法名家，希望恢复山海关的本来面貌。各地名士闻讯，纷纷前来挥毫，但是始终没有一人的字能够表达天下第一关的原味。皇帝于是再下圣旨，只要能够中选的，必有重赏。经过严格的筛选，最后中选的竟是山海关旁一家客栈的店小二，真是出乎大家的意料。

在题字当天，会场被挤的水泄不通，官家也早就备妥了笔墨纸砚，等候店小二前来挥毫。只见主角抬头看着山海关的牌楼，舍弃了狼毫大笔不用，拿起一块抹布往砚台里一沾，大喝一声："一"，十分干净利落，立刻出现绝妙的一字。旁观者莫不给予惊叹的掌声。

有人好奇地问他成功的秘诀，他久久无法回答。后来勉强答道，其实，我想不出有什么秘诀，我只是在这里当了三十多年的店小二，每当我在擦桌子时，我就望着牌楼上的"一"字，一挥一擦就这样而已。

原来这位店小二的工作地点，正好面对山海关的城门，每当他弯下腰，拿起抹布清理桌上的油污之际，视角正对准"天下第一关"的"一"字。因此，他不由自主地天天看、天天擦，数十年如一日，久而久之，就熟能生巧、巧而精通，这就是他能够把这个"一"字临摹到炉火纯青、惟妙惟肖的原因。

人生中有许多美好的事物值得我们去留心，只有处处留心，才能有所感悟，才能渐渐地提高悟性。反复练习才能做到熟能生巧，把一项本领练到这种境界，成功就是自然而然的事了。

在一连串的挫折中，要坚守自己的使命

奥古斯特·罗丹，19 世纪法国伟大的雕塑家，西方近代雕塑史上继往开来的一代大师，他的雕塑作品《思想者》是现代世界著名的塑像。

罗丹出生于巴黎拉丁区的一个公务员家庭。父亲一直希望罗丹能掌握一门手艺，过殷实的生活。但是罗丹从小醉心于美术，为此，父亲曾撕毁罗丹的画，将他的铅笔投入火炉。罗丹的功课都很差，上课时也在画画，老师曾狠狠打他的手，使他有一个星期不能握笔。在姐姐的资助下，罗丹上了一所工艺美校，在此，他学习了绘画和雕塑的一些基本知识，并立下志向要当一名雕塑家，并把雕塑作为自己的使命。

罗丹去报考著名的巴黎美专，可能是由于他的作品太不合主考者的品味，一连3 次都没有被录取。罗丹遭到如此挫折，决心再也不投考官方的艺术学校了。不久，一直资助他的姐姐病逝，罗丹心灰意懒，决心进修道院去赎罪。后来，在修道院长的鼓励下，罗丹重新树立起从事艺术的志愿，于半年后离开了修道院。

在罗丹几乎丧失信心的时候，他在工艺美校时的老师勒考克一直鼓励着他。同时他遇到了他的模特儿兼伴侣罗丝，开始了他的创作生涯。

罗丹创作的头像《塌鼻人》遭到了学院派的轻视，但罗丹仍然夜以继日地工作着。他曾在比利时与雕塑家范·拉斯堡合作，稍稍有了一点积蓄。利用这点钱，罗丹访问了意大利的佛罗伦萨、罗马等地，研究了那里保存的各个时期的艺术大师的作品。这次游历使罗丹获得极大的收获，回布鲁塞尔后就创作出了精心构制的作品《青铜时代》。

由于雕像过于逼真，罗丹竟被指控从尸身上模印。罗丹百般申辩，经过官方长时间的调查，才证明这确系罗丹的艺术创作，一场风波就此平息，而罗丹的名声也由此传开了。

从比利时回到法国，罗丹的创作已部分地受到了上流社会的承认。1880 年，他接受政府的委托，为筹建实用美术博物馆设计大门。罗丹以意大利诗人但丁《神曲》中的《地狱篇》为题材，构思了规模宏大的《地狱大门》。

1891年，罗丹受法国文学协会之托制作的巴尔扎克纪念像再一次遭到非议，一些人认为作品太粗陋草率，像一个裹着麻袋片的醉汉。文学协会在舆论哗然之下，拒绝接受这个纪念像。

但是在1900年巴黎三国博览会上，一个专设的展厅陈列了罗丹的171件作品，成为艺术界的盛举。成千上万的人涌来看《地狱之门》《巴尔扎克》《雨果》，来自世界各国的艺术家和社会名流纷纷向罗丹表示祝贺和敬意。罗丹在法国之外的世界获得了极大的声誉，各国博物馆争相购买他的作品，以致能得到罗丹的作品成为一时的时髦事。罗丹终于获得了成功。

1904年，罗丹被国际美术家协会聘为会长，荣誉达到了一生的顶点。

罗丹并未就此止步，他唯一的生命便是雕塑。罗丹开始雕塑比真人还大一倍的《思想者》。罗丹亲身感受到脱离了兽类之后的思想者承受的压力，他通过塑像来表现这种拼搏的伟大。这是罗丹最后一部史诗性的作品，当塑像完成后，他也筋疲力尽了。

感悟

使命感是人们赋予自身的一种责任感。一个具有使命感的人，往往具有顽强的意志力，能在一连串的挫折中经受住考验，从而锤炼自己的意志力，使自己成为一个勤奋、勇敢和富有创新精神的人。

只要专注于一件事，年龄往往可以忽略不计

哈里·莱伯曼是个很喜欢下棋的老人，每天必到老年俱乐部和棋友下几个小时，下完棋后散步回家，日子过得闲适和安逸。

有一次，哈里·莱伯曼的棋友突然病了，没办法和他下棋了。俱乐部的管理员为他安排了其他的老人做他的棋友，他感觉不太适应，所以就放弃了。老人心情沮丧地准备回家，打算明天再来。这时俱乐部管理员建议："你可以尝试另一种娱乐方式，譬如去绘画。"

在俱乐部管理员的建议下，哈里·莱伯曼来到了俱乐部的画室，画室里摆着许多画，还有许多作画的工具。

俱乐部管理员说："先生，您可以先在这里试着画一画。"

哈里·莱伯曼听了哈哈大笑："你说什么，让我在这里作画，可是我从来没有摸过画笔。"

俱乐部管理员鼓励他说："那有什么关系，您可以试着画一幅，说不定你觉得感兴趣呢。"

于是，哈里·莱伯曼来到画架前，平生第一次摆弄起了画笔和颜料。哈里·莱伯曼在画室里待了一下午，觉得这一切真的很有意思，便对画画产生了兴趣，那一年他80岁。

哈里·莱伯曼决定学画，别人都以为他说笑话，80岁高龄的人，头昏眼花，能画好吗？他还有多少时间画画呢？但他学了，而且学得很好。

哈里·莱伯曼81岁的时候，他到学校去上绘画课，开始积累绘画知识。他把自己的时间全部倾注在绘画上。他画的不但好，而且很特别。

1977年，洛杉矶一家颇有名望的艺术陈列室举办了一次主题为"哈里·莱伯曼101岁"的画展。哈里·莱伯曼的作品被许多收藏家高价收藏，他的作品富有活力和想象力，运笔、意境俱佳，得到了评论界高度的赞扬。

哈里·莱伯曼创造了世界画坛上两个奇迹：一是高龄学画；二是画有所成。

在某些事情面前，不要找借口说自己没有时间去做，不要找借口说自己的年龄大了已力不从心。事实上，一个人只要专注于一件事，年龄对于他来说，往往是可以忽略不计的。

看似不可能的事，完全可以变为可能

困难其实是我们的朋友，所以面对困难时我们大可不必惊慌失措，失败是成功之母，只有经过了无数的困难，我们才能够看见胜利的曙光。面对困难我们一定要保持乐观的心态，要相信天无绝人之路，只有保持积极向上的态度，才会最终成功。

面对困境要有积极乐观的心态，要不屈不挠，勇敢地去面对，而不是要避而远之。在自己的内心深处一直提醒自己：天无绝人之路，车到山前必有路，船到桥头自然直。只有具备了这样的心态，才能真正地坚持到最后，并最终成功。

人生的路很长，但也很多。我们总会被环境所迫，为条件所困，为生活所累。有些事情是我们无法改变的，然而我们却可以换一种思考方式。生活中，我们有时在一条路上不断地行走，走久了，走累了，走厌了的时候，有可能就会觉得脚下的路越走越走不通，甚至到了山穷水尽的地步，于是就再也没有勇气继续往前迈动步子了。实际上，不是路太狭窄了，而是我们的眼光太狭窄了。其实，许多时候堵死我们的不是路，而是我们自己狭隘的心态，没有坚强的心更没有乐观的心态。我们只是止步在即将迈进成功的前一刻，最终使得成功与我们擦肩而过。

每个人的一生都会遇到这样或者那样的困难，这就要求我们应该时时刻刻激励自己，牢记"车到山前必有路，船到桥头自然直"。

有一位哲人曾经这样说道："一个人如果不能追赶太阳，就应该选择月亮。"这句话是非常的有道理的，当我们在原来的道路上不能进退的时候，我们应该学会正视现实，做一些必要的改变，往旁边挪动几步，就会出现无数条的路。只要自己的眼光不过于窄小，每个人都可以在走不下去的时候发现新的路。

对于有些人来说，"不可能"这3个字就是一座不可逾越的高山，在它面前会止住前进的脚步。而对于有些人来说，"不可能"却是一条通向成功彼岸的大船。原因在于，后者拥有信心和积极的思考，而前者正是缺乏信心和积极的思考。

第四章

不要在不经意间，错过一些最重要的东西

喜欢一个人，就要告诉对方。人生中有一些极美、极珍贵的东西，如果不好好留心和把握，便常常会失之交臂，甚至一生难得再遇、再求。不要在不经意间，错过可能是你一生最重要的东西。

输掉了比赛并不重要，重要的是要赢得人生

有一座山，高耸入云，飞鸟难越，没有人知道它有多高。山前山后有两条路可供攀登，前山大路石级铺就，笔直坦荡；后山小路，荆棘丛生，蜿蜒曲折。

一天，有父子三人来到山脚下。父亲举手遮阳，眺望峰顶，声如洪钟："你俩比赛爬上这山。上山有两条路，大路平而近，小路险而远。选择哪条路，你们自己定夺。"

哥俩思忖再三，各自凭着自己的选择，踏上征程。

时间过去了两个月，一个西装革履的身影出现在峰顶，哥哥走来了。他面色潮红，略显发福，头发油光可鉴。他骄傲地掸了一下笔挺的襟袖，走向充满期待的父亲，说："我赢了，我赢了！这一路真是春风得意。在坦荡的大路上我只需向前，向前！舒缓的坡度让我走得从容，平整的石阶使我心旷神怡。这里没有岔道让我伤神，没有突出的山石绊脚。我的心灵没有欺骗我，是英明的选择助我胜利。实践证明：在平坦和崎岖间，只有傻瓜才会放弃平坦，选择崎岖。聪明的选择使我有了多么得意的旅程啊。我获得了胜利，我理当获得胜利！"

父亲慈祥地看着他："你选择得的确聪明，一路走得也十分风光，我的好儿子……"

这之后不知过了多久，又一个身影出现了。他步伐稳健，全身充满着生命的活力。尽管他瘦削，衣衫褴褛，但双目炯炯有神，透着聪慧与睿智。

弟弟微笑着走向父亲和哥哥，从容地讲起路上的故事："哦，这是多么有

意义的一次旅程！感谢您，父亲，感谢您给我选择的机会。一路上陡峭的山崖阻挡着我攀爬的脚步，丛生的荆棘刺破了我裸露的臂膊，疲惫的身心增添着孤独的酸楚。但我坚持住了，终于我学会了灵活与选择，学会了机敏与自护，学会了独立与坚忍。路边的美丽景色，让我放慢脚步享受自然的馈赠。在山脚下，我看见山花烂漫，彩蝶翩翩，于是我与山花同歌，伴彩蝶共舞。在山腰，我看见绿草如茵，华木如盖，清澈的小溪静静流淌在林间，百鸟尽情放歌于林梢。我拥抱自然的和弦，追逐欢快的节奏。这些往往是我最快乐的时光。可更多的时候是阴冷浓雾的环抱，荆棘的阻隔。放眼望去，黄叶连天，衰草满路，但我在黄叶林中看到丰硕的果实，从衰草丛里悟出新生的希望。我感觉自己在一点一点地成熟。再往上，是没有一点生机的寒风和石砾，我曾想放弃，但曾经的艰辛温暖着我，启迪着我，给我力量，给我信心，使我忘掉比艰险更艰险的死寂，抛掉比痛苦更痛苦的迷茫！我最终到达了这里！一路上，我阅尽山间景色，也饱尝征途冷暖，为此，我感谢您，父亲，感谢您给我选择的权利，我从自己心灵的选择中懂得了很多很多……"

哥哥眼中露出不解，但旋即消失，他不无轻蔑地说："可是你输了！"

"是的，"父亲遗憾地说，"孩子，你输掉了比赛……"

弟弟极目远方，脸上露出平和的微笑："但，我赢得了人生！"

在每个人的人生中，都会面临许多比赛。很多时候，比赛的结果并不重要，重要的是比赛的过程。在过程中，才能学到本领，才能悟出一些道理。输掉了比赛并不重要，重要的是要赢得人生。

细心观察身边发生的事情，就会有很多惊奇的发现

一天，一位埃及法老设宴招待邻邦的君主。法老准备了极丰盛的饭菜，在御膳房里，上百名厨师正在忙着做各种复杂的饭菜。

忽然，一个厨师不慎将一盆油打翻在炭灰里，他急忙用手将沾有炭灰的油脂捧到厨房外面倒掉。等他回来用水洗手时，意外地发现手洗得特别干净。厨师非常奇怪，因为平时厨师们洗手时，为了去掉油污，都先用细沙搓一遍，然后再用清水洗。而这次他没有用沙子，就将油污洗得很干净。于是，他请别的厨师也来试一试。结果，每个人的手都洗得同样干净。从此以后，厨师们就把沾有油脂的炭灰洗手了。

后来，这件事情让法老知道了，他就吩咐仆人按照厨师们的方法把掺有油脂的炭灰制成一块一块的。这就是人类历史上最早的肥皂。

无独有偶，伟大的物理学家艾萨克·牛顿坐在苹果园的椅子上，突然，一只苹果从树上掉了下来。他开始思索，想知道苹果为什么会掉下来。终于他发现了地球、太阳、月亮和星星是如何保持相对位置的规律。一个名叫詹姆斯·瓦特的小男孩静静地坐在火炉边，观察着上下跳动的茶壶盖，他想知道为什么沉重的壶盖可以跳动，他从那时起就一直思考着这个问题。长大之后，他发明了蒸汽式发动机。一个叫伽利略的人在意大利的大教堂内，对往复摆动的吊灯产生了浓厚的兴趣。后来，他从中得到了启发，终于发明了摆钟……

我们的社会之所以会不断地进步，就在于人类会思考，而思考来自于细心的观察。当你细心观察身边发生的事情时，你一定会有很多惊讶的发现，而这些发现往往正是你走向成功的开始。

生命中有很多事，需要慢慢去等

一对情侣在咖啡馆里发生了口角，互不相让。然后，男孩愤然离去，只留下他的女友独自垂泪。

心烦意乱的女孩搅动着面前的那杯清凉的柠檬茶，泄愤似的用匙子捣着杯中未去皮的新鲜柠檬片，柠檬片已被她捣得不成样子，杯中的茶也泛起了一股柠檬皮的苦味。

女孩叫来侍者，要求换一杯剥掉皮的柠檬泡成的茶。

侍者看了一眼女孩，没有说话，拿走那杯已被她搅得很混浊的茶，又端来一

杯冰冻柠檬茶，只是，茶里的柠檬还是带皮的。原本就心情不好的女孩更加恼火了，她又叫来侍者。

"我说过，茶里的柠檬要剥皮，你没听清吗？"她斥责着侍者。

侍者看着她，他的眼睛清澈明亮。"小姐，请不要着急。"他说道，"你知道吗，柠檬皮经过充分浸泡之后，它的苦味溶解于茶水之中，将是一种清爽甘甜的味道，正是现在的你所需要的。所以请不要急躁，不要想在3分钟之内就把柠檬的香味全部挤压出来，那样只会把茶搅得很混，把事情弄得一团糟。"

女孩愣了一下，心里有一种被触动的感觉，她望着侍者的眼睛，问道："那么，要多长时间才能把柠檬的香味发挥到极致呢？"

侍者笑了："12个小时。12个小时之后柠檬就会把生命的精华全部释放出来，你就可以得到一杯美味到极致的柠檬茶，但你要付出12个小时的忍耐和等待。"

侍者顿了顿，又说道："其实不只是泡茶，生命中的任何烦恼，只要你肯付出12个小时忍耐和等待，就会发现，事情并不像你想象得那么糟糕。"

女孩看着他："你是在暗示我什么吗？"

侍者微笑："我只是在教你怎样泡制柠檬茶，随便和你讨论一下用泡茶的方法是不是也可以泡制出美味的人生。"侍者鞠躬，离去。

女孩面对一杯柠檬茶静静沉思。女孩回到家后自己动手泡制了一杯柠檬茶，她把柠檬切成又圆又薄的小片，放进茶里。

女孩静静地看着杯中的柠檬片，她看到它们在呼吸，它们的每一个细胞都张开来，有晶莹细密的水珠凝结着。她被感动了，她感到了柠檬的生命和灵魂慢慢升华，缓缓释放。12个小时以后，她品尝到了她有生以来从未喝过的最绝妙、最美味的柠檬茶。女孩明白了，这是因为柠檬的灵魂完全深入其中，才会有如此完美的滋味。

门铃响起，女孩开门，看见男孩站在门外，怀里的一大捧玫瑰娇艳欲滴。

"可以原谅我吗？"他讷讷地问。

女孩笑了，她拉他进来，在他面前放了一杯柠檬茶。"让我们有一个约定，"女孩说道，"以后，不管遇到多少烦恼，我们都不许发脾气，定下心来想想这杯柠檬茶。"

"为什么要想柠檬茶？"男孩困惑不解。

"因为，我们需要耐心等待12个小时。"

后来，女孩将柠檬茶的秘诀运用到她生活中的各个层面，她的生命因此而快乐、生动和美丽。女孩恬静地品尝着柠檬茶的美妙滋味，品尝着生命的美妙滋味。

感悟

生命中有些事是不能等的，但有些事却需要慢慢去等。学会慢慢去等，你才能把有些事化解，你才能把有些情感释怀，你才能慢慢品味人生。

一个小小的失误，很可能会造成毁灭性的后果

1995 年 2 月 17 日，世界各地的新闻媒体都以最醒目的标题报道了一个相同的事件：巴林银行破产了。全世界都为此震惊。在全球金融市场上，巴林银行有着举足轻重的地位。它有 233 年历史，在全球范围内掌管着 270 多亿英镑的业务。它曾创造了无数令人瞠目的业绩，在世界证券史上占有着极为特殊的地位。然而，创造了无数辉煌的巴林银行，却毁在了一个期货与期权结算方面的专家里森的手上。而这一切的诱因，竟然是一个小小的错误账户。

在期货交易中，失误是在所难免的。如果错误无法挽回，唯一可行的办法，就是将该项错误转入电脑中一个错误账户中，然后向银行总部报告。这在金融体系的运作过程中是一个正常现象。

当里森于 1992 年在新加坡担任巴林银行的期货交易员时，巴林银行就有一个账户为"99905"的错误账户，专门处理交易过程中因疏忽所造成的错误。1992 年夏天，伦敦总部全面负责清算工作的哥顿·鲍塞给里森打了一个电话，要求他另设立一个错误账户，以记录较小的错误，并自行在新加坡处理，以免麻烦伦敦的工作。于是里森马上找来了负责办公室清算的利塞尔，向她咨询是否可以另立一个档案，很快，利塞尔就在电脑里键入了一些命令，问他需要什么账号。于是，里森以设立了一个账号为"88888"的错误账户。

过了不久，伦敦总部又打来电话，要求新加坡分行仍按老规矩行事，所有的错误记录仍由"99905"账户直接向伦敦报告。这样，"88888"错误账户刚刚

建立就被搁置不用了，但它却从此成为一个真正的"错误账户"存储在电脑之中。而且总部这时已经注意到新加坡分行出现的错误很多，但里森都巧妙地搪塞而过。"88888"这个被人忽略的账户，提供了里森日后制造假账，掩饰投资失败的机会。这以后，里森为了谋私利，一再动用这个错误账户，造成了银行越来越巨大的损失。

1995年1月，日本神户大地震，其后数日东京日经指数大幅度下跌。里森在这种不利形势下还大量进行交易，遭受了极为重大的损失。与往常一样，他将这些都计入了"88888"账户。随着交易形式的进一步恶化，里森最后终于招架不住，在一片震惊声中宣告了银行的破产。

事后里森说："有一群人本来可以揭穿并阻止我的把戏，但他们没有这么做。我不知道他们的疏忽与罪犯的疏忽之间界限何在，也不清楚他们是否对我负有什么责任，但如果是在任何其他一家银行，我是不会有机会开始这项犯罪的。"

正是这些由错误账户而引起的一系列失误，最终导致了巴林银行的破产。

感悟

人们在工作和生活当中，经常会忽略细节的存在，从而让失误有机可乘。管理者要是不注意管理中的一些细小错误，久而久之也会让失误有机可乘，很可能造成整个企业的分崩离析。

不要在不经意间，错过一些最重要的东西

一个男孩深恋一个女孩多年，但他一直不敢向女孩坦言求爱，女孩对他也颇有情意，却也是始终难开玉口，两人试探着，退缩着，亲近着，疏远着。

一天晚上，男孩精心制作了一张卡片，在卡片上精心抒写了多年来藏在心里的话，但他思前想后，就是不敢把卡片亲手交给女孩。他握着这张卡片，愁闷至极，到饭店里喝了一些酒，竟然微微壮起了胆子，去找女孩。

女孩一开门，便闻到扑鼻的酒气。男孩虽然不像喝醉的样子，但是他微醺着脸，

女孩心中便有一丝隐隐的不快。

"怎么这时候还来？有什么事吗？"

"来看看你。"

"我有什么好看的！"女孩没好气地把他领进屋。

男孩把卡片在口袋里揣摸了许久，硬硬的卡片竟然有些温热和湿润了，可他还是不敢拿出来。面对女孩娇嗔的脸，他的心充溢着春水般的柔波，一漾一漾的，一颤一颤的。

他们漫长地沉默着。也许是因为情绪的缘故，女孩的话极少。桌上的小钟表指向了 11 点钟。

"我累了。"女孩慵懒地伸伸腰，慢条斯理地整理着案上的书本，不经意的神态中流露出辞客的意思。

男孩突然灵机一动。他假装百无聊赖地翻着一本大字典，又百无聊赖地把字典合上，放到一边。过了一会儿，他在纸上写下一个"罌"字问女孩："哎，这个字念什么？"

"yīng。"女孩奇怪地看着他，"怎么了？"

"是读 yáo 吧。"他说。

"是 yīng。"

"我记得就是 yáo。我自打认识这个字起就这么读它。"

"你一定错了。"女孩冷淡地说。

他真是醉了，她想。男孩有点无所适从。过了片刻，他涨红着脸说："我想一定是念 yáo。不信，我们可以查查，呃，查查字典。"他的话语竟然有些结巴了。

"没必要，明天再说吧。你现在可以回去休息了。"女孩站起来。

男孩坐着没动。他怔怔地看着女孩。"查查字典好吗？"他轻声说，口气中含着一丝恳求的味道。

女孩心中一动。但转念一想：他真是醉得不浅呢。于是，她柔声哄劝道："是念 yáo，不用查字典，你是对的。回去休息，好吗？"

"我，我不对，我不对！"男孩着急得几乎要流下泪来，"我求求你，查查字典，好吗？"

看着他胡闹的样子，女孩想：他真是醉得不可收拾。她绷起了小脸："你再不走我就生气了，今后也不会理你！"

"好，我走，我走。"男孩急忙站起来，向门外缓缓走去。"我走后，你查查字典，好吗？""好的。"女孩答应道，她简直想笑出声来。

男孩走出了门。女孩关灯睡了。然而女孩还没有睡着，就听见有人在敲她的窗户。轻轻地、有节奏地叩击着。

"谁？"女孩在黑暗中坐起身。

"你查字典了吗？"窗外是男孩的声音。

"神经病！"女孩喃喃骂道，而后她沉默着。

"你查字典了吗？"男孩又问。

"你走吧，你怎么这么顽固！"

"你查字典了吗？"男孩依旧不停地问。

"我查了！"女孩高声说，"你当然错了，你从始到终都是错的！"

"你没骗我吗？"

"没有。鬼才骗你呢。"

"保重。"这是女孩听见男孩说的最后一句话。

当男孩的脚步声渐渐消失之后，女孩睡不着了。"你查字典了吗？"她忽然想起男孩这句话，便打开灯，翻开字典。

在"罂"字的那一页，睡卧着那张可爱的卡片。上面是再熟悉不过的字体："我愿意用整个生命去爱你，你允许吗？"她什么都明白了。

明天我就去找他，她想。那一夜，她兴奋得辗转未眠。

第二天，她一早出门，但是她没有见到男孩。男孩躺在太平间里，他死了。他以为她拒绝了他，离开女孩后又喝了很多酒。结果真的喝醉了，因车祸而死。女孩无泪。

她打开字典，找到"罂"字。里面的注释是：罂粟，果实球形，未成熟时，果实中有白浆，是制鸦片的原料。罂粟花是一种极美的花，且是一种极好的药，但用之不当时，竟然也可以是致命的毒品。

感悟

喜欢一个人，就要告诉对方。人生中有一些极美、极珍贵的东西，如果不好好留心和把握，便常常会失之交臂，甚至一生难得再遇、再求。不要在不经意间，错过可能是你一生最重要的东西。

财富是一点一滴积累起来的，所以要珍惜每一分钱

有两个年轻人一同去寻找工作，其中一个叫彼德，另一个叫洛维尔。

他们都怀着对成功的渴望，寻找适合自己发展的机会。有一天，当他们走在街上时，同时看到有一枚硬币躺在地上，彼德看也不看就走了过去，洛维尔却激动地将它捡了起来。

彼德对洛维尔的举动露出鄙夷之色：连一枚硬币也捡，真没出息！洛维尔望着远去的彼德心中感慨：让钱白白地从身边溜走，真不应该！

到底是谁真正没出息呢？

后来，两个人同时进了一家公司。公司很小，工作很累，工资也低，彼德不屑一顾地走了，而洛维尔却高兴地留了下来。

两年后，二人又在街上相遇，洛维尔已成了一位小老板，而彼德还在寻找工作。

彼德对此无法理解："你怎么能如此快地发了财呢？"

洛维尔说："因为我不会像你那样从一枚硬币上走过去，我会珍惜每一分钱，而你连一枚硬币都不要，怎么会发财呢？"

感悟

金钱的积累是从"每一个硬币"开始的，一个成功致富的人决不会因为钱小而弃之。因为他们知道，任何一种成功都是从一点一滴积累起来的，如果没有这种心态，就不可能得到更多的财富。贪图更大的财富，结果往往连本来能够到手的财富也会丢掉。

只有好好地把握住今天，才能创造美好的明天

在美国华尔街的股票市场交易所，依文斯工业公司是一家保持了长久生命力的公司，可公司的创始人爱德华·依文斯曾经十分绝望，还差点死去。

依文斯生长在一个贫苦的家庭里，一开始靠卖报来赚钱，后来在一家杂货店当店员。

8年之后，他才鼓起勇气开始自己的事业。不久，厄运降临了——他替一个朋友背负了一张面额很大的支票，而那个朋友破产了。

祸不单行。不久，那家存着他全部财产的大银行垮了，他不但损失了所有的钱，还负债近两万美元。

他经受不住这样的打击，绝望极了。不久，他得了一种奇怪的病：有一天，他走在路上的时候，昏倒在路边，以后就再也不能走路了。最后医生告诉他，他的生命只有两个星期的时间了。

想着只有十几天好活了，他突然感觉到了生命是那么地宝贵。于是，他放松了下来，决定好好把握自己的每一天。

奇迹出现了。两个星期后依文斯并没有死，6个星期以后，他又能回去工作了。经过这场生死的考验，他明白了患得患失是无济于事的，对一个人来说最重要的就是要把握住现在。他以前一年曾赚过两万美元，可是现在能找到一个礼拜30美元的工作，就已经很高兴了。正是有这种心态，依文斯的进展非常快。

不到几年，他已是依文斯工业公司的董事长了。正是因为学会了只"活在当下"的道理，依文斯取得了人生的胜利。

感悟

有句话说的好："昨天属于死神，明天属于上帝，唯有今天属于我们。"只有好好地把握住今天，我们才能充分拥有和利用好每一个今天，才能挣脱昨天的痛苦和失败，才能创造美好的明天。

不放过一些偶然现象，才能有"重大发现"

1820年，哥本哈根的奥斯特偶然发现：通过电流的导线周围的磁针，会受到力的作用而偏转。这一发现说明电流会产生磁场，从此，电和磁就结合起来了。

为了研究胰脏的消化功能，明可夫斯基给狗做了胰切除术。这只狗的尿引来了许多苍蝇，对狗尿进行分析后，明可夫斯基发现其中有糖，于是领悟到胰脏和糖尿病有密切关系。

20世纪初，美国墨西哥湾的海面上忽然出现一种稀奇的现象：海水上漂着一层油花，在太阳光下闪闪发光。原来在海底下储藏着丰富的石油。不久，墨西哥湾就建立起世界上第一口海底油井，开了海底采油的先例。

1895年，伦琴偶然在阴极射线放电管附近放了一包密封在黑纸里的、未曾显影的照相底片，当他把底片显影时，发觉它已走光了。对于一个漫不经心的人，那就会说："这次走光了，下次放远一些就得了！"可是伦琴却采取了认真的态度，没有放过这一线索。他认为，这一定有某种射线在起作用，并给它取名X射线。

1942年英德空战激烈，为了观察入侵的敌机，英国普遍建立了雷达观察站。但雷达信号常被一些莫明其妙的电噪声所干扰，特别是早晨更加厉害。此外，美国工程师卡尔·詹斯基在检查越过大西洋电话通讯的静电干扰时，也注意到有一种特殊的弱噪声。这些发现引导人们去研究它们的起源，结果得知干扰雷达信号的电噪声来自太阳，并且还发现，不仅太阳能够发射宽频带的电磁波，而且星云间也能发射。这一切奠定了今天的射电天文学的基础。

英国圣玛利学院的细菌学讲师弗莱明，早就希望发明一种有效的杀菌药物。1928年，当他正研究毒性很大的葡萄球菌时，忽然发现原来生长得很好的葡萄球菌全都消失了。是什么原因呢？经过仔细观察后发现，原来有些别的霉菌掉到那里去了。显然消灭这些葡萄球菌的，不是别的，正是青霉菌。这一偶然事件，导致药物青霉素以及一系列其他抗菌素的发明。

感悟

在长期的生活实践中，有时会有一些偶然的发现。对待这些偶然的发现，不要轻易放过，要想办法弄清它产生的原因。只有具备这种高度的科学敏感性，并苦心钻研，才能有一些"重大发现"。

再坚持一小会儿，往往就是另一个结局

两个探险者迷失在茫茫的大戈壁滩上，他们因长时间缺水，嘴唇裂开了一道道的血口，如果继续下去，两个人只能活活渴死！

一个年长一些的探险者从同伴手中拿过空水壶，郑重地说："我去找水，你在这里等着我吧！"接着，他又从行囊中拿出一只手枪递给同伴说："这里有6颗子弹，每隔一个时辰你就放一枪，这样当我找到水后就不会迷失方向，就可以循着枪声找到你。千万要记住！"

看着同伴点了点头，他才信心十足地蹒跚离去……

时间在悄悄地流逝，枪膛里仅仅剩下最后一颗子弹了，找水的同伴还没有回来。

"他一定被风沙湮没了，或者找到水后撇下我一个人走了。"年纪小一些的探险者数着分、数着秒，焦灼地等待着。饥渴和恐惧伴随着绝望如潮水般地充盈了他的脑海，他仿佛嗅到了死亡的味道，感到死神正面目狰狞地向他紧逼过来……

他扣动扳机，将最后一粒子弹射进了自己的脑袋。

就在他轰然倒下不久，同伴带着满满的两大壶水赶到了他的身边……

很多事情之所以结局很糟，是因为没有坚持到最后。对于某些事一定要坚持，只要还有一口气在，就要坚持到底。人生中有很多事情，再坚持一小会儿，往往就是另一个结局。

当奏响人生的乐章时，就不要停止

著名的钢琴家及作曲家帕德雷夫斯基准备在美国某大型音乐厅表演。那是一个值得纪念的夜晚——黑色燕尾服，正式的晚礼服，上流社会的打扮。

当晚的观众当中有一位母亲，带着一个烦躁不安的9岁的小男孩。母亲希望他在听过大师演奏之后，会对练习钢琴发生兴趣。于是，他不得不来。小男孩等待得不耐烦了，在座位上蠕动不停。

到母亲转头跟朋友交谈时，小男孩再也按捺不住，从母亲身旁溜走，他被灯光照耀着的舞台上那演奏用的大钢琴和前面的乌木座凳吸引了。在台下那批受过教养的观众不注意的时候，小男孩瞪眼看着眼前黑白颜色的琴键，把颤抖的小手指放在正确的位置，开始弹奏名叫《筷子》的曲子。

观众的交谈声忽然停止，数百双表示不悦的眼睛一起看过去。被激怒、困窘的观众开始叫嚷："把那男孩子弄走！""谁把他带进来的？他母亲在哪里？""制止他！"

钢琴大师在后台听见台前的声音，立即知道发生了什么事。他赶忙抓起外衣，跑到台前，一言不发地站到男孩身后，伸出双手，即兴地弹出配合《筷子》的一些和谐音符。

两个人同时弹奏时，大师在男孩耳边低声说："继续弹，不要停止。继续弹……不要停止……不要停止。"

台下终于爆发出一阵热烈的掌声。

感悟

人生是一曲乐章，我们是演奏者。当弹起人生的乐章时，就不要停，也不应该停。只要不停地弹下去，就一定会获得喝彩与掌声。

经历的坎坷和磨难，是人生的一笔财富

许多年前，有一个名叫海菲的人，他恳求老板改变自己地位低下的生活，因为他爱上了一位美丽的姑娘，姑娘的父亲富有而势利。

想不到他的恳求获得了老板——大名鼎鼎的皮货商人柏萨罗的恩准。柏萨罗派他到伯利恒小镇去卖一件袍子，他却因为怜悯，把袍子送给客栈附近一个需要取暖的新生儿。

海菲满是羞愧地回到皮货商那里，有一颗明星一直在他头顶上方闪烁。柏萨罗将这解释为上帝的启示，便给了海菲10张羊皮卷，那里面记载着震撼古今的商业大秘密，有实现海菲所有抱负所必须的智慧。海菲怀揣着这10张羊皮卷，带着

老板给他的一笔本金，走向远方，开始了他独立谋生的推销生涯。

若干年后，海菲成了一名富有的商人，并娶回了自己心爱的姑娘。他的成就在继续扩大，不久，一个浩大的商业王国在古阿拉伯半岛崛起……

熟悉以上文字的人都明白，这是一部奇书的故事梗概，它的名字叫《世界上最伟大的推销员》。作者奥格·曼狄诺，出生于美国东部的一个平民家庭。28岁以前，他大学毕业，有了一份稳定的工作，并娶了妻子。但是后来，由于自己的愚昧无知和盲目冲动，他犯了一系列不可饶恕的错误，最终失去了自己一切宝贵的东西——家庭、房子和工作，几乎一贫如洗。于是，他开始到处流浪，寻找赖以度日的种种方法。

两年后，曼狄诺认识了一位受人尊敬的牧师，解答了他提出的许多困扰人生的问题。临走的时候，牧师送给他一部圣经，此外，还有一份书单，上面列着11本书的书名。它们是《最伟大的力量》《钻石宝地》《思考的人》《向你挑战》《本杰明·富兰克林自传》《获取成功的精神因素》《思考致富》《从失败到成功的销售经验》《神奇的情感力量》《爱的能力》和《信仰的力量》。

从这一天开始，奥格·曼狄诺就依照牧师列出的书单，把11本书一一找来，细细地阅读。渐渐地，笼罩在心头那一片浓重的阴云退去了，似有一抹阳光照射进来，他激动万分，终于看到了希望。

曼狄诺一旦意识到自己的潜力，便焕发出前所未有的热情和勇气。他遵循书中智者的教诲，像一位整装待发的水手，瞄准了目标，越过汹涌的大海，抵达梦中的彼岸。

此后，曼狄诺当过卖报人、公司推销员、业务经理……在这条他所选择的道路上，充满了机遇，也饱含着辛酸，但他已不可战胜，因为，他掌握了人生的准则。当遇到困难，甚至失败时，他都用书中的语言激励自己：坚持不懈，直至成功！终于，在35岁生日那一天，他创办了自己的企业——《成功无止境》杂志社，从此步入了富足、健康、快乐的乐园。

奥格·曼狄诺的成功为他带来了巨大的荣誉，使他成为美国家喻户晓的商界英雄。

曼狄诺没有就此止步，开始著书立说。1968年，他写出了《世界上最伟大的推销员》一书。该书一经问世，即以多种语言在世界各地出版，不仅推销员，社会各个阶层人士都被这部充满魅力的作品深深吸引，争相阅读。

不平凡的经历是成功的一笔财富，如果曼狄诺没有早年的坎坷，就不会有后来的成就。

坎坷的经历是人生中的一大财富，经历坎坷和磨难，是在储存一笔财富。只有那些经历坎坷、经历磨难的人，才会对生活充满信心，才能勇敢地面对将来的艰难险阻，并最终成就辉煌的人生。

留心生活中的需要，处处留心皆机遇

安全刀片大王吉列，未发明刀片以前是一家瓶盖公司的推销员。他从二十多岁时就开始节衣缩食，把省下来的钱全用在发明研究中。过了近二十年，他仍旧一事无成。

1985年夏天，吉列到保斯顿市去出差，在返回的前一天买了火车票。第二天早晨，他起床迟了一点儿，正在刮胡子，旅馆的服务员忽匆匆地走进来喊道："再有5分钟，火车就要开了。"吉列听到后，一紧张，不小心把嘴巴刮伤了。

吉列一边用纸擦血一边想："如果能发明一种不容易伤皮肤的刀子，一定大受欢迎。"

这样，他就埋头钻研。经过数百次实验之后，吉列终于发明了现在我们每天所用的安全刀片。他摇身一变成为世界安全刀片大王。

G.克鲁姆是位印第安人，他是炸马铃薯片的发明者。1853年，克鲁姆在萨拉托加市高级餐馆中担任厨师。一天晚上，来了位法国人，他吹毛求疵，总挑剔克鲁姆的菜不够味，特别是油炸食品太厚，无法下咽，令人恶心。

克鲁姆气愤之余，随手拿起一个马铃薯，切成极薄的片，骂了一句便扔进了沸油中，结果好吃极了。不久，这种金黄色、具有特殊风味的油炸土豆片，就成了美国特有的风味小吃而进入了总统府，至今仍是美国国宴中的主要食品之一。

美国佛罗里达州有位穷画家，名叫律薄曼。他当时仅有一点点画具，仅有的一只铅笔也是削得短短的。

有一天，律薄曼正在绘图时，找不到橡皮擦。费了很大劲才找到时，铅笔又不见了。铅笔找到后，为了防止再丢，他索性将橡皮用丝线扎到铅笔的尾端。但用了一会，橡皮又掉了。

"真该死！"他气恼地骂着。

律薄曼为此事琢磨了好几天，终于想出主意来了：他剪下一小块薄铁片，把橡皮和铅笔绕着包了起来。果然，这一招相当管用。

后来，他申请了专利，并把这专利卖给了一家铅笔公司，从而赚得55万美元。

美国有一位名叫潘佰顿的药剂师，煞费苦心研制了一种用来治疗头痛、头晕的糖浆。配方搞出来后，他嘱咐店员用水冲化，制成糖浆。

有一天，一位店员因为粗心出了差错，把放在桌上的苏打水当做白开水，没想到一冲下去，"糖浆"冒气泡了。这让老板知道可不好办，店员想把它喝掉，先试尝一下味道，还挺不错的，越尝越感到够味。闻名世界、年销量惊人的可口可乐就是这样发明的。

住在纽约郊外的扎克，是一个碌碌无为的公务员，他唯一的嗜好便是滑冰，别无其他。

纽约的近郊，冬天到处会结冰。冬天一到，他一有空就到那里滑冰自娱，然而夏天就没有办法到室外冰场去滑个痛快。去室内冰场是需要钱的，一个纽约公务员收入有限，不便常去，但待在家里也不是办法，深感日子难受。有一天，他百无聊赖时，一个灵感涌上来，"鞋子底面安装轮子，就可以代替冰鞋了。普通的路就可以当做冰场。"

几个月之后，他跟人合作开了一家制造这种鞋子的小工厂。他做梦也想不到，产品一问世，立即就成为世界性的商品。没几年工夫，他就赚进100多万美元。

感悟

现实生活中的很多需要，都可能是难得的机遇。有时候，机遇会自己找上门来，就看你能不能发现。多留心生活，往往一点小事，可能就是将你引上成功之路的机遇。

有些看起来微不足道的人，往往才是最重要的人

在阿尔卑斯山东边山坡的一个小村庄里，曾住着一位老先生。他在多年前被一个镇议会聘用，负责清除山涧水池中的杂物。泉水从山上的源头流出，直达他们的市镇。他默默地在山上巡回，随时清除树叶和树枝，并抹去可能淤塞和污染清新水流的泥沙。逐渐地，村庄成了度假胜地。美丽的天鹅在晶莹的泉水上游动，附近各种营业的水车日夜转动，农田自然得到灌溉，从餐厅里望出去的风景赏心悦目。

许多年过去了，一天早上，镇议会举行半年一度的会议。审查预算时，某人的视线停在鲜有人注意的泉水守护者薪水上面。这位负责财务的先生说："这老头是谁？我们为何每年聘用他？没人看见他。这位在山里巡逻的陌生人对我们没啥用处，我们并不需要他！"经过投票，众人一致同意取消老先生的职位。

起先数周并没有什么改变。直至秋天来临，树木开始落叶，折断的小树枝掉落

在水池里，阻碍了泉水的奔流。一天下午，有人注意到泉水出现了些微棕黄的颜色。到第二个星期，泉水更显得阴暗。再过一周，泉水又多了一层浮在水面的泥土，不久更发出恶臭。水车转得比以前慢了，到最后根本不转了。天鹅和游客皆不复返，各样疾病开始侵袭村庄。

尴尬的议会急忙召开特别会议，他们知道自己犯了一个重大错误，决定重新聘用泉水的守护人……

数周之后，生命的河水又恢复了清洁。水车重新转动，新生命再次注入这阿尔卑斯山边的这个小村庄里。

我们常常忽略了一些人：这些人看起来微不足道。甚至默默无闻。殊不知，对于我们来说，这些人往往才是最重要的人。所以，不要忽视每一个人的作用，因为每一个人都是不可或缺的。

要想飞起来，先要有飞翔的信念

在美国，有一位穷苦的牧羊人，他的妻子在几年前离他而去了，他只能和自己的两个孩子靠为别人放羊来维持生活，日子过得很艰苦。

一天，他和孩子在山坡上放羊的时候，一群大雁从他们的头顶飞过，消失在天边。

小儿子问他的父亲："大雁要飞到哪里去？"

"他们要飞到温暖的地方过冬。"牧羊人回答说。

"如果我们也能像大雁一样飞起来就好了，那样我们就能飞到天堂里看我们的妈妈了，她一个人在那里一定很孤单，她肯定想我们了。"年纪大一点的儿子说。

儿子的话让牧羊人流下了感动的泪水，短暂的沉默后，牧羊人对两个儿子说："只要你们有飞翔的信念，我相信你们肯定能飞起来的。"

"我们现在就有这样的信念，我们现在就要飞起来。"两个儿子伸开手臂试

了试，但他们并没有飞起来。他们看了看父亲，很明显，他们在怀疑父亲所说的话。

牧羊人说："我可以试给你们看。"于是张开双臂，但是他和自己的孩子一样，也是没有飞起来。

"我想肯定是因为我年纪大了才飞不起来，你们还小，只要有坚定的信念，并且不断努力，我相信总有一天你们能飞起来，飞到天堂看望你们的妈妈。"

父亲的话深深地刻在了兄弟俩的心中，从此他们就开始致力于飞翔的研究，当他们长大的时候，他们终于飞上了天空。

他们就是飞机的发明者——莱特兄弟。

感悟

要想飞起来，先要有飞翔的信念，如果没有这个信念，永远也飞不起来。只要有了飞翔的信念，再加上自己的努力，肯定就能飞起来。成功也是这样：要想成功，先要有成功的信念，然后要不断地为这个信念去努力，做到了这两点，这世界上就没有什么做不到的事。

有目标的人生，才是充盈的人生

有个年轻人去采访朱利斯·法兰克博士。法兰克博士是市立大学的心理学教授，虽然已经70岁高龄了，却保有相当年轻的体态。

"我在好多年前遇到过一个中国老人。"法兰克博士解释道，"那是第二次世界大战期间，我在远东地区的战俘集中营里。那里的情况很糟，简直无法忍受，食物短缺，没有干净的水，放眼所及全是患痢疾、疟疾等疾病的人。有些战俘在烈日下无法忍受身体和心理上的折磨，对他们来说，死已经变成最好的解脱。我自己也想过一死了之，但是有一天，一个人的出现扭转了我的求生意念，那是一个中国老人。"

年轻人非常专注地听着法兰克博士诉说那天的遭遇。

"那天我坐在囚犯放风的广场上，身心俱疲。我心里正想着，要爬上通了电的围篱自杀是多么容易的事。不久之后，我发现身旁坐了个中国老人，我因为太虚弱了，还恍惚地以为是自己的幻觉。毕竟，在日本的战俘营区里，怎么可能突然出现一个中国人？他转过头来问了我一个问题，一个非常简单的问题，却救了我的命。"

年轻人马上提出自己的疑惑："是什么样的问题可以救人一命呢？"

法兰克博士继续说："他问的问题是'你从这里出去之后，第一件想做的事情是什么？'这是我从来没想过的问题，我从来不敢想。但是我心里却有答案：我要再看看我的太太和孩子。突然间，我认为自己必须活下去，那件事情值得我活着回去做。那个问题救了我一命，因为它给了我活下去的理由！从那时起，活下去变得不再那么困难了，因为我知道，我每多活一天，就离战争结束近一点，也离我的梦想近一点。中国老人的问题不只救了我的命，它还教了我从来没学过，却是最重要的一课。"

"是什么？"年轻人问。

"目标的力量。"

"目标？"

"是的，目标，值得奋斗的事。目标给了我们生活的目的和意义。当然，我们也可以没有目标地活着，但是要真正地活着，快乐地活着，我们就必须有生存的目标。

伟大的艾德米勒·拜尔德说：'没有目标，日子便会结束，像碎片般地消失。'目标创造出目的和意义。有了目标，我们才知道要往哪里去，去追求些什么。没有目标，生活就会失去方向，而人也成了行尸走肉。人们生活的动机往往来自于两样东西：不是要远离痛苦，就是追求欢愉。目标可以让我们把心思紧系在追求欢愉上，而缺乏目标则会让我们专注于避免痛苦。同时，目标甚至可以让我们更能够忍受痛苦。"

"我有点不太懂，"年轻人犹豫地说，"目标怎么让人更能够忍受痛苦呢？"

"嗯，我想想该怎么说……好！想象你肚子痛，每几分钟就会来一次剧烈的疼痛，痛到你会忍不住呻吟起来，这时你有什么感觉？"

"太可怕了，我可以想象。"

"如果疼痛越来越严重，而且间隔的时间越来越短，你有什么感觉？你会紧张还是兴奋？"

"这是什么问题，痛得要死怎么可能还兴奋得起来，除非你是个虐待狂。"

"不，这是个怀孕的女人！这女人忍受着痛苦，她知道最后她会生下一个孩子来。在这种情况下，这女人甚至可能还期待痛苦越来越频繁，因为她知道阵痛越频繁，表示她就快要生了。这种疼痛的背后含有具体意义的目标，因此使得疼痛可以被忍受。同样的道理，如果你已经有个目标在那儿，你就更能忍受达到目标之前的那段痛苦期。毫无疑问，当时我因为有了活下去的目标，所以使我更韧性，否则我可能早就撑不下去了。我看见一个非常消沉的战俘，于是我问他同一个问题：'当你活着走出这里时，你第一件想做的事是什么？'他听了我的问题之后，渐渐地，脸上的表情变了，他因为想到自己的目标而两眼闪闪发亮。他要为未来奋斗，当他努力地活过每一天的时候，他知道离自己的目标更近了。"

法兰克博士停了一会儿，继续说道："我再告诉你另一件事。看着一个人的改变这么大，而你知道你说的话对他有很大的帮助，那种感觉真是太棒了！所以我又把这当成自己的目标，我要每天都尽可能地帮助更多的人。战争结束之后，我在哈佛大学从事一项很有趣的研究。我问1953年那届毕业的学生，他们的生活是否有任何目标？你猜有多少学生有特定的目标？"

"50%。"年轻人猜道。

"错了！事实上是低于3%！"法兰克博士说，"你相信吗，100个人里面只有不到3个人对他们的生活有一点想法。我们持续追踪这些学生达25年之久，结果发现，那有目标的 3% 的毕业生比其他 97% 的人，拥有更稳定的婚姻状况、健康状况、，同，财务情况也比较正常。当然，毫无疑问，我发现他们比其他人有更快乐的生活。"

"你为什么认为有目标会让人们比较快乐？"年轻人问。

"因为我们不只从食物中得到精力，尤其重要的是从心里的一股热诚来获得精力，而这股热诚则是来自于目标，对事物有所企求，有所期待。为什么有这么多人不快乐，一个非常重要的原因就是因为他们的生活没有意义、没有目标。早晨没有起床的动力，没有目标的激励，也没有梦想。他们因此在生命旅途上迷失了方向和自我。"

"如果我们有目标要去追求的话，生活的压力和张力就会消失，我们就会像障碍赛跑一样，为了达到目标，而不惜冲过一道道关卡和障碍。"

"目标提供我们快乐的基础。人们总以为舒适和豪华富裕是快乐的基本要求，然而事实上，真正会让我们感觉快乐的却是某些能激起我们热情的东西。这就是快乐的最大秘密。缺乏意义和目标的生活，是无法创造出持久的快乐的。这就是我所说的目标的力量。"

感悟

一个人若没有目标，他的生命将会缺乏前进的动力。目标赋予了我们生命的意义和目的。有了目标，我们才会把注意力集中在追求成功和幸福上。有目标的人生，才是充满希望与活力的人生，人生因此才会变得充盈。

一时的粗心大意，可能会毁掉别人一生的健康和幸福

他是杂技团的台柱子，凭借一出惊险的高空走钢丝而声名远扬。

在离地五六米的钢丝上，他手持一根中间黑色、两端蓝白相间的平衡木，赤脚稳稳当当地走过 10 米长的钢丝。他技艺高超，身手灵活，还能从容地在钢丝上做出一些腾跃翻转的动作。多年来，他表演过无数次，从未有过丝毫闪失。

杂技团去外地演出回来的路上，装道具的卡车翻进了山沟，折断了他那根保持平衡的长木杆。团里非常重视，不惜高价找来了粗细相同、长短一致、重量也一样的木杆。直到他觉得得心应手时，团长才请油漆匠给木杆刷上与以前那根木杆相同的蓝白相间的颜色。

又是一次新的演出。在观众的阵阵掌声中，他微笑着赤脚踏上钢丝。助手递给他那根蓝白相间的长木杆。他从左端开始默数，数到第10个蓝块，左手握住，又从右端默数到第10个蓝块，右手握紧，这是他最适宜的手握距离。然而今天，他感到两手间的距离比他以往的长度短了一些。他心里猛地一惊，难道有人将木杆截短了？不可能啊？！他小心翼翼地把两手分别向左右移动，一直到适宜的距离才停住。他看了看，两手都偏离了蓝块的中间位置。他一下子对木杆产生了怀疑。

这时，观众席上又一次爆发出雷鸣般的掌声，已经容不得他多想。他握紧木杆，提了一口气，向钢丝的中间走去。走了几步，他第一次没了自信，手心有汗沁出。终于，在钢丝中段做腾跃动作时，一个不留神，他从空中摔了下来，折断了踝骨，表演被迫停止。

事后检查，那根木杆的长度并没有改变，只是粗心的油漆匠将蓝白色块都增长了一毫米。

感悟

失之毫厘，谬以千里。在有些事上来不得半点疏忽和草率。虽然有时我们可能只是一时的粗心大意，但却可能会毁掉别人一生的健康和幸福。多用点心思，生就会少留一些遗憾。

抓住灵感的火花，把灵感进行到底

1947 年 2 月的一天，当宝丽来公司的总经理兰德正在替女儿照相时，女儿问他什么时候可以见到照片。兰德耐心地解释，冲洗照片需要一段时间。说话时他突然想到，为什么我们要等上好几个小时，甚至几天才能看到照片呢？

如果能当场把照片冲洗出来，这将是照相技术的一次革命。兰德决定掌握解决所有这些问题的方法。他以令人难以置信的速度开始工作。6 个月之内，就把基本的问题解决了。

诚如他的一名助理所说："我敢打赌，即使 100 个博士，10 年间毫不间断地工作，也没有办法重演兰德的成绩。"这话毫不夸张。

但兰德自己无法解释他所经历过的发明过程。他相信人类和其他动物的基本区别，就在人的创造能力。"你能想象吗？"他问，"一个猿猴发明一个箭头？"他相信发明是人类很早很早就有了的能力，只是至今还一点都弄不清楚它究竟是怎么回事。

"我发现，"兰德说，"当我快要找到一个问题的答案时，极重要的是，专心工作一段时间。在这个时候，一种本能的反应似乎就出现了。在你的潜意识里容纳了这么多可变的因素，你不能容许被打断。如果你被打断了，你可能要花上一年的时间才能重建这 60 个小时打下的基础。"

尽管在一开始，全国多数的照相机销售店冷淡地接受兰德相机，但到 1949 年，宝丽来的销售额却已经高达 668 万美元。

不要忽略我们生活中某些不经意间的想法，每一个想法都是大脑中灵感的火花，都有可能成为一个新的构想，抓住它不要放弃，你就可能会因此而成功。很多成功人士之所以能成功，正是因为他们能及时抓住很可能一闪即逝的灵感火花，并能把灵感进行到底的结果。

第五章

如果机会不大，就要想办法争取机会

　　在很多事情面前，由于某些原因，我们的胜算并不大，这时就要想办法争取机会。如何争取这样的机会呢？一是要有勇气，二是要有技巧。

如果总是害怕某些事，就会错过某些机会

有个人碰到一位神仙，神仙告诉他说，有大事要发生在他身上了，他会有机会得到很大的一笔财富，在社会上获得卓越的地位，并且娶到一个漂亮的妻子。

这个人终其一生都在等待这个奇异的承诺，可是什么事也没发生。他穷困地度过了他的一生，最后孤独地老死了。

当他死后，他又看见了那个神仙。他对神仙说："你说过要给我财富、地位和漂亮的妻子，我等了一辈子，却什么也没有。"

神仙回答他："我没说过那种话。我只承诺过要给你机会得到财富、一个受人尊重的社会地位和一个漂亮的妻子，可是你让这些机会从你身边溜走了。"

这个人迷惑了，他说："我不明白你的意思。"

神仙回答道："你记得你曾经有一次想到一个好点子，可是你没有行动，因

为你怕失败而不敢去尝试吗？"这个人点点头。

神仙继续说："因为你没有去行动，这个点子几年以后被另外一个人想到了，那个人一点也不害怕地去做了，他后来变成了全国最有钱的人。还有，你应该还记得，有一次发生了大地震，城里大半的房子都毁了，好几千人被困在倒塌的房子里。你有机会去帮忙拯救那些存活的人，可是你怕小偷会趁你不在家的时候到你家里去偷东西，你以这作为借口，故意忽视那些需要你帮助的人，而只是守着自己的房子。"这个人不好意思地点点头。

神仙说："那是你去拯救几百个人的好机会，而那个机会可以使你在城里得到尊崇和荣耀啊！"

"还有，"神仙继续说，"你记不记得有一个头发乌黑的漂亮女子，你曾经非常强烈地被她吸引，你从来不曾这么喜欢过一个女人，之后也没有再碰到过像她这么好的女人。可是你想她不可能会喜欢你，更不可能会答应跟你结婚，你因为害怕被拒绝，就让她从你身旁溜走了。"这个人又点点头，这次他流下了眼泪。

神仙说："我的朋友啊，就是她！她本来该是你的妻子，你们会有好几个漂亮的小孩，而且跟她在一起，你的人生将会有许许多多的快乐。"

神仙最后说："可惜，你都没有抓住这些机会！"

感悟

在每个人的一生之中，都会有很多次机会，但大多数机会都被错过了。当机会来临时，不要犹豫，更不要害怕。在机会面前，如果你犹豫不决或害怕，机会就会与你擦肩而过。

对于每个生命来说，只有自己才是上帝

有一天，上帝来到人间。遇到一个智者，正在钻研人生的问题。上帝敲了敲门，走到智者的跟前说："我也为人生感到困惑，我们能一起探讨探讨吗？"

智者毕竟是智者，他虽然没有猜到面前这个老者就是上帝，但也能猜到绝不是一般的人物。他正要问上帝您是谁，上帝说："我们只是探讨一些问题，完了我就走了，没有必要说一些其他的问题。"

　　智者说："我越是研究，就越是觉得人类是一种奇怪的动物。他们有时候非常善用理智，有时候却非常不明智，而且往往在大的方面迷失了理智。"

　　上帝感慨地说："这个我也有同感。他们厌倦童年的美好时光，急着成熟，但长大了，又渴望返老还童；他们健康的时候，不知道珍惜健康，往往以牺牲健康来换取财富，然后又以牺牲财富来换取健康；他们对未来充满焦虑，但却往往忽略现在，结果既没有生活在现在，又没有生活在未来之中；他们活着的时候好像永远不会死去，但死去以后又好像从没活过，还说人生如梦……"

　　智者对上帝的论述感到非常的精辟，他说："研究人生的问题，很是耗费时间的。您怎么利用时间呢？"

　　"是吗？我的时间是永恒的。对了，我觉得人一旦对时间有了真正透彻的理解，也就真正弄懂了人生了。因为时间包含着机遇，包含着规律，包含着人间的一切，比如新生的生命、没落的尘埃、经验和智慧等人生至关重要的东西。"

　　智者静静地听上帝说着，然后，他要求上帝对人生提出自己的忠告。

　　上帝从衣袖中拿出一本厚厚的书，上边却只有这么几行字：

　　"人啊！你应该知道，你不可能取悦于所有的人；最重要的不是去拥有什么东西，而是去做什么样的人和拥有什么样的朋友；富有并不在于拥有最多，而在于贪欲最少；在所爱的人身上造成深度创伤只要几秒钟，但是治疗它却要很长很长的时光；有人会深深地爱着你，但却不知道如何表达；金钱唯一不能买到的，却是最宝贵的，那便是幸福；宽恕别人和得到别人的宽恕还是不够的，你也应当宽恕自己；你所爱的，往往是一朵玫瑰，并不是非要极力地把它的刺根除掉，你能做的最好的，就是不要被它的刺刺伤，自己也不要伤害到心爱的人；尤其重要的是：很多事情错过了就没有了，错过了就会变的。"

　　智者看完了这些文字，激动地说："只有上帝，才能……"抬头一看，上帝已经无影无踪了，只有一句话在回荡："对每个生命来说，最重要的便是，只有自己才是自己的上帝。"

感悟

对于人生，我们时常充满迷惑，时常犯下一些不该犯的错，当这些问题无法解决时，我们往往想到的不是自己，而是上帝。其实，对于每个生命来说，只有自己才是上帝。

有些决定要早作，迟了就会失去机会

伊丽莎白是石油大王洛克菲勒的女儿，像父亲一样，她对商业也具有浓厚的兴趣，希望自己在商场上有所作为。

在巴黎新产品博览会上，做了充分准备工作的伊丽莎白对某项产品的专卖权志在必得，她几乎成功了，但却因她的决定晚了一小时而最终失去了这次机会。

洛克菲勒听说这件事后感到很遗憾，他尤其遗憾的是，造成伊丽莎白失利的原因在于，她原本在跑道内侧最有利的线路上跑着，占有绝对优势，但由于伊丽莎白的重要决定晚了一步，使得在最后冲刺的关键时刻使胜利落空了。

伊丽莎白在给父亲的长途电话中懊恼地说道："爸爸，博览会的事您已经知道了吧？欧洲的这家公司竟然如此匆忙地指定美国代理店，我实在没有料到。我以为可以花点时间，充分考虑之后再作出必要的决定。"

洛克菲勒在电话那边安慰女儿："孩子，不管怎样，你已经尽力了。不过我只是想对你说，从事商业的人常见的缺点之一就是缺乏迅速、果断的判断力。如果放任缓慢的意志作决定，其时间的浪费和低效率会给公司带来极大的损失。"

伊丽莎白从这次失败中得到了深刻的教训。

有些人在作决定时总是瞻前顾后、犹豫不决，这些固然可以避免一些做错事的机会，但同时也失去了一些抓住成功的机会。很多时候，优柔寡断常常使好事由好变坏，坚决果断才会将危机转危为安。

如果机会不大时，就要想办法争取机会

佛瑞迪当时只有 16 岁，在暑假将临的时候，他对父亲说："爸爸，我不要整个夏天都向你伸手要钱，我要找个工作。"

佛瑞迪在"事求人"广告中仔细寻找，找到了一个很适合他专长的工作。广告上说找工作的人要在第二天早上 8 点钟到达 42 街的一个地方。他到时已经有 20 个求职者排在前面，他是第 21 位。

怎样才能引起主试者的特别注意而赢得职位呢？佛瑞迪想出了一个办法：他拿出一张纸，在上面写了一些东西，然后折得整整齐齐，走向秘书小姐，恭敬地对她说："小姐，请马上把这张纸条交给你的老板，这非常重要！"

秘书小姐是一名老手。如果她是个普通的职员，也许就会说："算了吧，小伙子，你回到队伍的第 21 个位置上去等吧。"但她没有这样做，她只觉得在这个小伙子身上散发出一种高级职员的气质。"好啊，让我来看看这张纸条。"秘书小姐看了纸条不禁微笑了起来，并立刻站起身走进老板的办公室。老板看了也大声笑了起来，因为纸条上写着："先生，我排在队伍的第 21 位，在您看到我之前，请不要作决定。"

结局怎样呢？结局是：佛瑞迪如愿以偿地得到了那份工作。

在很多事情面前，由于某些原因，我们的胜算并不大，这时就要想办法争取机会。怎样争取这样的机会？一是要有勇气，二是要有技巧。

在不利的境况中，能寻找到有利的机会

20世纪30年代，美国经济普遍不景气。一位名叫约翰的年轻人，开的公司受大环境的影响，也倒闭了。此时，约翰非常拮据。但是，他没有像其他人一样自暴自弃，而是不断地在寻找机会，想要重新干出一番轰轰烈烈的事业。

一天晚上，约翰和一位曾经的同事聊天，那位同事向他讲述了这样一个故事：在以前，汽水饮料是用桶装的，后来，有个人想到了一个办法，用瓶子来装汽水。他将这个办法提供给可口可乐公司，并要求从中获取百分之一的利润。这个办法受到了人们的喜爱，瓶装可口可乐非常畅销，这个人也因此赚了一大笔钱。

当晚，约翰驱车回家，边走边想这个故事。途中经过一个加油站，约翰停下车，进去加油。在当时，加油站是唯一提供加油服务的地方。在加油时，约翰突然灵机一动，想到："我是不是也可以出售瓶装汽油，这样，司机们就不必非得到加油站加油了，开车外出就会方便多了。"正在他要为自己的天才设想而兴奋时，一个问题又出现在眼前，"如果玻璃瓶不小心打破了，那将是非常糟糕的。对了，我可以用罐装！"

打定主意后，约翰立刻投入了行动。他先联络好制罐商和油商，制造出罐装汽油。接着，约翰又跑去见一个连锁杂货店的老板，向他讲述了自己的想法："我有一个绝佳的主意，可以帮助你增加利润。如果你同意一卡车汽油付我75美元利润，我愿意提供这个方法。"

老板虽然有点疑惑，但还是同意了他的要求，并让他说出自己的办法。

约翰说："出售罐装汽油！同时我将供应你们这种产品。"

就这样，约翰在经济不景气的时候，以每卡车75美元的利润，成为百万富翁，这也为他日后的发展，奠定了坚实雄厚的基础。

感悟

当外在因素对自己不利时，一味地抱怨、叹息是无用的，关键是要改变自己。在不利的境况中，要寻找到有利的机会，以求得自身的发展。

看似平常的事，往往蕴含着不平常的道理

综观千百年来的科学技术发展史，那些定理、定律、学说的发现者、创立者，差不多都很善于从细小、司空见惯的自然现象中看出问题，追根求源，终于把"？"变成"！"，找到了真理。

就拿洗澡来说，洗澡是一件非常普通的事情。洗完澡，把浴缸的塞子一拔，水"哗哗"地流走……然而，美国麻省理工学院机械工程系的系主任谢皮罗教授，却敏锐地注意到：每次放掉洗澡水时，水的旋涡总是向左旋的，也就是逆时针的！

这是为什么呢？谢皮罗紧紧抓住这个问号不放。他设计了一个碟形容器，当

里面灌满水时，每次拔掉碟底的塞子，碟里的水也总是形成逆时针旋转的旋涡。这证明放洗澡水时旋涡朝左，并非偶然，而是一种有规律的现象。

1962 年，谢皮罗发表了论文，认为这旋涡与地球自转有关。如果地球停止自转的话，拔掉澡盆的塞子，不会产生旋涡。由于地球不停地自西向东旋转，而美国处于北半球，洗澡水便朝逆时针方向旋转。

谢皮罗认为，北半球的台风都是逆时针方向旋转，其道理与洗澡水的旋涡是一样的。他断言，如果在南半球则恰好相反，洗澡水将按顺时针形成旋涡；在赤道，则不会形成旋涡！

谢皮罗的论文发表之后，引起各国科学家的莫大兴趣，纷纷在各地进行实验，结果证明谢皮罗的论断完全正确。

谢皮罗教授从洗澡水的旋涡，联想到地球的自转问题，联想到台风的方向问题，并作出了合乎逻辑的推理，这正是他目光敏锐、善于思索的体现。

无独有偶。在近百年前，一位名叫密卡尔逊的生物学家，调查了蚯蚓在地球上的分布情况。他指出，美国东海岸有一种蚯蚓，而欧洲西海岸同纬度地区也有这种蚯蚓，在美国西海岸却没有这种蚯蚓。密卡尔逊的论文，引起了德国地质学家魏格纳的注意。当时，魏格纳正在研究大陆和海洋的起源问题。他认为，那小小的蚯蚓，活动能力很有限，无法跨渡大洋，它的这种分布情况正是说明欧洲大陆与美洲大陆本来是连在一起的，后来裂开了，分为两个洲。他把蚯蚓的地理分布，作为例证之一，写进了他的名著《大陆和海洋的起源》一书。

就这样，魏格纳从蚯蚓的分布，推断出了地球上大陆和海洋的形成。

看似很平常的事，只要我们认真分析、仔细研究，就会发现其中蕴含着不平常的道理。科学的真理往往就在我们身边，需要那些有准备的头脑去发现、去把握、去揭示。做好准备，或许下一个就是你！

事后控制不如事中控制，事中控制不如事前控制

魏文侯问名医扁鹊："你们家兄弟三人，都精于医术，到底哪一位医术最好呢？"

扁鹊回答说："大哥最好，二哥次之，我最差。"

文侯再问："那么为什么你最出名呢？"

扁鹊答说："我大哥治病，是治病于病情发作之前。由于一般人不知道他事先能铲除病因，所以他的名气无法传出去，只有我们家里的人才知道。我二哥治病，是治病于病情刚刚发作之时。一般人以为他只能治轻微的小病，所以他只在我们的村子里才小有名气。而我治病，是治病于病情严重之时。一般人看见的都是我在经脉上穿针管来放血、在皮肤上敷药等大手术，所以他们以为我的医术最高明，因此名气响遍全国。"

文侯连连点头称道："你说得好极了。"

很多时候，人们往往等到情形无法控制才想到补救。因此，往往把事后控制看得很重。而有远见的人都懂得未雨绸缪的道理，知道事后控制不如事中控制，事中控制不如事前控制的道理。

无论环境如何困苦，我们都不要向它低头

安徒生很小的时候，他当鞋匠的父亲就过世了，留下他和母亲二人过着贫困的日子。

一天，他和一群小孩应邀到皇宫里去晋见王子，请求赏赐。他满怀希望地唱歌、朗诵剧本，希望他的表现能获得王子的赞赏。

等到表演结束后，王子和蔼地问他："你有什么需要我帮助的吗？"

安徒生自信地说："我想写剧本，并在皇家剧院演出。"

王子把眼前这个有着小丑般大鼻子，和一双忧郁眼神的笨拙男孩从头到脚看了一遍，对他说："背诵剧本是一回事，写剧本又是另外一回事，我劝你还是去学一项有用的手艺吧！"

但是怀抱梦想的安徒生回家后不但没有去学糊口的手艺，却打破了他的存钱罐，向母亲道别，到哥本哈根去追寻他的梦想。他在哥本哈根流浪，敲过所有哥本哈根贵族家的门，没有人理会他，他从未想到退却。他一直写作史诗、爱情小说，但从未引起人们的注意。他虽然伤心，但仍然坚持写了下去。

1825 年，安徒生随意写的几篇童话故事，出乎意料地引起了儿童的争相阅读，许多读者渴望他的新作品发表，这一年，他 30 岁。

直至今日，《皇帝的新装》、《丑小鸭》等童话故事，仍陪伴着世界上许多儿童健康地成长。

感悟

人生不可能一帆风顺。因此，无论环境如何困苦，无论遇到多少失败和挫折，我们都不要向它低头，一定要坚持、坚持，再坚持。只有这样，我们才能挺直身躯，让自己的努力开出缤纷的花。

对于自己的选择，不要心存抱怨

从前，一群青蛙决定请求上帝给它们派一个国王。上帝感到很有趣。"给你们，"说着就把一根原木"扑通"一声扔到青蛙住的湖里，"这就是你们的国王。"青蛙吓得潜入水中，尽可能往泥里钻。过了一会儿，一只比较胆大的青蛙小心翼翼地游到水面上，看看新国王。"它好像很安静，"青蛙说，"它也许睡着了。"木头在平静的湖面上一动不动，更多的青蛙一个又一个浮上来看。它们越来越近，最后跳到木头上面去，完全把它们刚才害怕的情况忘记了。有一天，一只老青蛙说："这个国王很迟钝，不是吗？我想，我们应该要一个能使我们守秩序的当国王。这一个国王只知躺在那儿，让我们随便活动。"

于是青蛙再次请求上帝："难道您不能给我们一个好一点的国王吗？派一个有活动能力的吧。"上帝派一只长腿鹳到湖里去。鹳给青蛙们留下深刻印象，它们带着钦佩的神情挤在周围。不过它们还没有准备好欢迎词，鹳就把长嘴伸进水里吞食它看得见的青蛙了。"这根本不是我们原来的意思，"青蛙喘着气又潜入水中，钻到水里去。但这一回上帝不听他们的话了。"我给你们的就是你们要求的，"上帝说，"这也许可以告诫你们，不要有抱怨。"

感悟

　　在生活和工作中，我们时刻面临许多选择。有些事一旦作出了选择，就要尊重自己的选择。很多事如果改变了已作出的选择，其结果往往还不如当初的选择。

人生没有回头路，有些事要果断地作出选择

有一天，柏拉图问老师苏格拉底，什么是爱情？老师就让他先到麦田里去，摘一棵麦田里最大、最黄的麦穗来，并且只能摘一次，只可向前走，不能回头。

柏拉图按照老师说的去做了。结果他两手空空地走出了田地。老师问他为什么摘不到。

他说："因为只能摘一次，又不能走回头路，其间即使见到最大、最黄的，因为不知前面是否有更好的，所以没有摘；走到前面时，又发觉总不及之前见到的好，原来我早已错过了最大、最黄的麦穗。所以，我哪个也没摘。"

老师说："这就是'爱情'。"

又有一天，柏拉图问老师，什么是婚姻。他的老师就叫他先到树林里，砍下一棵树林里最大、最茂盛、最适合放在家做圣诞树的树。其间同样只能砍一次，以及同样只可以向前走，不能回头。

柏拉图又照着老师的话做了。这次，他带了一棵普普通通，不是很茂盛，亦不算太差的树回来。老师问他，怎么带这棵普普通通的树回来，他说："有了上一次经验，当我走到大半路程还两手空空时，看到这棵树也不太差，便砍下来，免得错过了，最后又什么也带不回来。"

老师说："这就是婚姻！"

感悟

人生没有回头路，有些人、有些事一旦错过了就再也找不回来了。要找到某些属于自己的最好的东西，我们不仅要付出相当的努力，而且要有莫大的勇气去果断地选择。遇事犹犹豫豫，只会导致错失良机。

自己拿主意，才不会被别人所左右

美国著名女演员索尼亚·斯米茨的童年是在加拿大渥太华郊外的一个农场里度过的。

当时她在农场附近的一所小学里读书。有一天，她回家后很委屈地哭了，父亲就问原因。

她断断续续地说："班里一个女生说我长得很丑，还说我跑步的姿势很难看。"

父亲听后，只是微笑，随后说："我能摸得着咱家的天花板。"

正在哭泣的索尼亚听后觉得很惊奇，不知父亲想说什么，就反问："你说什么？"

父亲又重复了一遍："我能摸得着咱家的天花板。"

索尼亚忘记了哭泣，仰头看看天花板。将近4米高的天花板，父亲能摸得到？她怎么也不相信。

父亲笑笑，得意地说："不信吧？那你也别信那女孩的话，因为有些人说的并不是事实！"

索尼亚就这样明白了，不能太在意别人说什么，要自己拿主意！

她在二十四五岁的时候，已是个颇有名气的演员了。有一次，她要去参加一个集会，但经纪人告诉她，因为天气不好，只有很少人参加这次集会，会场的气氛有些冷淡。经纪人的意思是，索尼亚刚出名，应该把时间花在一些大型的活动上，以增加自身的名气。索尼亚坚持要参加这个集会，因为她在报刊上承诺过要去参加，"我一定要兑现诺言"。

结果，那次在雨中的集会，因为有了索尼亚的参加，广场上的人越来越多，她的名气和人气因此骤升。

后来，她又自己做主，离开加拿大去美国演戏，从而闻名全球。

人生的道路坎坷崎岖，很多时候我们都不能太在意别人说什么，而是要自己

拿主意。当然，自己拿主意并不是一意孤行，而是有主见，相信自己、忠于自己。只有这样，我们才不会被别人所左右。

要保持自己的本色，因为本色最美

20世纪80年代，有位名叫安德森的模特公司经纪人，看中了一位身穿廉价产品，不拘小节、不施脂粉的大一女生。这位女生来自美国伊利诺伊州一个蓝领家庭，唇边长了一颗大黑痣。她从没看过时装杂志，没化过妆，要与她谈论时尚等话题，好比是牵牛上树。

每年夏天，她都跟随朋友一起在德卡柏的玉米地里剥玉米穗，以赚取来年的学费。安德森偏偏要将这位还带着田野玉米气息的女生介绍给经纪公司，结果遭到一次次的拒绝，归根结底都是因为那颗唇边的大黑痣。安德森却下了决心，要把女生及黑痣捆绑着推销出去。他给女生做了一张合成照片，小心翼翼地把大黑痣隐藏在阴影里。然后拿着这张照片给客户看，客户果然满意，马上要见真人。真人一来，客户就发现"货不对版"，当即指着女生的黑痣说："你给我把这颗痣拿下来。"

激光除痣其实很简单，无痛且省时。女生却说："去你的，我就是不拿。"安德森有种奇怪的预感，他坚定不移地对女生说："你千万不要摘下这颗痣，将来你出名了，全世界就靠着这颗痣来识别你。"

果然这位女生几年后红极一时，日入3万美元，成为天后级人物，她就是名模辛迪·克劳馥。她的长相被誉为"超凡入圣"，她的嘴唇被称作芳唇，芳唇边赫然入目的是那颗大黑痣。

感悟

这世上没有绝对的美与丑，美与丑通常是可以互相转化的。但有一点可以肯定，就是最美的往往都来自于本色、来自于自然。所以，不要在乎别人挑剔的眼光，保持自己的本色，你就是最美的。

当机会来临时，把握住应该属于自己的就行了

深海里，一只小鲨鱼长大了，开始和妈妈一起学习觅食，它逐渐学会了如何捕捉食物。

妈妈对它说："孩子，你长大了，应该离开我去独自生活。"鲨鱼是海底的王者，几乎没有任何生物能伤害它，所以虽然妈妈不在小鲨鱼的身边，但还是很放心。它相信，儿子凭借着优秀的捕食本领，一定能生活得很好。

几个月后，鲨鱼妈妈在一个小海沟里见到了小鲨鱼，它被儿子吓了一跳。小鲨鱼所在的海沟食物来源很丰富，它就是被鱼群吸引到这里的，小鲨鱼在这里应该变得强壮起来，可是它看上去却好像营养不良，很疲惫。

究竟出了什么问题呢？鲨鱼妈妈想。它正要过去问小鲨鱼，却看见一群大马哈鱼游了过来，而小鲨鱼也来了精神，正准备捕食。

鲨鱼妈妈躲在一边，看着小鲨鱼隐蔽起来，等着马哈鱼游进自己能够攻击到

的范围。一条马哈鱼先游过来，已经游到了小鲨鱼的嘴边，也丝毫没有感觉到危险。鲨鱼妈妈想，这下儿子一闭嘴就可以美餐一顿，可是出乎它意料的是，儿子连动也没有动。

两条、三条、四条，越来越多的马哈鱼游近了，可是小鲨鱼却还是没有动，盯着远处剩下不多的马哈鱼，这个时候小鲨鱼急躁起来，凶狠地扑了过去，可是距离太远，马哈鱼们轻松摆脱了追击。

鲨鱼妈妈追上小鲨鱼问："为什么不在马哈鱼在你嘴边的时候吃掉它们？"

小鲨鱼说："妈妈，你难道没有看到，我也许能得到更多。"

鲨鱼妈妈摇摇头说："不是这样的，欲望是无法满足的，但机会却不是总能遇到的。贪婪不会让你得到更多，甚至连原来能得到的也会失去。"

感悟

欲望是无底的沟壑，永远也填不满。有时，我们并不是没有付出足够的努力，而是由于我们贪图太多，积重难返。其实，当机会来临时，我们只要把握住那些属于自己的东西就行了。

要学会放弃，尤其是那些拖我们后腿的东西

丹尼斯是美国野生动物保护协会的成员，为了搜集狼的资料，他走遍了大半个地球，见证了许多狼的故事。他在非洲草原就曾目睹了狼和鬣狗交战的场面，至今难以忘怀。

那是一个极度干旱的季节，在非洲草原许多动物因为缺少水和食物而死去了。生活在这里的鬣狗和狼也面临同样的问题。狼群外出捕猎统一由狼王指挥，而鬣狗却是一窝蜂地往前冲，鬣狗仗着数量众多，常常从猎豹和狮子的嘴里抢夺食物。由于狼和鬣狗都属犬科动物，所以能够相处在同一片区域，甚至共同捕猎。可是在食物短缺的季节里，狼和鬣狗也会发生冲突。这次，为了争夺被狮子吃剩的一头野牛的残骸，一群狼和一群鬣狗发生了冲突。尽管鬣狗死伤惨重，

但由于数量比狼多得多，很多狼也被鬣狗咬死了，最后，只剩下狼王与 5 只鬣狗对峙。

　　显然，狼王与鬣狗力量悬殊，何况狼王还在混战中被咬伤了一条后腿。那条拖拉在地上的后腿，是狼王无法摆脱的负担。面对步步紧逼的鬣狗，狼王突然回头一口咬断了自己的伤腿，然后向离自己最近的那只鬣狗猛扑过去，以迅雷不及掩耳之势咬断了它的喉咙。其他 4 只鬣狗被狼王的举动吓呆了，都站在原地不敢向前。更加吃惊的莫过于躲在草丛里扛着摄像机的丹尼斯。终于，4 只鬣狗拖着疲惫的身体一步一摇地离开了怒目而视的狼王。狼王胜利了。

感悟

　　生活中，有些东西有时会拖我们的后腿，使我们瞻前顾后、患得患失，不能集中精力解决问题。有魄力的人往往会果断地舍弃这些东西。如果不懂得放弃，就无法获取更大的成功，甚至还会失去某些最根本的东西。

第六章

懂得生存，学会竞争

只要我们还活着，就得生存下去，要想更好地生存下去，就要参加竞争。对于每个人来说，生存和竞争都是残酷的。只有懂得生存，学会竞争，我们才能更好地存活于世上。

一个人被别人需要，生存才显得有意义

在一家医院的同一间病房里，住着两位相同绝症患者，不同的是，一个来自乡下农村，一个就生活在医院所在的城市。

生活在医院所在城市的病人，每天都有亲朋好友和同事前来探望。家人来时宽慰说："家里你就放心吧，还有我们呢，你就安心养病吧。"朋友探望时劝慰说："现在你什么也别想，就一门心思养病就行。"单位来人时开导说："你放心，

单位上的事，我们都替你安排好了，你现在的工作就是养病……"

来自乡下农村的患者，只有一位十二三岁的小男孩守护着。他的妻子十天半月才能来一次，或送钱，或送些衣物。妻子每次来，总是不停地说这说那，要丈夫为家里的事情拿主意：快要浸种了，今年是种"六四"还是"四六"？再过两天，他大伯就要嫁女了，你说送多少贺礼啊？小芳说要跟她表姐去"出门"，我还没答应，这事要你拿主意……

几个月后，情况发生了戏剧性的变化。

生活在医院所在城市的那位病人，在亲人、朋友、同事一声声"你放心吧"、"你就安心养病吧"的宽慰声里，意识中感觉他们已不需要自己，渐渐地失去了战胜病魔的信心和勇气，于是在孤独寂寞与病魔的吞噬中离开了人世。

来自乡下农村的患者，在妻子大事小事都要自己定夺、拿主意中，意识中感觉自己对家人的不可缺少，自己对家人的重要，意识到自己必须活着，哪怕仅仅是给家人拿些主意，于是一种强烈的求生欲望使他奇迹般地活了下来。

感悟

被别人需要是人的一种天性，也能体现出一个人的价值。在某些特定的情况下，一个人如果不被别人需要，生存也就失去了意义。所以，你不妨告诉你的亲人和朋友：我需要你们。

无论在任何时候，都决不能轻易放弃生命

非洲大草原富饶辽阔，美丽多姿，碧绿的青草散发着迷人的幽香，各种动物尽情地奔跑着、跳跃着，一切都显得那么生机勃勃。

草丛中，一头刚学会捕猎的小猎豹静卧在那儿，蓄势待发，等待着猎物的出现。

在不远处，一只雄壮的羚羊出现了，身后跟着一只小羚羊，它们悠然自得地咀嚼着鲜嫩的青草，但却全然不知，死神正在悄悄地接近它们。

小猎豹悄无声息地向它们靠近，眼中闪着凶狠的光。渐渐地，时机成熟，猎豹突然如离弦之箭，猛然蹿出了草丛。突如其来的惊吓令小羚羊手足无措，立即

张开四蹄，往远处逃去。小羚羊哪是小猎豹的对手，大羚羊见状，为了引开猎豹，一声长嘶之后，义无反顾地向反方向飞奔而去。小猎豹毫不犹豫地把目标对准了大羚羊，它不甘心眼看到手的晚餐从嘴边逃走。一场生与死的激烈追逐开始了。

小猎豹的冲刺速度是惊人的，在即将追上目标的一刹那，它像弯弓似的一跃，手术刀般的利爪无情地刺入了羚羊的背部，顿时鲜血如注。羚羊并未因此而屈服，它"嗷嗷"地发出痛苦的哀号，用尽全身的力气挣扎着、跳跃着，任凭小猎豹的利爪撕扯着自己的肉体。小猎豹不适应持久的战斗，渐渐地，小猎豹失去了耐心，就在这一瞬间，羚羊突然转过身来，用头上的犄角不顾一切地刺向小猎豹，随之而来的是一声撕心裂肺的嚎叫，尖利的犄角以迅雷不及掩耳的速度扎入了小猎豹的左眼。小猎豹彻底放弃了这场战斗，跌倒在草地上。

羚羊拖着血肉模糊的身躯向远方跑去。大羚羊用自己的实际行动告诉小羚羊，敌人可以放弃追逐，而你却决不能放弃逃跑。因为对于它们而言，这只不过是一顿晚餐，但是对于你而言，这却是生与死的一刹那。

感悟

在动物的世界里，弱肉强食是很自然的生存法则，为了生存，强者必须要捕食弱者，弱者则必须要躲避强者。那么，在人的世界里呢？从某种意义上说，也是如此。无论是在动物世界里，还是在人的世界里，求生都是一种本能。无论在任何时候，都决不能轻易放弃生命，这是对生命的尊重。

无论何时，都要发挥自己的强项

在美国有一个名叫克利的青年，他本是一个非常快乐的人，拥有一个幸福的家庭。可是在一次车祸中他不幸断了一条腿，并因此被工厂老板炒了"鱿鱼"。克利感到非常沮丧，对生活失去了信心，认为自己是一个废人了，一生都只能拖累别人。所以他提出和妻子离婚。

妻子不同意离婚，并鼓励他说："你的腿没了，但你还有手，你可以靠自己

的双手来养活自己，你应该找一个适合自己的工作。"

一次，他的儿子拿来一辆弄坏的电动遥控车让他修理，克利曾经做过电工，这点小事难不倒他，他很快就把遥控车修好了。儿子十分高兴，说："爸爸，你真行！以后我的玩具坏了都让你修理。"

儿子的话提醒了克利，他想，现在的玩具越来越高级，大都是电动玩具或声、光、电的遥控玩具，价钱很贵，但这些高级玩具都经不住摔打，小孩玩不了几天就出故障。当时还没有修理玩具的店，他决定自己试一试。于是，他便买来一些玩具，天天对着这些玩具研究它们经常出现的毛病，然后再寻找办法来修理。他还经常看一些关于玩具的书。不久，他就能修理一些高级的玩具了。

他开了一家玩具修理店，还起了一个新奇的名字：克利玩具急诊所。

开业的第一天，就来了一大批小顾客，克利凭着娴熟的手艺，很快就将这些小"病号"修理好了。于是，这批小顾客便成了"小广告"，四处宣扬。"克利玩具急诊所"的名声不胫而走，满城皆知。顾客一批接着一批来，不到一年的工夫，克利已使一千多个玩具死而复生，这些"病号"包括小到拳头大的电动猴子，大到电动摩托，还有游戏机、卡拉 OK 机等。

修理费视玩具的大小和结构难易而定，每天收入还不少，克利也在修理过程中积累了丰富的经验。这样，克利不仅养活了自己，而且还积累了一笔财富。

我们每个人都有自己的强项。在一帆风顺的时候，我们是在发挥自己的强项；在遇到困难的时候，我们更要发挥自己的强项，从强项上摆脱困境。

不要等到死亡来临时，才想起应去做的事

林夕有一个做证券生意的朋友，每天都要满世界跑，很难见他一面。他们通常的联络方式就是打一个电话。

一天晚上，这个朋友给他打来电话，他们天南地北的聊起天来。

朋友突然问林夕："如果要让你花1元钱，可以买到你哪一天会死的信息，你买不买吗？"

林夕想了想，摇摇头说："我不买。"

朋友问道："为什么？"

林夕答："人生最大的痛苦莫过于知道自己哪天死，等待着那一天的来临。我认为，最好的死亡方式是：让死亡突然间来临，人们还来不及思考，生命突然就终止。"

朋友沉默片刻，电话那端却有不同的意思，他轻声说："可是，我买。"

林夕好奇地问："为什么？"

朋友回答："如果死亡真的突然来临了，还有许多想做的事和最喜欢做的事，我不想把它带进坟墓里去。不过，我也不需要知道得太早，提前10天让我知道就行。"

林夕问道："你想用这10天来做些什么事情呢？"

朋友答道："5天的时间给我的家人，好好陪他们，整天忙着谈判、签合同，一年难得回家几次。我觉得很欠妻子和女儿的。我经常答应她们等公司业务发展好了，陪她们去欧洲度假，可公司的业务一直在发展，结果一拖再拖，始终这个许诺未能实现；5天的时间给我自己，做一些自己最喜欢做的事情。比如和我爱的

人在一起，开着车去向往已久的大森林。"这时朋友的声音有些轻颤。

林夕笑了笑，说："这并不是什么难的事呀，你为什么不现在挤出一点时间就去做呢？"

朋友叹了口气："现在真的很忙，没有时间啊！"这时朋友的话语有些停顿，同时又加了一句："我也许不应该等那最后的 10 天来临再去做那些事了。"

电话的另一端沉默了。

感悟

我们似乎每天都很忙，在忙些什么呢？或许我们自己都说不清。总有一些事积压在我们心头，等着我们去做，这些事对我们来说是重要的，但只是因为忙而没有去做。不要等到死亡来临时，才想起应去做的事。如果珍惜生命和生活的话，有些事现在就应该去做。

斩断自己的退路，才能更好地赢得出路

有一位中国留学生，刚到澳大利亚的时候，为了寻找一份能够糊口的工作，他骑着一辆自行车沿着环澳公路走了数日。替人放羊、割草、收庄稼、洗碗……只要给一口饭吃，他就会暂且停下疲惫的脚步。

一天，在一家餐馆打工的他，看见报纸上刊出了电讯公司的招聘启事，他就选择了线路监控员的职位去应聘。过五关斩六将，眼看他就要得到那年薪 3.5 万澳元的职位了，不想招聘主管却出人意料地问他："你有车吗？你会开车吗？我们这份工作要时常外出，没有车寸步难行。"

澳大利亚公民普遍拥有私家车，无车者寥寥无几，可这位留学生初来乍到还属无车族。为了争取这个极具诱惑力的工作，他不假思索地回答："有！会！……"

"4 天后，开着你的车来上班。"主管说。

4 天之内要买车、学车谈何容易，但为了生存，这位留学生只好孤注一掷。

他在华人朋友那里借了 500 澳元，从旧车市场买了一辆外表丑陋的"甲壳虫"。

　　他开始学开车了，第一天他跟华人朋友学简单的驾驶技术；第二天在朋友屋后的那块大草坪上摸索练习；第三天歪歪斜斜地开着车上了公路；第四天他居然驾车去公司报到了。

　　想知道后来怎么样了吗？后来，他成了这家电讯公司的一名业务主管。

　　在很多时候，我们都需要一种斩断自己退路的勇气。因为如果身后有退路，我们就会心存侥幸和安逸，前行的脚步也会放慢；如果身后无退路，我们就会集中全部精力，勇往直前，为自己赢得出路。

在苦难面前自强不息，一定可以赢得成功和幸福

　　在他8岁那年，曾意外遭遇一场爆炸事故，致使双腿严重受伤，而且腿上没有一块完整的肌肤。医生曾断言他此生再也无法行走。然而，他并没有哭泣，而是大声宣誓："我一定要站起来！"

　　他在床上躺了两个月之后，便尝试着下床了。他总是瞒着父母，拄着父亲为他做的那两根小拐杖在房间里挪动。钻心的疼痛把他一次次击倒，他跌得遍体鳞

伤，却毫不在乎，因为他坚信自己一定可以重新站起来，重新走路奔跑。几个月后，他的两条伤腿可以慢慢屈伸了。他在心底默默为自己欢呼："我站起来了！我站起来了！"

他又想起了离家两英里的一个湖泊。他喜欢那儿的蓝天碧水和那儿的小伙伴。他一心想去湖泊，于是，他更加顽强地锻炼着自己。两年后，他凭借自己的坚韧和毅力，走到了湖边。从此，他又开始练习跑步，他把农场上的牛马作为追逐对象，数年如一日，寒暑不放弃。后来，他的双腿"奇迹"般地强壮了起来。再后来，他通过不断的挑战，成了美国历史上有名的长跑运动员。

他就是美国体育运动史上伟大的长跑选手——格连·康宁罕。

在我们身边也有一些普通的人，他们虽然不像格连·康宁罕那样有名，但却一样用辛酸的汗水与泪水谱写着自己精彩的一生。

她从娘胎里出来，就无手无脚，手脚的末端只是圆秃秃的肉球。8 岁时，有了思想的她就想到了死。但可悲的是，她无法找到死的方法：用头撞墙，因为没有四肢支撑，在碰得几个血泡、摔得一脸模糊后还是安然活着；绝食，又遭到母亲怒骂："8 年了，我千辛万苦拉扯你 8 年了……"看着母亲辛酸的眼泪。她毅然决定要像常人一样活下去！

她开始训练拿筷子。她先用一只手臂放在桌边，再用另一只手臂从桌面上将筷子滑过去，然后，两个肉球合在一起。她从用一根筷子开始，再到用两根筷子，日复一日，血痕复血痕，9 岁那年，她终于吃到了自己用筷子夹起的第一口饭。

学会拿筷子后，她又开始学走路。她将腿直立于地面，努力保持身体的平衡，和地面接触的部位从血痕到血泡，从血泡到厚茧，摔倒了再爬起来，爬起来又摔倒了，血水夹汗水，汗水夹泪水。10 岁那年，她学会了走路。

也就在这年，她有了读书的念头。在父母及老师的帮助下，她成了村上小学的一名编外生。于是，她用胶皮缠在腿上，不论寒暑和风雨，总是早早到校。她用手臂的末端夹笔写字，付出比常人多数十倍的努力，从小学到初中，再到自学财务大专。

1988 年，云南省的一家工厂破格录用她为会计。后来，她为了回报父母的养育之恩，返回父母身边。回家后，她自谋出路贩卖水果。再后来，她不仅成了远近闻名的孝女，而且"贩回"一个高大健康的丈夫，膝下有一对活泼可爱的儿女，一家人温馨、甜蜜，其乐融融。

她的名字叫胡春香。

人的一生难免会遭受很多的苦难，无论是与生俱来的残缺，还是惨遭生活的不幸。但是，只要敢于面对苦难，自强不息，就一定会赢得掌声、赢得成功、赢得幸福。

刻意去模仿别人，结果只会迷失自己

很久以前，在一望无际的原野上生活着一群牛。它们的性情极其温顺善良，都和睦地相互关照着，一起寻找繁茂丰美的地方，逐水草而居。

每到一处，它们都会选择柔软细嫩的青草进食，饮用清凉甘美的泉水解渴。它们洁身自好，悠然自得地生活在蓝天白云之下的青草中、碧水边。于是牛群越来越兴旺。

有一头驴看着这群幸福生活在一起的牛群，非常羡慕。很久以来，它一直渴望能像牛那样悠然地咀嚼柔嫩的青草、慢条斯理地啜饮甘美的泉水、自由自在地安静生活。于是，驴子下定决心仿效牛的生活方式。

一天，驴子跟着牛群迁徙到一处水草肥美、风和日丽的地方。驴子混夹在牛群中间，左顾右盼，前跑后颠，众牛也都很礼貌地对它表示谦让。于是驴子心中便得意起来，趾高气扬地跟在牛屁股后面，俨然成了牛族中的一员。

但是，驴子就是驴子，无论如何也改变不了驴子的本性。它根本不可能像牛那样安详沉静地吃草，总是禁不住用蹄子刨来刨去，把青草踏烂，把泥土翻起来，好端端的草地一会儿就被它践踏得不成样子；然后，它又极不安分地跑到水中去饮水，将干净的泉水搅得成了泥汤；接着，驴子又模仿牛的吼叫。可是，不管它怎样玩命地叫"我是牛，我也是牛"，却依然改变不了驴子那世人皆知的难听声音。

最后，这群温良谦让的牛也无法忍受这头驴子拙劣的表演，感觉到它破坏了自己的生活秩序。于是，牛群群起而攻之，用角抵触这头可恶愚蠢的驴子。不消几下，这头蠢驴便瘫在了烂泥地上，奄奄一息了。

牛群将驴子丢弃在旷野上，迈着坚实的步伐，浩浩荡荡地继续寻找新的水草肥美之地。

感悟

　　无论在什么时候，我们都没有必要去刻意模仿别人来改变自己。东施效颦，结果只会迷失自己。所以，我们要好好地爱自己，好好地做真实的自己。

无论做什么工作，都要有一种敬业精神

　　弗雷德虽然是一名普通的邮差，但他的事迹却闻名世界。

　　弗雷德负责为小区的住户收、送邮件。他听说小区里有一位职业演说家，叫桑布恩先生。桑布恩一年有大部分时间在外出差，于是他向桑布恩索要了一份全年行程表。

　　桑布恩很奇怪，问："您有什么用？"

　　他回答说："以便您不在家时，我暂时代为保管您的信件，等您回来再送过来。"

　　这让桑布恩很吃惊，因为他从未碰到过这样的邮差。

　　桑布恩回答道："没必要这么麻烦，把信放进信桶就好了，我回来再取也是一样的。"

弗雷德解释说："窃贼经常会窥探住户的邮箱，如果发现是满的，就表明主人不在家，那住户就有可能受到伤害了。"

弗雷德想了想，接着说："这样吧，只要邮箱的盖子还能盖上，我就把信放到里面。塞不进邮箱的邮件，则搁在房门和屏栅门之间。如果那里也放满了，我把其他的信留着，等您回来。"弗雷德的建议无可挑剔，桑布恩欣然同意了。

两周后，桑布恩出差回来，发现门口的擦鞋垫跑到门廊的角落里，下面还遮着个什么东西。原来事情是这样的：在桑布恩出差期间，美国联合递送公司把他的包裹投到别人家了。弗雷德看到桑布恩的包裹送错了地方，就把它捡起来，送回桑布恩的住处藏好，还在上面留了张字条，解释事情的来龙去脉，并费心地用擦鞋垫把它遮住，以避人耳目。

不同的邮政公司之间竞争市场份额，比的就是服务，而因为有一批弗雷德式的职业化员工，他们所提供的人性化服务，创造了无形价值，使美国联合递送公司在众多竞争对手中脱颖而出。

弗雷德是职业化的典范，他身上体现了真正的敬业精神，他真正做到了"以此为生，精于此道"。如果我们能做到这一点，我们也会成为一名"弗雷德"。

当今时代是一个注重敬业的时代。无论做什么工作，都要有一种敬业精神。敬业是一种习惯，尽管一开始并不能为你带来可观的收益，但可以肯定的是，那些缺乏敬业精神的人是无法取得真正的成就的。

认清自己的劣势，把劣势转化成优势

一位神父要找 3 个小男孩，帮助自己完成主教分配的 1000 本《圣经》销售任务。

神父觉得自己只能完成 300 本的销售量，于是他决定找几个能干的小男孩卖掉剩下的 700 本《圣经》。神父对于"能干"是这样理解的：口齿伶俐，小男孩必须言辞美妙，让人们欣喜地作出购买《圣经》的决定。

按照这样的标准，神父找到了两个小男孩，这两个男孩都认为自己可以轻松卖掉300本《圣经》。可即使这样，还有100本没有着落。为了完成主教分配的任务，神父降低了标准，于是第三个小男孩找到了，给他的任务是尽量卖掉100本《圣经》，因为第三个男孩口吃很厉害。

5天过去了，那两个小男孩回来了，并且告诉神父情况很糟糕，他们总共只卖了200本。神父觉得不可思议，为什么两个人只卖掉了200本《圣经》呢？正在发愁的时候，那个口吃的小男孩也回来了，他没有剩下一本《圣经》，而且带来了一个令神父激动不已的消息，他的一个顾客愿意买他剩下的所有《圣经》。

神父彻底迷惑了。被自己看好的两个小男孩让自己失望，而当初根本不当回事的小男孩却成了自己的福星，神父决定问问他。

神父问小男孩："你讲话都结结巴巴的，怎么会这么顺利就卖掉我所有的《圣经》呢？"

小男孩答道："我……跟……见到的……所有……人……说，如……果不……买，我就……念《圣经》给他们……听。"

感悟

在某种特定的情形下，劣势和优势是可以互相转化的。所以，有时候劣势不一定是件坏事，如果引导得好，就会把劣势转化为优势，而这种转化来的优势更有助于成功。

改变自己会痛苦，但不改变自己会吃苦

18世纪法国大哲学家伏尔泰是位性格倔犟的人，他时常对世人进行一些辛辣的讥讽。这种习惯往往会激怒一些人。

1717年，伏尔泰因为讥讽摄政王奥尔良公爵，被囚禁在巴士底监狱达11个月之久。

出狱后，吃够了苦头的哲学家终于知道此人是他冒犯不得的，便想改变一下自己，上门去感谢他的宽宏大量和不计前嫌。这对于年轻气盛的伏尔泰来讲，真是太不容易了。

摄政王当然也深知伏尔泰的影响力，也想借此机会和他好好沟通一番，以便化干戈为玉帛。于是，两人在极为友好的气氛中，讲了许多恰到好处的抱歉和溢美之词。按理说，至此也算把事情处理圆满了，从此以后两人相安无事，井水不犯河水，也就皆大欢喜了。

可是，在最后的时刻，伏尔泰站起身来再一次表示感谢说："公爵，有一件事我还要感谢你一下，那就是您太助人为乐了，为我免费解决了那么长时间的食宿。"

奥尔良公爵听得一愣："好好的你怎么又提这些不愉快的事了？"

"在我向您表示再次感谢的同时，请您不必在这件事上为我操心了。"伏尔泰接着说。

奥尔良公爵怔在当场，哭笑不得。

事后，有人问伏尔泰："按理说你俩已经前嫌尽释了，您怎么又画蛇添足呢？"

"你这样问我，我又去问谁呢？改变自己真是太痛苦了。"伏尔泰忿忿地说。

一个人的性格和习惯是很难改变的，如果想改变，那肯定是件很痛苦的事。但在很多时候，我们必须要改变自己，虽然会很痛苦，但若不改变自己肯定会吃苦。

只有活在希望中，才会看到光明

从前，有一老一小两个相依为命的盲人，每日都靠弹琴卖艺维持生活。一天，老盲人终于支撑不住病倒了。他自知不久将离开人世，便把小盲人叫到床头，紧紧拉着小盲人的手，吃力地说："孩子，我这里有个秘方，这个秘方可以使你重见光明。我把它藏在琴里面了，但你千万记住，你必须在弹断第一千根琴弦的时候才能把它取出来，否则，你是不会看见光明的。"小盲人流着眼泪答应了师父。老盲人含笑离去。

一天又一天，一年又一年，小盲人将师父的遗嘱铭记在心，不停地弹啊弹，将一根根弹断的琴弦收藏着。当他弹断第一千根琴弦的时候，当年那个弱不禁风的小盲人已到垂暮之年，变成一位饱经沧桑的老者。他按捺不住内心的喜悦，双手颤抖着，慢慢地打开琴盒，取出秘方。

然而，别人告诉他，那只是一张白纸，上面什么都没有。泪水滴落在纸上，他笑了。

很显然，老盲人当年骗了他。但这位过去的小盲人如今已是老盲人了，当他拿着那张什么都没有的白纸，为什么反倒笑了？因为就在他拿出"秘方"的那一瞬间，突然明白了师父的用心。虽然是一张白纸，但是他从小到老弹断一千根琴弦后，却悟到了这无字秘方的真谛——在希望中活着，才会看到光明。

感悟

很多人抱怨生活中缺少光明，这是因为缺少希望的缘故。无论在多么艰难的困境中，只要活在希望中，就会看到光明，这光明也将会伴随我们的一生。

诚实地按规则办事，否则生存会成问题

有一个留学生，为了赚取学费，课余时间在餐馆洗盘子。

当地的餐饮业有一个不成文的行规，即餐馆的盘子必须用水洗上7遍。由于洗盘子的工作是按件计酬的，这位留学生一天累下来，也挣不了多少工钱。于是他计上心头，以后洗盘子时便少洗两遍。果然，劳动效率大大提高，他因此受到老板的器重，工钱自然也迅速增加。

一起洗盘子赚学费的其他学生向他请教技巧。他毫不隐讳地说："你看，洗了7遍的盘子和洗了5遍的有什么区别吗？少洗两次嘛。"其他学生诺诺，却渐渐疏远了他。

当地人看人，有两个预先推定：一个，你是无罪的；另一个，你是诚实的。所以，餐馆老板只是偶尔抽查一下盘子清洗的情况。

在一次抽查中，老板用专用的试纸测出盘子清洗程度不够，老板责问这位留学生，而他却振振有词："洗5遍和洗7遍不是一样保持了盘子的清洁吗？"老板只是淡淡地说："你是一个不诚实的人，请你离开。"

这位留学生走到大街上，愤愤不平，但为了生计，他又到该社区的另一家餐馆应聘洗盘子。这位老板打量了他半天，才说："你就是那位只洗5遍盘子的留学生吧。对不起，我们不需要！"第二家、第三家……他屡屡碰壁。

不仅如此，他的房东不久也要求他退房，原因是他的"名声"对其他住户（多是留学生）的工作产生了不良影响。

连他就读的学校也专门找他谈话，希望他能转到其他学校去，因为他影响了学校的生源……万般无奈，他只好收拾行李搬到了另一座城市，一切重新开始。

感悟

生活中很多的规则，我们要自觉地遵守，按规则去办事。这不仅是一个人诚实的表现，而且也是一个人在为人处事中获得成功的关键。因为一个丢失了诚信的人，必定会处处碰壁，生存也会成为一个严峻的问题。

不聪明没有关系，只要每天进步一点点

有个孩子对一个问题一直想不通：为什么他的同桌想考第一就能考第一，而自己想考第一却考了全班第二十一名？

回家后他问妈妈："妈妈，我是不是比别人笨？我觉得我和他一样听老师的话，一样认真地做作业，可是，为什么我总比他落后？"

妈妈听了儿子的话，感觉到儿子开始有自尊心了，而这种自尊心正在被学校的排名伤害着。她望着儿子，没有回答，因为她不知该怎样回答。

又一次考试后，孩子考了第十七名，而他的同桌还是第一名。回家后，儿子又问了同样的问题。她真想说，人的智力确实有区别，考第一的人，脑子就是比一般人的灵。然而，这样的回答难道是孩子真想知道的答案吗？她没说出口。

应该怎样回答儿子的问题呢？有几次，她真想重复那几句被上万个父母重复了上万次的话——你太贪玩了；你在学习上还不够勤奋；和别人比起来还不够努力……然而，像她儿子这样脑袋不够聪明，在班上成绩不甚突出的孩子，平时活得还不够辛苦吗？所以她没有那么做，她想为儿子的问题找到一个完美答案。

儿子小学毕业了，虽然他比过去更加刻苦，但依然没赶上他的同桌，不过与过去相比，他的成绩一直在提高。为了对儿子的进步表示赞赏，她带他去看了一次大海。就是在这次旅行中，母亲回答了儿子的问题。

他们坐在沙滩上，她指着前面对他说："你看那些在海边争食的鸟儿，当海浪打来的时候，小灰雀总能迅速地起飞，它们拍打两三下翅膀就升入了天空；而海鸥总显得非常笨拙，它们从沙滩飞入天空总要很长时间，然而，真正能飞越大海横过大洋的还是它们。"

后来，他以全校第一名的成绩考入了清华大学。

　　勤能补拙是良训，一份辛劳一份才。不聪明没有关系，只要勤奋就可以补拙。只要勤奋，每天进步一点点，总有一天会成为飞过大海横过大洋的海鸥。

要跑得快，还需跑得稳

　　作家高汉武曾写过这样一个故事。

　　毕业 20 周年之际，同学们组织了一场同学联谊会。同学之中，有的状况很好，有的很糟糕，有的几乎原地踏步。

　　在联谊会上，大家用专车接来了一直还住在乡间的班主任。老人已年过古稀，头发全白了，手脚都已不便。

　　同学们仿照原来教室的模样布置了聚会的场合，要求各位同学按 20 年前的座次坐好，并给老师布置了讲台，将老师请到讲台前。

　　轮到同学座谈了。大家在讲话中都先感谢老师的栽培，班主任听了也不说话，直到临近结束，他才站了起来，说："今天我来收作业了，有谁还记得毕业前的最后一课吗？"

毕业前的最后一课是这样的。那是个晴天，班主任把大家带到操场上，说："这是最后一课了。我布置这个作业，说易不易，说难不难。请大家绕这 500 米操场跑两圈，并记下跑的时间、速度以及感受。"说完便走了。

老师说话了："我离开操场后，在教室走廊上观看了同学的完成情况。现在，20 年后的今天，我对作业讲评一下。跑完两圈的有 4 人，时间在 15 分 20 秒之内。1 人扭伤了脚，1 人因为太快摔了跤，有 15 人跑过 1 圈后觉得无趣，退出后在跑道外聊天，其余的嫌事小，没有起步。"

大家惊异于老师记得如此清楚，一下子看到了老师昔日的风采，纷纷鼓掌。

掌声落下来，老师继续说："我就这次作业，并结合本人七十余年人生体验，送各位 4 句话：其一，成功只垂青有准备的人；其二，身边的小蘑菇不捡的人，捡不到大蘑菇；其三，跑得快，还需跑得稳；其四，有了起点并不意味就有了终点。你们现在都是 36 岁左右，尚不是对老师说感谢的时候。请多说说自己人生的作业。"

教室里顿时鸦雀无声。

感悟

人生就像一场长跑，跑得太快，容易后劲不足；跑得太慢，就会落伍；中途退出，就会断送以前的努力；不参加，就没有赢得比赛的机会。在这场长跑中，最佳的状态是：跑得快，还要跑得稳。

害人之心不可有，防人之心不可无

无论在生活中，还是在工作中，我们虽然不能有害人之心，但是一定要有防人之心。所谓"防人"，就是凡事要多一个心眼儿，采取必要的防卫手段，让人无法加害自己。

前秦的皇帝苻坚对人非常善良，他的心胸极为宽广，他对投降和被俘的人，从不乱杀，他也很少猜疑，有的甚至还委以重任。

当时,鲜卑亲王慕容垂投靠他,符坚毫不设防,盛情相待,像亲兄弟一样信任他。有的大臣认为慕容垂并不可靠,于是对符坚说:"皇上心地善良,好行善事,但也不能滥施仁义,轻易地相信人。我看慕容垂面露奸诈,不是忠厚的人,他只是走投无路才投靠皇上的,对他应当警惕啊。"

符坚平日里最恨那些无情无义的人,他认为这是大臣嫉妒慕容垂,于是对大臣说:"慕容垂是个非常难得的人才,他能投靠我,正是因为他相信我啊。我善待他是应该的,否则,天下的能人志士一定会说我没有容人的气度,这对我声名是有非常有损的。"

符坚伐晋失败后,前秦民心浮动,形势十分不稳。这个时候,一直心怀鬼胎的慕容垂以安抚百姓为名,脱离了符坚,并号召前燕帝国的鲜卑遗民复国,接着就建立了后燕帝国。

社会之所以在不断进步,是因为有更多的人在推动,但是这仍旧避免不了会有一些社会的败类存在。如果一个人对这些人不能理智及时地加以防范,便可能会被他们所利用、所侵害、所控制。

俗话说:"人无害虎心,虎有伤人意。"所以我们在堂堂正正做人的同时,还要多点防人之心,以免自己吃亏。

潭水虽然波平如镜,但很可能深不可测;外貌虽然忠厚善良,也许内心却极富心机。所以说看人如果只看表面的话,有时就会难免吃亏上当。也许是因为"画虎画皮难画骨,知人知面不知心"的缘故,许多吃过亏的人,常常感叹世道之艰险、人心之叵测。因此,古人在劝喻世人"害人之心不可有"的同时,又告诫人们"防人之意不可无。"

感悟

人生就像是一场战争。在这场战争中,人们为了求得生存,必须要有慎重的生活方式和态度,这样才不至于上当、吃亏。

第七章

接受不幸不如接受挑战，相信命运不如相信自己

很多事实都证明：接受不幸、屈服于命运的人，最终会成为命运的奴隶；纵然遭遇不幸，却能积极地挑战不幸、不屈服于命运的人，一定能战胜不幸，获得成功。

当产生畏难情绪时，要强迫自己坚持下去

有一个叫戴维的年轻人很喜欢写作，朋友们都认为他很有才能，但不知道他为什么不能靠写作维持自己的生活。

戴维认为，他必须先有了灵感才能开始写作，作家只有感到精力充沛、创造力旺盛时才能写出好的作品。为了写出优秀作品，他觉得自己必须"等待情绪来了"之后，才能坐在电脑前开始写作。如果他某天感到情绪不高，那就意味着他那天不能写作。

不言而喻，要具备这些理想的条件并不是有很多机会的，因此，他也就很难感到有多少好情绪使他得以成就任何事情，也很难感到有创作的欲望和灵感。这便使他的情绪更为不振，更难有"好情绪出现"，因此也越发地写不出东西来。

通常，每当他想要写作的时候，他的脑子就变得一片空白。这种情况使他感到害怕。所以，为了避免瞪着空白纸页发呆，他就干脆离开电脑。他去收拾一下花园，把写作忘掉，心里马上就好受些。他也用其他办法来摆脱这种心境，比如去打扫卫生间，或去刮胡子。

但是，对于他来说，在盥洗间刮刮胡子或在花园里种种花，都无助于在白纸上写出文章来。

后来，他借鉴了某著名作家的一条经验。这条经验是："对于'情绪'这种东西可不能心软。从一定意义上来说，写作本身也可以产生情绪。有时，我感到疲惫不堪，精神全无，连5分钟也坚持不住了，但我仍然强迫自己坚持写下去，

而且不知不觉地在写作的过程中，情况完全变了样。"

　　他认识到，要完成一项工作，必须待在能够实现目标的地方才行。要想写作，就非在电脑前坐下来不可。

　　经过冷静的思考，他决定马上开始行动起来。他制订了一个计划：起床的闹钟定在每天早晨 7 点钟，到了 8 点钟便可以坐在电脑前。他的任务就是坐在那里，一直坐到他在纸上写出东西。如果写不出来，哪怕坐一整天，也在所不惜。他还定了一个奖惩办法：早晨打完一页纸才能吃早饭。

　　第一天，他忧心忡忡，直到下午两点钟他才打完一页纸。第二天，有了很大进步。坐在电脑前不到两小时，他就打完了一页纸，较早地吃上了早饭。第三天，他很快就打完了一页纸，接着又连续打了五页纸，才想起吃早饭的事情。

　　最后，他的作品终于完成了。后来，他成了一位小有名气的作家。

感悟

　　有很多事情的确需要好的情绪才能做好，但有这种好情绪的时候往往并不多。这时候，就不要等待好情绪的出现，因为越等待拖延的时间就越长。最好的办法是：强迫自己坚持做下去。

认识并相信自己，才能更好地发挥潜能

梅尔文·亚班斯从事的是培养推销员的工作，但他最擅长的是激发每个人都具有的潜能。他负责把某人从不能发挥特长的工作岗位，调到更能发挥才能的职位上，而且往往都会获得非常好的成效。他称自己从事的工作是"人类改造业"。他相信能在人们身上发掘出未开发的能力，并帮助人们实现自身的发展。

有一个叫杰克的青年，从事非常呆板的事务性工作。他很有才能，擅于交际，待人和善，工作认真，他经常提出促进生产的新构想。不仅如此，他还能很好地激励周围的人奋发向上。亚班斯很钦佩杰克，认为他还有许多未开发出来的潜能，于是就问他："你认为这家公司如何？"

"我认为它是世界上最好的公司，能在这里工作对我是很大的鼓励，我准备成为公证会计师。"

亚班斯这样对他说："让我说出我对你的看法吧！也许你会惊讶，你有非常好的推销天分。你热爱公司的产品，如果负责销售，你一定能获得最好的成绩。"

这意外的建议使杰克惊讶极了，很自然地流露出了他的另一面，那就是不安与缺乏信心。

"不，我对现在的工作很满意，我已经驾轻就熟，就像在自己的家里一样，改变工作可能会让我变成离水的鱼，我不可能改行做推销员。"他说出对自己的否定性评价，对离开安定的岗位显得很不安。

可是，亚班斯非常坚持："你并不了解你自己。你现在最需要的是不要怀疑，对自己要有信心，必须了解真正的自己。"亚班斯的热忱终于使杰克答应接受推销术的培训。后来连他自己都觉得惊讶，因为他对推销工作非常感兴趣。

讲习班的讲师对亚班斯说："你发现了一位可以说是天生的推销员。只是他本人还缺乏信心。""不久他就会有信心的。"亚班斯回答道。

杰克到外面去实际访问客户的一天终于来临了，他非常紧张。亚班斯对他说："我也一道去吧。在你负责的部分地区我可以和你一起。"

亚班斯把新推销员杰克带到成交可能性较大的顾客那里去。杰克发挥了他的社交特长，对方相当满意。他很仔细地观察亚班斯为他示范的推销法，在俩人一道进行访问的过程中，杰克获得了宝贵的启示。亚班斯也把自己的信念与自信植入杰克的心中。不久，杰克真正相信自己的能力了，他改变了对自己的看法，产生了成就感，越来越喜欢这项工作。

有一天，亚班斯对这位新推销员表示，以后不能和他一起出去了，他必须自己一个人去面对客户，接着给他打气说："保持热忱，待人温和，对公司的产品和自己要有信心。"

"我一个人也做得来。"杰克带点不安地低声回答道。

"你绝不会孤独的。"亚班斯鼓励他。

后来，杰克发挥他的潜能获得了成功。亚班斯的判断没有错。

感悟

在现实生活中，有很多人不能正确认识自己，这就使得他们缺乏自信，无法充分发挥自己的才能。一个人是不能没有自信的，自信是令人难以置信的力量产生的源泉。一个人拥有了自信，便拥有了成功的前提。

接受不幸不如接受挑战，相信命运不如相信自己

威尔逊先生是一位成功的商业家，他从一个普普通通的事务所小职员做起，经过多年的奋斗，终于拥有了自己的公司、办公楼，受到了人们的尊敬。

这一天，威尔逊先生从他的办公楼走出来，刚走到街上，就听见身后传来"嗒嗒嗒"的声音，那是盲人用竹竿敲打地面发出的声响。威尔逊先生愣了一下，缓缓地转过身。

那盲人感觉到前面有人，连忙打起精神，上前说道："尊敬的先生，您一定发现我是一个可怜的盲人，能不能占用您一点点时间呢？"

威尔逊先生说："我要去会见一个重要的客户，你要说什么就快说吧。"

盲人在一个包里摸索了半天，掏出一个打火机，放到威尔逊先生手里，说："先

生，这个打火机只卖 1 美元，这可是最好的打火机啊。”

威尔逊先生听了，叹口气，把手伸进西服口袋，掏出一张钞票递给盲人："我不抽烟，但我愿意帮助你。这个打火机，也许我可以送给开电梯的小伙子。"

盲人用手摸了一下那张钞票，竟然是一百美元！他用颤抖的手反复抚摸这钱，嘴里连连感激着："您是我遇见过的最慷慨的先生！仁慈的富人啊，我为您祈祷！上帝保佑您！"

威尔逊先生笑了笑，正准备走，盲人拉住他，又喋喋不休地说："您不知道，我并不是一生下来就瞎的。都是 23 年前布尔顿的那次事故！太可怕了！"

威尔逊先生一震，问道："你是在那次化工厂爆炸中失明的吗？"

盲人仿佛遇见了知音，兴奋得连连点头："是啊，是啊，您也知道？这也难怪，那次爆炸光炸死的人就有 93 个，伤的人有好几百，可是头条新闻啊！"

盲人想用自己的遭遇打动对方，他可怜巴巴地说了下来："我真可怜啊！到处流浪，孤苦伶仃，吃了上顿没下顿，死了都没有人知道！"

他越说越激动："你不知道当时的情况，火一下子冒了出来！仿佛是从地狱中冒出来的！逃命的人群都挤在一起，我好不容易冲到门口，可一个大个子在我身后大喊：'让我先出去！我还年轻，我不想死！'他把我推倒了，踩着我的身体跑了出去！我失去了知觉，等我醒来，就成了盲人，命运真不公平啊！"

威尔逊先生冷冷地道："事实恐怕不是这样吧？"

盲人一惊，用空洞的眼睛呆呆地对着威尔逊先生。

威尔逊先生一字一顿地说："我当时也在布尔顿化工厂当工人，是你从我的身上踏过去的！你长得比我高大，你说的那句话，我永远都忘不了！"

盲人站了好长时间，突然一把抓住威尔逊先生，爆发出一阵大笑："这就是命运啊！不公平的命运！你在里面，现在出人头地了，我跑了出去，却成了一个没有用的盲人！"

威尔逊先生用力推开盲人的手，举起了手中一根精致的棕榈手杖，平静地说："你知道吗？我也是一个盲人。你相信命运，可是我不信。"

感悟

很多事实都证明：接受不幸、屈服于命运的人，最终会成为命运的奴隶；纵然遭遇不幸，却能积极地挑战不幸、不屈服于命运的人，一定能战胜不幸，获得成功。

做事最怕没创意，有创意的东西才能引起关注

日本冈山市有一栋非常漂亮气派的5层钢筋混凝土大楼。这栋大楼就是条井正雄所拥有的冈山大饭店。然而，当年谁也没想到，身无分文的条井正雄却盖起了这栋大楼。

条井以前是一个银行的贷款股长，一直负责办理饭店、旅馆业贷款的工作。10年的工作，使他不知不觉成了一个对旅馆经营知识十分丰富的人，这时他心里自然也产生了经营旅馆的欲望。为了求得更完善的方案，他实地作过精密的调查，调查结果是来冈山市的旅客，有97%是为商务而来的。然后，他又在公路边站了三个月，调查汽车来往情况，得出每天汽车流量有900辆，每辆车约坐2.7人。然而当时，冈山市的旅馆却没有一家有像样的停车场设施。他想，将来新盖的饭店，

必须具有商业风格，而且附设广阔的停车场，以此来吸引旅客。他又花费一年时间，制成几张十分阔气的饭店设计图纸和一份经营计划书，抱着试试看的心情到冈山市最大的建筑公司碰运气。

一位主管看了他的设计后，问条井："你准备了多少资金来盖这栋大楼？"

"我一分钱也没有，我想，先请你们帮我盖这栋大楼，至于建筑费等我开业之后，分期付给你们。"条井泰然自若地回答。

"你简直是在做白日梦，真是太天真了，请你把这个设计图拿回去吧！"

"这几张图纸和计划书是我花了两年时间搞成的，我认为很完整。请你们详细研究，我以后再来讨教！"条井没有说更多的话，把设计图丢在那里，掉头就走。

半个月后，奇迹发生了，这个建筑公司约他去面谈。该公司的董事和经理齐聚一堂，从上午8点谈到下午4点，一个接一个地问话，各式各样的提问，那种场面真令人心惊肉跳。然而，难以令人相信的事终于发生了：建筑公司决定花2亿日元替这位身无分文的先生盖饭店。

一年后饭店落成了，条井成了老板。这就是创意所带来的巨大成功。

感悟

创意是一种找出问题，改进方法的能力。做事最怕没创意，只有有创意的东西才能从众多的同类事物中脱颖而出，引起人们的关注。发挥创意并不仅仅局限于艺术领地，各项事业的成功都需要充分运用我们的创意。

没有思想和主见，一切学识和经验都毫无价值

一家大公司需要招聘办公室副主任，在省城的好几家报纸上登出了"高薪诚聘"内容的广告。月薪4000元的确具有不小的诱惑力，一时间应者云集，有近百人报名参加初试，其中不乏硕士生和许多有工作经验者。

初试之后，又经过了三轮面试，最后确定由三人参加最后一轮面试。他们是：

一个硕士毕业生、一个应届本科毕业生和一个有着 5 年相关工作经验的年轻人。

最后的面试由总经理亲自把关：跟三位应聘者逐个进行交谈。

面试的房间是临时腾出来的，设在人事部的一间小办公室里。等谈话要开始了，才发现室内恰好少了一把供应聘者坐下来跟总经理交谈的椅子。办事人员正要到隔壁办公室去借一把椅子，总经理挥手制止了他："别去了，就这样吧！"

第一位进来的是那位硕士生。总经理对他说的第一句话是："你好，请坐。"他看着自己周围，发现并没有椅子，充满笑意的脸上立即现出了些许茫然和尴尬。

"请坐下来谈。"总经理又微笑着对他说。他脸上的尴尬显得更浓了，有些不知所措，略作思索，他谦卑地笑着说："没关系，我就站着吧！"

接下来就轮到年轻人，他环顾左右，发现并没有可供自己坐的椅子，也是一脸谦卑地笑："不用了，不用了，我就站着吧！"

总经理微笑着说："还是坐下来谈吧！"

年轻人很茫然，回头看了看身后，"可是……"

总经理似乎恍然大悟，说："啊，请原谅我们工作上的疏忽。那好，您就委屈一下，我们站着谈吧！不过，很快就完的。"

几分钟后，那个应届毕业生进来了。总经理的第一句话仍然是："你好，请坐。"

大学生看看周围没有椅子，愣了一下，立即微笑着请示总经理："您好，我可以把外面的椅子搬一把进来吗？"

总经理脸上的笑容舒展开来，温和地说："为什么不可以？"

大学生就到外面搬来了一把椅子坐下来，和总经理有礼有节地完成了后面的谈话。

最后一轮面试结束后，总经理留用了这位应届的大学毕业生。

总经理的理由很简单：我们需要的是有思想、有主见的人，没有自己的思想和主见，一切的学识和经验都毫无价值。

事实也证明总经理的判断准确无误。仅仅半年之后，应届毕业生就坐到了总经理助理的位置上，成为公司中最年轻的高层管理人员。

感悟

做任何事情都需要我们有思想、有主见，这样才能充分发挥自己的主动性和创造性。如果一个人没有自己的思想和主见，那么，一切学识和经验都毫无价值。

给自己设定目标，不断地挑战自我

1994 年 5 月 3 日，11 发半自动狙击步枪子弹射入了德瑞克的体内，穿透了他的骨头、肌肉和器官，这只有不到 3 秒钟的时间。他倒下去后，开始往火线外面爬。等到 3 小时后得到救援时，他身上的血已经流失了近 80%——现场的医生说他距离心脏停止跳动只有 30 秒钟。

德瑞克一直喜欢挑战自我，设定新的目标，并看着自己实现。由于自己的职业，他还得为最糟糕的情况做准备。

作为澳大利亚公安部特别行动组的精英之一，他曾很多次因演习而被子弹击中。他的行动计划非常具体，甚至包括如果被击中的话，该让自己的身体如何应付。他经常付诸实施。他并不是悲观，只是很现实。

那天在澳大利亚迷人的拜瑞沙峡谷中执行任务时，他不仅被击中了，而且快死了。他自己很清楚这一点。"我给自己定了一个目标——活下去，和我的孩子们在一起，哪怕坐在轮椅上。"当他被持枪的歹徒击中后无助地倒在地上时，他把自己的精神目标付诸行动。当他感觉到自己由于失血爬不动时，他开始控制自己的行动。他告诉自己要保持平静，放慢呼吸、调整脉搏，以减少失血。

他集中所有的意念使自己活下去，以便当他的孩子们遇到考验和磨难时，他能够帮助他们。通过明智的努力，德瑞克活了下来，再次看到了他的家人。

德瑞克被送到了医院后，最初的 7 个小时内，他活下去的机会只有一半。当脱离了特别护理后，他经历了一系列手术，但看起来他的腿不能像从前一样活动了。这对于一个身体健康的人来说，是一个很大的打击。

他说："我陷入了困境，我知道自己不能改变过去，但为了使我的未来更好一点，我必须面对这种情形。"

德瑞克舍不得放弃自己深爱的工作。于是，他又为自己设定了一个远大的目标：重新加入特别行动组。别人都觉得这是不可能的，他们认为医生的估计是对的，他永远不能再像正常人一样走路了。

德瑞克把重返特别行动组的目标分解成一个个小的目标。

他说："首先，是站起来。然后绕着床走。我能看到自己实现了每一个目标，而且，当我快实现一个目标时，我给自己设定下一个。"恢复对于德瑞克来说，就是一系列的挑战性目标。

此外德瑞克还告诫自己要坚持。德瑞克如此努力，以致南澳大利亚病理学协会盛赞他的坚持，承认他对生理恢复做出的贡献。

1997 年，德瑞克出人意料地重新加入了特别行动组。他还参加了精英军事行动以及救援和高危的行动。

感悟

一个人的潜能是无限的，要激发这种潜能，需要很大的决心和毅力，更需要给自己不断地树立目标，不断地挑战自我，一个人的能力也会在这一次次的自我的挑战中不断提高。

只有做好了充分的准备，希望才会成为现实

琼在每次谈论自己时都说，她成年以后一直希望能上大学，但是总有原因阻止她实现这一理想：她付不起学费，她必须养家糊口，她的工作太忙，她没有时间……最近的一个原因是太老了。

　　她的丈夫最后一次建议她上大学时，她对他说：“如果我现在利用业余时间开始读大学，毕业的时候我都60岁了。”

　　丈夫告诉她：“无论如何，你都会到60岁。而那时你可以有大学文凭，也可以没有大学文凭。你希望60岁时在经理的职位上退休呢？还是像现在一样，依然是个理货员？”

　　“哦，那当然希望以一个经理或主管的身份了。”琼说道。

　　“那你现在还不开始准备一些必需的东西吗？要知道，不去做准备的希望永远也成为不了现实。”琼的丈夫结束了这次谈话。

　　最后，琼开始利用业余时间参加大学学习。她以为白天工作，晚上和周末学习会使自己精疲力竭，但事实完全相反，她从未感到过如此精力充沛。

　　琼最后终于在规定时间内拿到了自己梦想的大学结业证书，她为此兴奋不已。而认识她的人都说她的变化很大，变得自信了，浑身充满了活力。

　　琼原来只是一家百货公司的理货员，而在她参加学习期间，利用在学校学习的知识，向上司提出了新的货物管理与统计方案，并得到采用，她也顺理成章地进入了公司管理层。这些都是琼以前从来都没想过的。她没有想到，人生就因为她的这次准备而变得丰富多彩。这更坚定了她努力的决心，她开始重新为自己定位，并为新的目标再去做下一步的准备。最后，终于成为这家公司唯一的从理货员干起来的总经理。

从一个理货员到总经理，其中要经过多少努力与艰辛，但琼做到了。就像她的丈夫所说的那样：不去做准备，希望永远也成不了现实。这句话现在已经成为她开会时经常说的口头禅了。想当初，她也曾为自己找过无数的借口，不去学习和准备，但当她真的去做了，却发现一切并不像想象的那样困难，她的信心因此而大增，终于成就了她事业的辉煌。显而易见，琼正是准备的最大受益者。

感悟

不去作准备，希望永远都只能是希望，它不会因为你口头上的坚持而成为现实。不要给自己的懈怠找任何借口，要知道，梦想的实现是必须以实际行动上的坚持不懈为依托的。只要做好了充分的准备，希望才会成为现实，梦想才会实现。

勇于出新出奇，才会有更多成功的机会

风光优美、气候宜人的奥地利，是各国游客观光游览的胜地。就在某处青山和绿茵的环抱中，有家"婴儿酒家"吸引了成千上万的国内外游人，生意极为兴隆。

那么，这个"婴儿酒家"是谁的创意呢？这家酒店原是一位女老板经营，后来她病逝。店务就落在她29岁的儿子西格弗里德身上。新老板很想革故鼎新，搞些新名堂，用以开拓自己的事业。

一天，一位朋友满面春风地来探望他，告诉他自己成为父亲了。望着朋友容光焕发的笑脸，西格弗里德怦然心动，一个崭新的生意经在脑海中跳将出来。他对朋友说："我想把这家普通酒店改成一家婴儿酒家。我要特地邀你们夫妇带着小孩两星期后光临，在此度过一段美妙的休假。"朋友欣然答应。

酒店立即投入改装、施工。亲友们很不理解西格弗里德的新名堂，指责道："婴儿会喝酒吗？你年纪轻轻办事不牢靠，不要把你母亲多年辛苦经营留下的产业败光了啊！"

西格弗里德申辩道："我命名它为'婴儿酒家'，宗旨是'小客人快乐第一'，其实还是在为年轻的父母们服务呀。"

亲友们还是不理解，都说他异想天开。西格弗里德不再答理，督促工匠们加快工作进度：在两星期的停业改修中，他为酒店添置了许多婴儿床、高脚椅和各式玩具，新辟了小客房、游乐室、婴儿酒吧和水上单车，并聘用了三位经过专业训练的合格护士，以备安排 24 小时轮流值班，看护各个房间的小客人。每间小客房都要安装与服务台大厅连接的警铃，要是婴儿哭了或醒了，正在饮酒、跳舞或打高尔夫球的年轻父母就能及时赶去探望。

"婴儿酒家"如期开张。第一批前来娱乐度假的顾客为这独树一帜的酒家迷住了，极其舒畅地度过了一段终身难忘的日子。回到各地后，他们有意无意地为这世界之最的酒家做义务广告宣传员。于是，该店常常爆满。西格弗里德又根据需求，购买了更多的玩具、婴儿床、尿壶、拉屎坐椅等，终于把婴儿酒家办成一座令婴儿及其父母流连忘返的儿童乐园。

我们知道，因循守旧会故步自封，只有推陈出新才能有所发展。要善于抓住在头脑中一闪而过的灵感，如果可行就要立刻去做，不要在乎别人的看法，因为这往往就是一个获取成功的绝好机会。

如果有什么阻碍前进，就设法清除掉

从前，印度有一个国王，即将对敌国进行一次袭击。

王宫里有一个占星家，被敌人收买了。在出征的前一天，占星家预言：如果军队在明天或其后两个月出征，军队肯定要遭到惨败。占星家的目的是为敌人争取时间，以便使他们做好迎战准备。

军队都很相信占星家的话，他们一再对国王说，不要在明天或其后两个月内出征，否则会自取灭亡，白白送死的。

国王听了这些话很恼火。如果听信占星家的话，会使他丧失胜利的前景。但他知道，军队是很迷信的，对占星家的话深信不疑，只有证明占星家的话是假的，才能驱散迷雾。

国王经过一番深思熟虑后，把占星家传到王宫里问话："告诉我，你什么时候死？"

"我将在31年之后死去。"占星家很快地答道。

就在那天晚上，国王派自己的亲信——军队司令把占星家杀死了。然后向全国宣布："占星家曾预言他31年之后死，但他昨天就死了。所以有理由说，他的预言是完全错误的。我们不应相信这个笨蛋的话，从而丧失取得胜利的光明前景。我们应该立即出征，去赢得胜利！"

士兵们都表示愿意出征，国王的军队以闪电般的速度前进，直捣敌人的营垒。敌人由于毫无准备，一触即溃，遭到了惨败。

在人生漫长的道路上，阻碍我们前进的东西有很多，或是自己的观念，或是别人的反对。如果有什么阻碍我们前进的步伐，就要想方设法清除掉。只有这样，我们才能阔步前进。

身处逆境时只要能全力以赴，时运终究会逆转

宾夕法尼亚州匹兹堡有一个女人，她已经34岁了，过着平静、舒适的中产阶层的生活。但是，突然连遭四重厄运的打击。丈夫在一次事故中丧生，留下两个小孩；没过多久，一个女儿被烤面包的油脂烫伤了脸，医生告诉她孩子脸上的伤疤终生难消，母亲为此伤透了心；她在一家小商店找了份工作，可没过多久，这家商店就关门倒闭了；丈夫给她留下一份小额保险，但是她耽误了最后一次保费的续交期，因此保险公司拒绝支付保费。

碰到一连串不幸事件后，她近于绝望。左思右想，为了自救，她决定再做一次努力，尽力拿到保险补偿。在此之前，她一直与保险公司的下级员工打交道。当她

想面见经理时，一位多管闲事的接待员告诉她经理出去了。她站在办公室门口无所适从，就在这时，接待员离开了办公桌。机遇来了，她毫不犹豫地走进里面的办公室，结果，看见经理独自一人待在那里。经理很有礼貌地问她。她受到了鼓励，沉着镇静地克制自己，讲述了索赔时遇到的难题。经理派人取来她的档案，经过再三思索，决定以德为先，给予赔偿。工作人员按照经理的决定为她办了赔偿手续。

但是，由此引发的好运并没有到此中止。经理尚未结婚，对这位年轻的寡妇一见倾心。他给她打了电话，几星期后，相继发生了如下事件：他为寡妇推荐了一位医生，医生为她的女儿治好了病，脸上的伤疤被清除干净；经理通过在一家大百货公司工作的朋友给寡妇安排了一份工作，这份工作比以前那份工作好多了；经理向她求婚。几个月后，他们结为夫妻，而且婚姻生活相当美满。

世事难料，有的人昨天还富贵风光，今天却一败涂地；有的人终日郁闷不得志，却忽然时来运转、步步高升。人生的际遇就是这么变幻莫测，我们谁也不知道下一步等待自己的是什么，但生活的经验却一再告诉我们，身处逆境时只要能全力以赴，时运终究会逆转。

榜样的力量是无穷的，它能彻底改变一个人

有一个法国人，42岁了仍一事无成，他自己也认为自己简直倒霉透了：离婚、破产、失业……他不知道自己的生存价值和人生的意义何在。他对自己非常不满，变得古怪、易怒，同时又十分脆弱。

有一天，一个吉普赛人在巴黎街头算命，他随意一试。吉普赛人看过他的手相之后，说："您是一个伟人，您很了不起！"

"什么？"他大吃一惊，"我是个伟人，你不是在开玩笑吧？"

吉普赛人平静地说："您知道您是谁吗？"

"我是谁？"他暗想，"是个倒霉鬼，是个穷光蛋，我是个被生活抛弃的人！"但他仍然故作镇静地问，"我是谁呢？"

"您是伟人"，吉普赛人说，"您知道吗，您是拿破仑转世！您身上流的血，您的勇气和智慧都是拿破仑的啊！先生，难道您真的没有发觉，您的面貌也很像拿破仑吗？"

"不会吧……"他迟疑地说，"我离婚了，我破产了……我失业了……我几乎无家可归……"

"嗨，那是您的过去"，吉普赛人只好说，"您的未来可不得了！如果先生您不相信，就不用给钱好了。不过，5年后，您将是法国最成功的人啊！因为您就是拿破仑的化身！"

他表面装作极不相信地离开了，但心里却有了一种从未有过的伟大感觉。他对拿破仑产生了浓厚的兴趣。回家后，就想方设法找与拿破仑有关的一切书籍著述来学习。

渐渐地，他发现周围的环境开始改变了，朋友、家人、同事、老板，都换了另一种眼光、另一种表情对他。事情开始顺利起来。后来他才领悟到，其实一切都没有变，是他自己变了：他的胆魄、思维模式都在模仿拿破仑，就连走路说话都像。

13年后，也就是在他55岁的时候，他成了亿万富翁，成了法国赫赫有名的成功人士。

榜样的力量是无穷的，他引导我们与之看齐，并能激发我们的积极心态。人的心态和行为是紧密相连的。积极的心态会引发一系列积极的思维和行为，而这些积极的思维和行为也必然会彻底改变一个人。所以，我们都应该为自己的人生寻找一个榜样。

对别人要有信心，对自己更要有信心

有一个年轻人，好不容易获得一份销售工作，勤勤恳恳地干了大半年，非但毫无起色，反而在几个大项目上接连失败。而他的同事，个个都干出了成绩。他实在忍受不了这种痛苦。

在总经理办公室，他惭愧地说："可能我不适合这份工作。"

"安心工作吧，我会给你足够的时间，直到你成功为止。到那时，你再要走我不留你。"

老总的宽容让年轻人很感动。他想，总应该做出一两件像样的事来再走。于是，他在后来的工作中多了一些冷静和思考。

过了一年，年轻人又走进了老总的办公室。不过，这一次他是轻松的，他已经连续7个月在公司销售排行榜中高居榜首，成了当之无愧的业务骨干。原来，这份工作是那么适合他！他想知道，当初，老总为什么会将一个败军之将继续留用呢？

"因为，我比你更不甘心。"老总的回答完全出乎年轻人的预料。老总解释道："记得当初招聘时，公司收下一百多份应聘材料，我面试了二十多人，最后却只录用了你一个。如果接受你的辞职，我无疑是非常失败的。我深信，既然你能在应聘时得到我的认可。也一定有能力在工作中得到客户的认可，你缺少的只是机会和时间。与其说我对你仍有信心，倒不如说我对自己仍有信心。我相信我没有用错人。"

对别人有信心，是对别人的一种认可和鼓励；对自己有信心，是对自己的一种认可和鼓励。一个人对别人没有信心，往往是对自己没有信心的表现。无论我们面对的是什么事情，对别人、对自己都要有信心。只有这样，才有成功的可能。

第八章

一个人的心有多大，舞台就有多大

　　世上没有完不成的心愿，也没有办不到的事情，只有我们想不到的事情和不原意去做的事情。不管你的心愿有多少，也不管它们有多么不可思议，只要你原意，只要你用心去努力，就会有实现的一天。记住：一个人的心有多大，舞台就有多大。

信念像一面旗帜，能给人以无穷的精神力量

　　罗杰·罗尔斯是美国纽约州历史上第一位黑人州长。他出生在纽约声名狼藉的大沙头贫民窟。这里环境肮脏，充满暴力，是偷渡者和流浪汉的聚集地。在这儿出生的孩子，有不少从小逃学、打架、偷窃甚至吸毒，长大后很少有人从事体面的职业。然而，罗杰·罗尔斯是个例外，他不仅考入了大学，而且还成了州长。

　　在记者招待会上，一位记者向他提问："是什么把你推向州长宝座的？"面对三百多名记者，罗尔斯对自己的奋斗史只字未提，只谈到了他上小学时的校长——皮尔·保罗。

　　1961 年，皮尔·保罗被聘为诺必塔小学的董事兼校长。他走进大沙头诺必塔小学的时候，发现这儿的穷孩子不与老师合作，旷课、斗殴，甚至砸烂教室的黑板。皮尔·保罗想了很多办法来引导他们，可是都没有奏效。后来他发现这些孩子都很迷信，于是在他上课的时候就多了一项内容——给学生看手相。他用这个办法来鼓励学生。

　　当罗尔斯从窗台上跳下，伸着小手走向讲台时，皮尔·保罗说："我一看你修长的小拇指就知

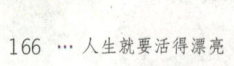

道，将来你是纽约州的州长。"当时，罗尔斯大吃一惊，因为长这么大，只有奶奶让他振奋过一次，说他可以成为5吨重的小船的船长。这一次，皮尔·保罗先生竟说他可以成为纽约州的州长，着实出乎他的预料。他记下了这句话，并且相信了它。

从那天起，"纽约州州长"就像一面旗帜激励着他。罗尔斯的衣服不再沾满泥土，说话时也不再夹杂污言秽语，他开始挺直腰杆走路。在以后的四十多年间，他没有一天不按州长的标准要求自己。51岁那年，他终于成了州长。

在就职演说中，罗尔斯说："信念值多少钱？信念是不值钱的，它有时甚至是一个善意的欺骗，然而你一旦坚持下去，它就会迅速增值。"

感悟

信念是一种无形的力量，它就像一面旗帜，不断鼓舞人心，让人精神振奋。在信念的感召之下，困难都会迎刃而解，烦恼和痛苦也无法阻挡前进的脚步。只要我们心中怀有一个坚定的信念，并且坚持下去，走向成功就不是什么难事。

只要坚持自己的理想，总有一天会成功

阿兰·米穆是一位从社会最底层拼搏出来的法国当代著名长跑运动员，他曾是法国10000米长跑纪录的创造者、第十四届伦敦奥运会10000米比赛的亚军、第十五届赫尔辛基奥运会5000米的亚军、第十六届墨尔本奥运会马拉松赛的冠军，后来在法国国家体育学院执教。

米穆出生在一个贫寒的家庭。从孩提时代起，他就非常喜欢运动。可是，家里很穷，他甚至连饭都吃不饱，这对任何一个喜欢运动的人来讲都是颇为难堪的。例如踢足球，米穆就是光着脚踢的，他没有鞋子。他母亲好不容易替他买了双草底帆布鞋，为的是让他去学校念书穿的。如果米穆的父亲看见他穿着这双鞋子踢足球，就会狠狠地揍他一顿，因为父亲不想让他把鞋子穿破。

11岁时，米穆已经有了小学毕业证，而且评语很好。他母亲对他说："你终于有毕业证了，这太好了！"可怜的妈妈去为他申请助学金。但是却遭到了拒绝。

没有钱念书，米穆去咖啡馆里当跑堂的服务生。他每天一直工作到深夜，但还是坚持锻炼长跑。为了有碗饭吃，米穆是没有多少工夫去训练的。但是，他还是咬紧牙关报名参加了法国田径冠军赛。米穆仅仅进行了一个半月的训练。他先是参加了10000米冠军赛，可是只得了第三名。第二天，他决定再参加5000米比赛。幸运的是，他得了第二名。就这样，米穆被选中并被带进了伦敦奥林匹克运动会。

对米穆来说，这简直是不可思议的事情。他在当时甚至还不知道什么是奥林匹克运动会，也从来想象不到奥运会是如此宏伟壮观。全世界好像都浓缩在那里了。不过，在那个时刻，他知道自己是代表法国，他为此感到高兴。

但是，有些事情让米穆感到不快。那就是，他并没有被人认为是一名法国选手，没有一个人看得起他。比赛前几小时，米穆想请人替自己按摩一下。于是，他便很不好意思地去敲了敲法国队按摩医生的房门。

得到允许以后，他就进去了，按摩医生转身对他说："有什么事吗，我的小伙计？"

米穆说："先生，我要跑10000米，您是否可以助我一臂之力？"

医生一边继续为一个躺在床上的运动员按摩，一边对他说："请原谅，我的小伙计，我是派来为冠军们服务的。"

米穆知道，医生拒绝替自己按摩。无非就是因为自己不过是咖啡馆里一名小跑堂罢了。

那天下午，米穆参加了对他来讲是有历史意义的10000米决赛。他当时仅仅希望能取得一个好名次，因为伦敦那天的天气异常干热，很像暴风雨的前夕。比赛开始了。米穆并不模仿任何人。同伴们一个接一个地落在他的后面，他成了第四名，随后是第三名。很快，他发现，只有捷克著名的长跑运动员扎托倍克一个人跑在他前面进行冲刺。米穆终于得了第二名。

米穆就是这样为法国也为自己争夺到了第一枚世界银牌的。然而，最使米穆感到难受的，还是当时法国的体育报刊和新闻记者。他们在第二天早上便边打听边嚷嚷："那个跑了第二名的家伙是谁呀？啊，准是一个北非人。天气热，他就是因为天热而得到第二名的！"瞧瞧，多令人心酸！

米穆感到欣慰的是，在伦敦奥运会4年以后，他又被选中代表法国去赫尔辛基参加第十五届奥运会了。在那里，他打破了10000米法国纪录，并在5000米决赛的比赛中，再一次为法国赢得了一枚银牌。

随后，在墨尔本奥运会上，米穆参加了马拉松比赛，终于成了奥运会冠军！

人人都想成功，但并不是每个人都会成功。取得成功的人，往往都经历过一段艰苦的岁月，但他们没有被当时的苦难所打倒，而是坚持了他们的理想，所以他们成功了。这个世界上，因为有了坚持，所以才有了成功。

只有明确目标，才能以最快的速度实现目标

1940 年 11 月，他出生在美国三藩市，英文名字叫布鲁斯·李。因为父亲是演员，他从小就有跑龙套的机会，于是很早就产生了当一名演员的梦想。他由于身体虚弱，父亲让他拜师习武来强身。1961 年，他考入华盛顿州立大学主修哲学，后来，他像所有正常人一样结婚生子。但在他内心深处，时刻也不曾放弃当一名演员的梦想。

一天，他与一位朋友谈到梦想时，随手在一张便笺上写下了自己的人生目标：

"我，布鲁斯·李，将会成为全美国薪酬最高的超级巨星。作为回报，我将奉献出最激动人心、最具震撼力的演出。从 1970 年开始，我将会赢得世界性的声誉；到 1980 年，我将会拥有 1000 万美元的财富，那时候我及家人将会过上愉快、和谐、幸福的生活。"

写下这张便笺的时候，他的生活正穷困潦倒，不难想象，如果这张便笺被别人看到，会引起什么样的嘲笑。

然而，他却把这些话深深铭刻在了心底。为实现梦想，他克服了无数次常人难以想象的困难。比如，他曾因脊背神经受伤，在床上躺了 4 个月，但后来他却奇迹般

地站了起来。

1971年，命运女神终于向他露出了微笑。他主演的《猛龙过江》等几部电影都刷新了香港票房纪录。1972年，他主演了香港嘉禾公司与美国华纳公司合作的《龙争虎斗》，这部电影使他成为一名国际巨星。1998年，美国《时代》周刊将其评为"20世纪英雄偶像"之一，他是唯一入选的华人。

他就是李小龙——一个"最被欧洲人认识的亚洲人"，一个迄今为止在世界上享誉最高的华人明星。

1973年7月，事业刚步入巅峰的他因病身亡。在美国加州举行的李小龙遗物拍卖会上，这张便笺被一位收藏家以2.9万美元的高价买走，同时，2000份获准合法复印的副本也当即被抢购一空。

感悟

对于一个没有明确航向的人来说，肯定很难到达既定的港湾。而只有明确自己的目标和方向，我们才能全力以赴，以最快的速度接近和实现目标。

找到自己的优点，确定属于自己的位置

喜剧大师查理·卓别林出生在一个贫寒的演员家庭，一岁时父母离异，他跟随母亲生活。

他母亲16岁就开始在剧团演主角，卓别林认为，"她有足够的资格当一名红角儿"。但是她的喉咙容易感染，稍微受了点儿风寒就会患喉炎，一病就是几个星期，然而又必须继续演唱，于是她的声音就越来越差了。

卓别林5岁那年的一天晚上，他又一次和母亲去一家下等戏馆演唱——母亲不愿意把他一个人留在那间分租的房子里，晚上常常带他上戏院。

那天晚上，卓别林站在条幕后面看戏，发现母亲的嗓子又哑了，声音低得像是在说悄悄话。听众开始嘲笑她，有的憋着嗓子唱歌，有的学猫怪叫。他糊里糊涂，也闹不清楚发生了什么事情。但是噪声越来越大，最后母亲不得不离开了舞台，并在条幕后面跟舞台上管事的顶起嘴来。管事的以前曾看到卓别林表演过，就建

议让卓别林上场。

在一片混乱中，管事的搀着 5 岁的卓别林走出去，向观众解释了几句，就把卓别林一个人留在舞台上了。面对着灿烂夺目的脚灯和烟雾迷蒙中的人脸，卓别林唱起歌来："一谈起杰克·琼斯，哪一个不知道……可是，自从他有了金条，这一来他可变坏了……"

卓别林刚唱到一半，钱就像雨点儿似的扔到台上来。他立即停下，说他必须先拾起钱，然后才可以接下去唱。这几句话引起了哄堂大笑。舞台管事的拿着一块手帕走过来，帮着他拾起了那些钱。卓别林以为他是要自己收了去，就把这想法向观众说了出来，这一来他们就笑得更欢了。管事的拿着钱走过，卓别林又急巴巴地紧跟着他，直到管事的把钱交给他母亲，他才返回舞台继续唱。台下的观众笑的笑，叫的叫，还有的吹口哨，气氛更为热烈……

受到这种鼓励，卓别林也来了劲，他无拘无束地和观众们谈话，给他们表演舞蹈，还做了几个模仿动作。有一个节目是模仿他母亲唱一支爱尔兰进行曲："赖利，赖利，就是那个小白脸叫我着了迷，赖利，赖利，就是那个小白脸中了我的意……那位高贵的绅士，他叫赖利。"在唱歌的时候，他把母亲那种沙哑的声音也模仿得惟妙惟肖，观众被这个 5 岁的小男孩逗得捧腹大笑，扔上了很多钱。

卓别林后来回忆说："那天夜里在台上露脸，是我的第一次，也是母亲的最后一次。"正是那次表演，卓别林找到了自己的优点，确定了自己的位置，从而走上了一条成功之路。

感悟

在这个世界上，每一个人都有一个属于他自己的位置，即有些人所说的人生坐标。谁在最短的时间内，找到了自己的人生坐标，谁就取得了获得成功的优先权。

人往往不是被对手打败的，而是输在过于轻敌上

有一个美丽的大鱼缸，被主人放在客厅的桌子上。有一幅描绘着海底世界的图片贴在鱼缸的后面，将水映成了深蓝色。鱼缸的里面有一块小假山，假山上生

长着翠绿的水草在水中不时地漂动，水泵在夜以继日地吐着泡泡。在这里生活着一群金鱼，它们形态各异，婀娜多姿，有的长着两只大眼睛，有的长着一个大肚皮，有的长着像孔雀开屏似的尾巴，有的眼睛上长着两只大水泡，有的脑袋上鼓起一个大包……

在这群金鱼当中，大部分形体都比较小，只有一只眼睛上长着大水泡的金鱼个头比较大，所以在主人喂食时，"大水泡"总是能最先抢到，有时小金鱼们就会饿着肚子。

有一只小金鱼实在是受不了了，对"大水泡"说："你虽然在我们当中个头最大，也最有力气，可是我们毕竟是生活在一起的同伴，你不能太自私。"

"大水泡"扑哧一笑，说："要是你有本事就和我抢食，没有本事，就饿着肚子。"

小金鱼气得眼睛都快要翻出来了，只能和其他小金鱼们发发牢骚，它们也深有同感，可是又能怎样，谁叫"大水泡"长得魁梧呢？可小金鱼却不这么认为，它感觉"大水泡"也一定有自己的弱点，它在私下里酝酿着一个报复"大水泡"的计划。

接下来的几天里，小金鱼不和"大水泡"抢食了，它心里清楚，即使自己使出浑身解数，也是抢不过它的。

小金鱼在旁边观察着"大水泡"的一举一动，看到它游动时两个水泡晃来晃去，随着水波在动，非常漂亮，于是，它的报复计划在头脑中形成了。

一天，小金鱼又开始和"大水泡"抢食，它明知道抢不过也要抢，其实，它根本的意图并不在食物上，而是在争抢时，趁"大水泡"不注意，在其中的一只水泡上狠狠地咬了一口，结果水泡丝毫未损，只是上面留了个印迹。"大水泡"回过头来轻蔑地看了小金鱼一眼，说："抢不到食物就咬我，那也没用，你照样还得挨饿。"

小金鱼也不在意，游到其他地方去了。过了一会儿，小金鱼又游了回来，在"大水泡"的水泡上原来有印迹的地方又狠狠地咬了一口，"大水泡"依然是一笑了之，根本没把小金鱼放在眼里。

就这样，小金鱼一连咬了"大水泡"十几口，每次都咬在同一个位置上，此时小金鱼惊喜地发现：这只水泡被咬过的地方开始变薄。

于是，小金鱼对"大水泡"说："我希望你能改变你的主意，不要太贪婪。"

"大水泡"也不搭理小金鱼，仍旧我行我素。小金鱼实在是忍无可忍，冲上去，使出浑身的力气在原来咬过十几次的地方又狠狠地咬了一口，这只水泡应声而破，"大水泡"惨叫一声，从此变成了"独眼龙"。

主人用无奈的眼神看着这只"大水泡"，他知道这只金鱼已经失去了观赏价值，思考了一会儿，用渔网把它捞起来，十分惋惜地扔进了垃圾筒里。

从此，小金鱼们再也不用挨饿了。

感悟

横行霸道、目中无人，只会给自己树敌，并招来别人的报复。很多时候，人往往不是被强大的对手打败的，而是输在过于轻敌上。有句话是这样说的："没有人会被大山绊倒，而令我们摔跟头的往往是那些小石块。"

强者不是天生的，再强的人也有软弱的时候

球王贝利的名声早已为世界众多足球迷所称道，但如果说，这位大名鼎鼎的超级球星曾是一个自卑的胆小鬼，许多人肯定会觉得不可思议。

"我为什么总是这样呆呢？"当年的贝利可一点也不潇洒，当他得知自己已入选巴西最有名气的桑托斯足球队时，竟然紧张得一夜未眠。他翻来覆去地想着："那些著名球星会笑话我吗？万一发生那样尴尬的情形，我有脸回来见家人和朋友吗？"他甚至还无端猜测："即使那些大球星愿意与我踢球，也不过是想用他们绝妙的球技来反衬我的笨拙和愚昧。如果他们在球场上把我当成戏弄的对象，然后把我当白痴似地打发回家，我该怎么办？怎么办？"

一种前所未有的怀疑和恐惧使贝利寝食不安，因为他缺乏自信。

分明自己是同龄人中的佼佼者，但忧虑和自卑却使他不敢真正迈近渴求已久的现实。想不到后来在世界足坛上叱咤风云，称雄多年，以锐不可挡的勇气踢进了一千多个球的一代球王贝利，当初竟是一个优柔寡断、心理素质非常脆弱的自卑者。

贝利终于来到了桑托斯足球队，那种紧张和恐惧的心情，简直没法形容。"正式练球开始了，我已吓得几乎快要瘫痪。"他就是这样走进一支著名球队的。原以为刚进球队只不过练练盘球、传球什么的，然后便肯定会当板凳队员。哪知第一次教练就让他上场，还让他踢主力中锋。紧张的贝利半天没回过神来，双腿像长在别人身上似的，每次球滚到他身边，他都好像是看见别人的拳头向他击来。他几乎是被硬逼着上场的，而当他一旦迈开双腿便不顾一切地在场上奔跑起来时，便渐渐忘了是跟谁在踢球，甚至连自己的存在也忘了，只是习惯性地接球、盘球和传球。在快要结束训练时，他已经忘了桑托斯球队，而以为又是在故乡的球场上练球了。那些使他深感畏惧的足球明星们，其实并没有一个人轻视他，而且对他相当友善。如果贝利的自信心稍微强一些，也不至于受那么多的精神煎熬。

他之所以会产生紧张和自卑，完全是因为他一心只顾虑别人将如何看待自己，而且还是以极苛刻的标准为衡量尺度的。这又怎能不导致怯懦和自卑呢？极度的压抑会淹没本身所具有的活力和天赋。

忘掉自我，专注于足球，保持一种泰然自若的心态，正是贝利克服紧张情绪并战胜自卑心理的法宝。

强者之所以成为强者，就在于他们善于战胜自己的软弱；弱者之所以成为弱者，

就在于他们把软弱当成了自己的一种习惯。当然，强者并不是天生的，再强的人也有软弱的时候，但他们战胜了软弱。

把空想和行动结合起来，空想才有价值

有位乡下青年，是一个诗歌爱好者，他从 7 岁起就开始进行诗歌创作，但由于地处偏僻，一直得不到名师的指点。有一年夏天，他千里迢迢，登门拜访自己仰慕已久的文学大师，以寻求文学上的指导。

这位青年诗人虽然出身贫寒，但谈吐优雅，气度不凡。与文学大师谈得非常融洽，文学大师对他非常欣赏。临走时，青年诗人留下了薄薄的几页诗稿。文学大师读了这几页诗稿后，认定这位乡下小伙子在文学上将会前途无量，决定凭借自己在文学界的影响大力提携他。

文学大师将那些诗稿推荐给文学刊物发表，但反响不大。他希望这位青年诗人继续将自己的作品寄给他。于是，他们开始了频繁的书信来往。

青年诗人的信一写就长达几页，大谈特谈文学问题，激情洋溢，才思敏捷，表明他的确是个天才诗人。文学大师对他的才华大为赞赏，在与友人的交谈中经常提起这位诗人。青年诗人很快就在文坛有了一点小小的名气。但是，这位青年诗人以后再也没有给他寄诗稿来，信却越写越长，奇思异想层出不穷，言语中开始以著名诗人自居，语气越来越傲慢。

　　文学大师开始感到不安。凭着对人性的深刻洞察，他发现这位年轻人身上出现了一种危险的倾向。通信一直在继续。文学大师的态度逐渐变得冷淡，成了一个倾听者。

　　很快，秋天到了。文学大师去信邀请这位青年诗人前来参加一个文学聚会。他如期而至。

　　在这位文学大师的书房里，俩人有一番对话：

　　"后来为什么不给我寄稿子了？"

　　"我在写一部长篇史诗。"

　　"你的抒情诗写得很出色，为什么要中断呢？"

　　"要成为一个大诗人就必须写长篇史诗，小打小闹是毫无意义的。"

　　"你认为你以前的那些作品都是小打小闹吗？"

　　"是的，我是个大诗人，我必须写大作品。"

　　"也许你是对的。你是个很有才华的人，我希望能尽早读到你的大作品。"

　　"谢谢，我已经完成了一部，很快就会发表。"

　　文学聚会上，这位被文学大师所欣赏的青年诗人大出风头。他逢人便谈他的伟大作品，表现得才华横溢，锋芒咄咄逼人。虽然谁也没有拜读过他的大作品，即便是他那几首由文学大师推荐发表的小诗也很少有人拜读过。但几乎每个人都认为这位年轻人必将成大器。否则，文学大师能如此欣赏他吗？转眼间，冬天到了。

　　青年诗人继续给文学大师写信，但从不提起他的大作品。信越写越短，语气也越来越沮丧。直到有一天，他终于在信中承认，长时间以来他什么都没写。以前所谓的大作品根本就是子虚乌有，完全是他的空想。

　　他在信中很诚恳地写道：

　　"很久以来我就渴望成为一个大作家，周围所有的人都认为我是个有才华、有前途的人，我自己也这么认为。我曾经写过一些诗，并有幸获得了您的赞赏，我深感荣幸。

"使我深感苦恼的是，自此以后，我再也写不出任何东西了。不知为什么，每当面对稿纸时，我的脑中便一片空白。我认为自己是个大诗人，必须写出大作品。在想象中，我感觉自己和历史上的大诗人是并驾齐驱的，包括和尊贵的您。

"在现实中，我对自己深感鄙弃，因为我浪费了自己的才华，再也写不出作品了。而在想象中，我是个大诗人，我已经写出了传世之作，已经登上了诗坛的宝座。

"请您原谅我这个狂妄无知的乡下小子……"

从那以后，文学大师再也没有收到这位青年诗人的来信。

感悟

每个人都曾有过空想，适度的空想对人有一定的积极作用，但如果不行动，只是一味地陷入空想状态中就有些危险了。只有把空想和行动结合起来，空想才显得有价值，否则，空想只能是空想。

对于自己不熟悉的领域，不要轻易涉足

从前，有个农夫，由于庄稼种得好，生活过得很惬意。村子里的人都夸他聪明，并有人断言只要他做生意，肯定能发大财。

农夫的心就痒痒了，和妻子商量要做生意。他的妻子是个明白人，知道他不是做生意的料，就劝他打消这个念头，但农夫的主意已定，妻子怎么说都不行。

见劝说无用，妻子就说："做生意总得有本钱吧，你明天就把家中的一只山羊和一头毛驴牵进城去卖了吧。"

妻子找来三个人，对他们叮嘱了一番，说完就回娘家了。

第二天，农夫兴冲冲地上路了。妻子找来帮忙的人偷偷地跟在他的身后。

农夫贪睡，第一个人乘农夫骑在驴背上打盹之际，把山羊脖子上的铃铛解下来系在驴尾巴上，把山羊牵走了。不久，农夫猛一回头，发现山羊不见了，便忙

着寻找。

　　这时第二个人走过来，热心地问他找什么。农夫说山羊被人偷走了，问他看见没有。第二个人随便一指，说看见一个人牵着一只山羊从林子中刚走过去，准是那个人，快去追吧。农夫急着去追山羊，把驴子交给这位"好心人"看管。等他两手空空地回来时，驴子与"好心人"自然都没了踪影。

　　农夫伤心极了，一边走一边哭。当他来到一个水池边时，却发现一个人坐在水池边哭，哭得比他还伤心。

　　农夫挺奇怪：还有比我更倒霉的人吗？就问那个人哭什么。

　　那人告诉农夫，他带着一袋金币去城里买东西，走到水边歇歇脚、洗把脸，却不小心把袋子掉进水里了。农夫说，那你赶快下去捞呀。那人说自己不会游泳，如果农夫给他捞上来，愿意送给他20个金币。

　　农夫一听喜出望外，心想：这下子可好了，羊和驴子虽然丢了，可能到手20个金币，损失全补回来还有富余啊。他连忙脱光衣服跳下水捞起来。当他空着手从水里爬上岸，他的衣服、干粮也不见了。

　　当农夫沮丧地回到家时，惊奇地发现山羊和毛驴竟然在家中。

　　他的妻子说："没出事时麻痹大意，出现意外后惊慌失措，造成损失后急于弥补。

你连这些基本的风险都预料不到，又怎么能在商海里征战呢，还是老老实实地在家中种地吧！"

　　我们每个人都应该知道自己最适合做什么，并应该把精力放在做最适合自己的事情上，这样才能有所收获，才能获取成功。如果没有足够的本领与能力，对于自己不熟悉的领域，万不可贸然去涉足，否则会自取失败。

虚怀若谷，谦恭自守

　　道家强调"气也者，虚而待物者也。唯道集虚。"从这句话中，我们可以做这样的理解，那就是一个人要抛弃心中的得失成见，让心灵"虚而待物"，做一个谦虚君子，更能显出其力量与魅力。而一个人要保持内心的纯净与空灵，用庄子的话说就是要"去知集虚"，在道家看来，只有这样才能摆脱尘世得失心的干扰，拥有快乐美好的人生。而这正是做人谦虚的表现。相反，如果不够虚心，骄傲自大，那就很有可能犯一叶障目、贻笑大方的事情了。

　　有一次苏东坡去拜见王安石，当时王安石正在睡觉，他被管家徐伦引到王安石的东书房用茶。徐伦走后，苏东坡见四壁书橱关闭有锁，书桌上只有笔砚，更无余物。他打开砚匣，看到是一方绿色端砚，甚有神采。砚池内余墨未干，方欲掩盖，忽见砚匣下露出纸角儿。取出一看，原来是两句未完的诗稿，认得是王安石写的《咏菊》诗。苏东坡拿起来念了一遍："西风昨夜过园林，吹落黄花满地金。"

　　苏东坡哑然失笑，这诗第二句说的黄花即菊花。此花开于深秋，敢与秋霜鏖战，最能耐久。随你老来焦干枯烂，并不落瓣。说个"吹落黄花满地金"岂不错误了？苏东坡兴之所发，不能自已，举笔舐墨，依韵续诗两句："秋花不比春花落，说与诗人仔细吟。"然后就告辞回去了。

　　不多时，王安石走进东书房，看到诗稿，问明情由，认出苏东坡的笔迹，口中不语，心下踌躇："屈原的《离骚》上就有'夕餐秋菊之落英'的诗句。他不承认自己学疏才浅，反倒来讥笑老夫！"又想："且慢，他原来并不晓得黄州菊花落瓣，也怪他不得！"后来，苏东坡被贬为黄州府团练副使。苏东坡在黄州与蜀客陈季常为友。重九一日，天气晴朗，恰好陈季常来访，东坡大喜，便拉他同往后花园看菊。令他惊讶的是，只见满地铺金，枝上全无一朵。惊得苏东坡目瞪口呆，半晌无语。苏东坡叹道："当初小弟妄续王丞相的《咏菊》诗，谁知他倒不错，我倒错了。今后我一定谦虚谨慎，不再轻易笑话别人。"

我们也经常犯苏东坡这样的错误，我们自己的往往为自己思想中某些固有的成见所左右，对事物做出错误的判断。所以，做人一定要低调，要谦虚，不要为自己的成见所蒙蔽，把一切作想当然的理解。

人类的智慧可以认识世间的万事万物，却偏偏难以认识自己。因为不认识自己，所以自命不凡；因为不认识自己，所以性情狂妄；因为不认识自己，所以才会逃避；也正因为不认识自己，才会在自己的强项上重重地摔伤。而只有找准自己的位置，认清自己的角色，才可以不迷失自我。

可惜的是，做出一点点成绩便会飘飘然是许多人的通病。成绩使人们的心无限膨胀、无限上升，以致不能再认清自己的实力，丧失理智地去攀登永远无法逾越的高峰。最后，不但得不到成功，还会搞得疲惫不堪、伤痕累累。

谦卑是一种无言却厚重的力量，它比骄傲更有力。一个人如果想在纷繁复杂的世间走好，有时谦恭比骄傲更有用处。

谦恭自守是一种人生的大智慧，拥有这种智慧的人虽有大功却甘居下位，保持谦虚，是很难得的。"居功而不自傲"、虚怀若谷、谦恭自守是美德，是一个人取得更大成功的保障，而"自满者败，自矜者愚"，一旦你感觉到了自己的伟大，并希望别人对你顶礼膜拜时，那你就准备迎接失败吧。

自负绝对不能与自信画等号。自信的人对自我价值有积极的认识，他们坚强乐观，笑对生活中的挫折和坎坷；自负的人却过高地估计自我，狂妄自大，从不懂适时的收敛，最终将会跌进失败的深渊。

曾国藩是中国历史上最有影响的人物之一，其为人处世堪称难得。他常对家人说，有福不可享尽，有势不可使尽。他平日最好昔人"花未全开月未圆"七个字，将其视作惜福保泰之法，常存冰渊惴惴之心，处处谨言慎行。他的处世原则是：趋事赴公，则当强矫；争名逐利，则当谦退。开创家业，则当强矫；守成安乐，则当谦退。出与人物应接，则当强矫；入与妻奴享受，则当谦退。若一面建功立业，外享大名，一面求田问舍，内图厚实，二者皆盈满之象，全无谦退之意，则断不能长久。

"水满则溢"，一个容器若装满了水，稍一晃动，水便溢了出来。自负的人心里装满了自己过去的所谓"丰功伟绩"，再也容纳不了新知识、新经验和别人的忠言了。长此以往，事业或者止步不前，或者猝然受挫。

因此，一个人不管自己有多丰富的知识，取得了多大的成绩，或是有了何等显赫的地位，都要谦虚谨慎，不能自视过高；应心胸宽广，博采众长，不断地丰富自己的知识，增强自己的本领，进而获得更大的业绩。

感悟

谦虚永远是成大事者所具备的一种品质，而只有浅薄者才会为自己的成功自鸣得意。

如果你没有冒险精神，就没有实现梦想的机会

约翰·坦普登的高中时代是在田纳西州的温彻斯特度过的，他内心里经常梦想着有朝一日要成为一家大公司的总裁。虽然这只是他17岁时的梦想，但也是他人生设计的萌芽。

进入耶鲁大学后不久，约翰·坦普登的兴趣就从经营一般企业转移到研究评断公司财务之上。大学二年级时，他的父母由于生活拮据而无法再继续供他念书，迫使他陷入不知是该休学就业还是该半工半读的窘状。要作这个决定非常困难，但因为约翰有自己的梦想，因此他最后作出了决定：无论如何都要坚持到毕业。他做到了，不但每学期都取得了优异的成绩，而且还利用奖学金及一份兼差工作解决了学费与伙食费的问题。3年后，他除获得经济学士学位外，同时还获得著名的路德奖学金，并取得全国优等生俱乐部耶鲁分会会长的头衔，以极其优异的成绩毕业。以后的两年，他前往英国牛津大学攻读硕士。此行对于他后来从事财务

经营有很大的影响。

约翰回到美国后，便与一名田纳西女子结婚。随后，他前往纽约，正式开始追求自己的梦想。他的起步是一家颇具规模的证券公司，他在公司里的职务是投资咨询部办事员。

不久，朋友告诉他有一家公司正在征聘年轻上进的财务经理。这家公司的名称是"国家地理勘察公司"，是一家石油勘探公司。约翰听说之后，便前往应聘，因为他认为这家公司可以让他进一步学到许多有关财务经营方面的东西。他成功进了这家公司，一干就是4年。4年之后，虽然这家公司业务非常稳定，而且他的表现也不错，但是他觉得能学的也学得差不多了，他开始怀念起老本行了。于是，一咬牙，他又回到早先的那家证券公司工作，并等待机会。最后，机会终于被他等到了，一名资深职员即将退休，这个人拥有8个相当有实力的客户，欲以5000美元出让。

这对约翰来说是相当大的赌注，5000美元相当于他的全部财产，若此举失败，他将会变得一贫如洗。而且，这些客户以后能不能留住还是问题。约翰再一次面对重大选择。最后，他一心想自立门户的雄心战胜一切，他接下了这8名客户，并且立即前往拜访，十分坦率而且诚挚地向他们说明自己的理想与设计，客户都被他的热情与直率所感动，都表示愿意考察一段时间。当时，约翰才28岁。

两年的时间里，约翰几乎每天都为员工薪金及管理费用忙得焦头烂额。熬到第三年，终于苦尽甘来，公司业务开始蒸蒸日上，客户也有显著增加，约翰自己创业的梦想终于实现了。

后来，他成为一家投资咨询公司的总裁，拥有将近一亿美元的资产，并兼任某大型互助银行的常务董事及数家公司董事。

感悟

有了梦想，还需有实现梦想的冒险精神，以及坚强的意志与决心。这其中，冒险精神非常重要。虽然谁也无法预料结局会怎样，但如果你没有冒险精神，就可能失去实现梦想的机会。

事情是好还是坏，全都取决于一个人的心态

约翰被大水困住，只得爬上屋顶。

邻居中有人漂浮过来说道："约翰，这次大水真可怕，难道不是吗？"

约翰回答说："不，它并不怎么坏。"

邻居有点吃惊，就反驳道："你怎么说不怎么坏？你的鸡舍已经被冲走了。"

约翰回答说："是的，我知道，但是我6个月以前养的鸭子现在都在附近游泳。"

"但是，约翰，这次的水损害了你的农作物。"这位邻居坚持说。

约翰仍然不屈服地说："不！我的农作物因为缺水而损坏了，就在上周，代理人还告诉我，我的土地需要更多的水，所以这下就全解决了。"

这位悲观的邻居再次对他欢笑的朋友说："但是你看，约翰，大水还在上涨，就要涨到你的窗户上了。"

这位乐观的朋友笑得更开朗，说道："我希望如此，这些窗户实在太脏了，需要冲洗一下。"

当你面临一件事情的时候，如果你用积极的心态来看待它，它很可能就会是一件好事，一件对你有利的事情；如果你用消极的心态来看待它，它就会变成一件坏事，一件对你有威胁的事情。所以，事情是好还是坏，在于你是用什么样的心态来看待它。

无论是谁，都有比其他人做得更好的地方

迈可·兰顿生的奋斗事迹照亮了许多人的人生之路，成为很多人所景仰的英雄。

他生长在一个不太和睦的家庭。在他小的时候，母亲经常闹着要自杀，当火气一来便抓起吊衣架追着他毒打。就是因为生活在这样的环境中，所以他自幼就有些畏缩而身体瘦弱。多年后，在那部叫座的《草原上的小屋》中，他却扮演了殷格索家庭的一家之主，他那坚毅而充满自信的性格给大家留下了深刻的印象。迈可的人生为什么会有这样的改变呢？

在他读高中一年级时，有一天，体育老师教他们如何掷标枪。在此之前，不管他做什么事都是畏畏缩缩的，对自己一点自信都没有。可是那天奇迹出现了，他奋力一掷，只见标枪越过了其他同学的纪录，多出了足足有30英尺。就在那一刻，迈可知道了自己的前途大有可为。在其日后面对《生活杂志》的采访时，他回想道："就在那一天我才突然知道，原来我也有能比其他人做得更好的地方。当时便请求体育老师借给我这支标枪，在那年整个夏天里我就在运动场上掷个不停。"

迈可发现了使他振奋的未来，而他也全力以赴，结果有了惊人的成绩。那年暑假结束返校后，他的体格已有了很大的改变，而随后的一整年中，他特别加强重量训练，使自己的体能更往上提升。高三时的一次比赛，他掷出了全美高中生最好的标枪纪录，因而也让他赢得体育奖学金。投标枪的经验，就此改变了迈可后来的人生。

在这个世界上，我们每个人都有自己独特的一面，都有比其他人做得更好的地方，遗憾的是，很多人都不知道或没有找到。当一个人找到了这个属于自己的领域的时候，他就会由自卑变得自信，并会发挥出自己的潜能。

不要因为利小而不为，要为长远利益做打算

有一位百货公司的经营者向一群业务经理谈话时说：

"我可能有点守旧，但我还是相信使顾客再度光临的最好办法，就是提供友善、殷勤的服务。有一次我到商店巡视，听到一位店员正在跟一位顾客争吵，结果那位顾客很愤怒地离开了。

"然后，这位店员对另一位店员说：'我才不会让一个仅值一美元九美分的顾客占去我所有的时间，让我翻箱倒柜去找他要的东西。他根本不值得我这样对待他。'

"我听完就走开了，但是一直无法忘记那番话。想到我们的店员认为顾客仅值一美元九美分时，我觉得事态十分严重。我立刻决定，要把这个观念改过来，便请市场研究主任统计去年平均一位顾客在我们商店的花费是多少。结果令我吃惊，数目高达362美元。

"接着，我召开人事督导会议。我把情况解释清楚，然后告诉他们一个顾客的真正价值。他们一旦明白一个顾客的价值不是以一次销售金额而是以全年的销售总额来评定，服务态度马上就改善了。"

有一个学生解释他为什么不再去某餐厅吃饭时说：

"有一天午饭时间，我决定去一家几周前新开张的自助餐厅用餐。当时我的经济情况有点紧，必须小心用钱。我在肉品部看到火鸡肉还不错，旁边清楚地标着39美分。

"当我走到柜台付账时，那位柜台小姐说要一美元九美分。我礼貌地请她再核查一次。那位小姐不屑一顾地瞪我一眼，重新算过。原来差别就在那份火鸡的价钱。她坚持要收49美分。我请她注意那边39美分的标价。

"这下她火了。'我不管那边标价是怎么写的。这边价目表是49美分，有人把那边的价钱标错了，你必须付我49美分。'

"然后我解释我之所以挑这份火鸡就因为它是39美分，如果标明49美分，我就会挑别的食物了。

"她还是回答：'你还是得付49美分。'我照付了，因为我可不想一直站在那里成为大家注目的焦点。当时我就决定永远不再到那里吃饭了。我一年要花250美元左右的午餐费，他们保准拿不到一分钱。"

目光短浅的人往往只看到眼前的利益，而看不到长远的利益。不要因为利小而不为，要为长远利益做打算。高估顾客的消费力才能把他们变成稳定的大主顾；反之，则会把他们赶走。

把快乐的钥匙掌握在自己手中

著名专栏作家哈理斯和朋友在报摊上买报纸，那位朋友礼貌地对报贩说了声"谢谢"，但报贩却冷口冷脸，没发一言。

"这家伙态度很差，是不是？"他们继续前行时，哈里斯问道。

"他每天晚上都是这样的。"朋友说。

"那你为什么还是对他那么客气？"哈里斯问他。

朋友答道："为什么我要让他决定我的行为？"

一位女士抱怨道："我活得很不快乐，因为先生常出差不在家。"她把快乐的钥匙放在先生手里。

一位妈妈说："我的孩子不听话，叫我很生气！"——她把钥匙交在孩子手里。

男人可能说："上司不赏识我，所以我情绪低落。"——这把快乐钥匙又被塞在老板手里。

婆婆说："我的媳妇不孝顺，我真命苦！"

年轻人从文具店里走出来说："那位老板服务态度恶劣，把我气炸了！"

……

每人心中都有把"快乐钥匙"，但我们却常在不知不觉中把它交给别人掌管。

感悟

　　自己的心情要自己控制，自己那把快乐的钥匙也要掌握在自己的手中。如果一个人能握住自己快乐的钥匙，他就不会期待别人能使他快乐，反而能把快乐和幸福带给别人；如果一个人不能握住自己的快乐，就无法掌控自己，只能可怜地任烦恼摆布。

放弃安逸的生活，才能找到属于自己的天空

　　有一个学电子专业的大学生，毕业时被分配到一个让许多人羡慕的政府机关，干着一份十分轻松的工作。

　　然而，时间不长年轻人开始变得郁郁寡欢，原来年轻人的工作虽轻松但与所学专业毫无关系。要知道，年轻人可是电子专业的高才生啊，空有一身本事却无用武之地。他想辞职外出闯天下，但内心深处却十分留恋眼下这一份稳定又有保障的舒适工作，外面的世界虽然很精彩可是风险也大。经过反复思量他仍拿不定主意，于是他就将自己的想法告诉父亲。

　　父亲听后想了一会儿，给他讲了一个故事。

　　从前，有一个乡下的老人在山里打柴时，捡到一只很小的样子怪怪的鸟，那只怪鸟和出生刚满月的小鸡一样大小，也许因为它实在太小了，还不会飞，老人就把这只怪鸟带回家给小孙子玩耍。

　　老人的孙子很调皮，他将怪鸟放在小鸡群里，充当母鸡的孩子，让母鸡养育着。母鸡没有发现这个异类，全权负起一个母亲的责任。

　　怪鸟一天天长大了，人们发现它竟是一只鹰时，开始担心鹰再长大一些会吃鸡。然而，人们的担心是多余的，那只一天天长大的鹰和鸡相处得很和睦。

　　时间久了，村里的人们对于这种鹰鸡同处的状况越来越看不惯，如果哪家丢了鸡，便首先会怀疑那只鹰，要知道鹰终归是鹰，生来是要吃鸡的。愈来愈不满的人们一致强烈要求：要么杀了那只鹰，要么将它放生，让它永远也别回来。因为和鹰相处的时间长了，有了感情，这一家人自然舍不得杀它，他们决定将鹰放生，让它回归大自然。

　　然而他们用了许多办法都无法让那只鹰重返大自然，他们把鹰带到很远的地方放生，过不了几天那只鹰又飞回来了，他们驱赶它不让它进家门，他们甚至将它打得遍体鳞伤……许多办法试过了都不奏效。

　　最后他们终于明白：原来鹰是眷恋它从小长大的家园，舍不得那个温暖舒适的窝。

　　后来村里的一位老人说："把鹰交给我吧，我会让它重返蓝天，永远不再回来。"老人将鹰带到附近一个最陡峭的悬崖绝壁旁，然后将鹰狠狠向悬崖下的深涧扔去，像扔一块石头那样。那只鹰开始也如石头般向下坠去，然而快要到涧底时它终于展开双翅托住了身体，开始缓缓滑翔，然后轻轻拍了拍翅膀，就飞向蔚蓝的天空，它越飞越自由舒展，越飞动作越漂亮，这才叫真正的翱翔，蓝天才是它真正的家园啊！它越飞越高，越飞越远，渐渐变成了一个小黑点，飞出了人们的视野，永远地飞走了，再也没有回来。

听了父亲的故事，年轻人痛下决心，辞去了公职外出闯天下，终于干出了一番事业。

（感悟）

很多时候，我们总是对现有的东西不忍放弃，对舒适平稳的生活恋恋不舍。一个人要想让自己的人生有所转机，就必须懂得在关键时刻把自己带到人生的悬崖。给自己一个悬崖，其实就是给自己一片蔚蓝的天空。

不断挑战自我的极限，就没有什么事是做不到的

1912 年，班·费德雯出生于美国。

1942 年，费德雯加入纽约人寿保险公司。单件保单销售，他曾做到 2500 万美元，一个年度的业绩超过 1 亿美元。

费德雯一生中售出数十亿美元的保单，这个金额比全美 80% 的保险公司的销售总额还高。

在这个专业化导向的行业里，连续数年达到 10 万美元的业绩，便能成为众人追求的、卓越超群的百万圆桌协会会员，而费德雯却做到近 50 年，平均每年的销售额达到近 300 万美元的业绩。

放眼寿险史上，没有任何一位业务员能赶上他。

而这一切，仅是在他家住方圆 40 里内，一个人口只有 1.7 万人的小镇中创造出来的。

1955 年，没有人敢去想一名寿险业务员的年度业绩竟能超过 1000 万美元。

1956 年，费德雯超过了。

1959 年，2000 万美元的年度业绩被认为是遥不可及的梦，它是那样不可思议，以致从业人员连想都没想过。

1960 年，他把梦想变成事实。

1966 年，费德雯冲破了 5000 万美元的大关。

1969年，他缔造1亿美元的年度业绩，往后更是屡见不鲜。

1984年，他获得保险业的最高荣誉。

虽然费德雯说自己没有任何秘诀，但其实他已把他的"秘诀"公之于世了。多年来，他总是从早上到晚上，从周一到周日，从不间断地努力工作。

费德雯认为："对自己的生活方式与工作方式完全满意的人，已陷入常规。假如他们没有鞭策力，使自己成为更好的人，或使自己的工作更杰出，那么他们便是在原地踏步。而原地踏步就等于退步。"

不断努力挑战自我的极限，是一个人成功的必备因素。不论是在工作中还是在生活中，只要我们敢想敢干，不断地鞭策自己，满怀信心地去挑战自我，那么，就没有什么事是做不到的。

第九章
>>

保持积极的心态

一个人的心态决定着他是否能获得成功与幸福。保持消极的心态，就会有消极的人生；保持积极的心态，就会有积极的人生。而要保持什么样的心态，全由我们自己来决定。

改变了心态，生活也会随之改变

　　塞尔玛陪伴丈夫驻扎在一个沙漠的陆军基地里。丈夫奉命到沙漠里去演习，她一个人留在陆军的小铁皮房子里，天气热得受不了。她没有人可聊天——身边只有当地人，而他们不会说英语。她非常难过，于是就写信给父母，说要丢开一切回家去。

　　她父亲的回信只有两行，这两行字却永远留在她心中，也完全改变了她的生活。这两行字是：两个人从牢中的铁窗望出去，一个看到泥土，一个却看到了星星。塞尔玛一再读这封信，觉得非常惭愧。她决定要在沙漠中找到星星。

　　塞尔玛开始和当地人交朋友，他们的反应使她非常惊奇，她对他们的纺织、陶器表示兴趣，他们就把最喜欢但舍不得卖给观光客人的纺织品和陶器送给了她。

　　塞尔玛研究那些引人入迷的仙人掌和各种沙漠植物、物态，又学习有关土拨鼠的知识。她观看沙漠日落，还寻找海螺壳，这些海螺壳是几万年前沙漠还是海洋时留下来的……原来难以忍受的环境竟变成了令人兴奋、流连忘返的奇景。

　　是什么使这位女士的内心发生了这么大的转变呢？

　　沙漠没有改变，当地人也没有改变，但是这位女士的念头改变了，心态改变了。一念之差，使她把原先认为恶劣的情况，变为一生中最有意义的冒险。她为发现新世界而兴奋不已，并为此写了一本书，以《快乐的城堡》为书名出版了。

　　她从自己造的牢房里看出去，终于看到了星星。

很多时候，我们之所以感到生活枯燥乏味，是因为我们的心态是枯燥乏味的。如果想使生活变得有滋有味，就要改变心态，变消极心态为积极心态。只有这样，我们才能改变自己的生活。

保持积极的心态，积极地行动起来

美国联合保险公司董事长克里蒙·斯通是美国巨富之一、世界保险业巨子。

斯通生于1902年，父亲早逝，母亲把他抚养长大。斯通的母亲早在斯通十几岁的时候，就把辛辛苦苦积攒下的钱，投到底特律的一家小保险经纪社。这家保险经纪社替底特律的美国伤损保险公司推销意外保险和健康保险。推销员仅一人，那就是斯通的母亲。每推出一笔保险，她就会收到一笔佣金——这是她唯一的收入。

斯通16岁那年夏天，母亲指导他去推销保险。他走到母亲指给他的大楼前，犹豫不决。这时，他默默地念着自己信奉的座右铭："如果你做了，没有损失，还可能有大收获，那就下手去做。马上就做！"

于是，他勇敢地走入大楼。逐门进行推销。结果，只有两个人买了保险；但在了解自己和推销方法上，他收获不小。第二天，他卖出了 4 份保险；第三天，6 份。后来，他居然创造了一天卖出 10 份的好成绩。

他发觉，他的成功是因为自己有积极的心态并能积极行动起来的缘故。

20 岁时，他在芝加哥开了一家保险经纪社——联合登记保险公司，全公司只有他一个人。开业第一天卖出 54 份保险。后来，事业一天比一天兴旺。有一天，居然创造了单日销售 122 份保险的纪录。

后来，他在各州招人，在各处扩展他的事业。当时，整个美国经济都笼罩在大恐慌之中，大家都没有钱买健康和意外保险，真正有钱的又宁愿把钱存下来以防万一。这时，斯通给自己加了几条应付困难的座右铭："销售是否成功，决定于推销员，而不是顾客。如果你以坚定的、乐观的心态面对艰难，你反而能从中找到益处。"结果，他每天成交的份额，与之前鼎盛时期不相上下。

1938 年底，斯通成了一名富翁，而他所领导保险公司，也成为了美国保险业首屈一指的大企业。

如果翻阅成功人士的成功史，我们不难发现，他们之所以能够领先于别人而出人头地，是因为他们都能保持积极的心态并能积极行动起来的缘故。积极的心态加上积极的行动，是取得成功的秘诀。

当弱点受到挑战时，用强项去迎接挑战

多年前的那个周末舞会，女孩子是秀发披肩、亭亭玉立的大学毕业生，她像一朵六月的新莲在沸腾的舞池中，翩翩起舞，飘逸而芬芳。

在目光的包围和无休无止地旋转后，她累了，坐在一隅休息。

这时，一个男孩走过来，向她微微鞠躬，伸出手："我可以请你跳一曲吗？"他彬彬有礼，像一个古代的王子，让人不忍拒绝。

带着一丝疲倦，她站了起来。当两个人面对面地站在舞池中，静等音乐响起的片刻，她突然发现：那个男生似乎比自己还矮一点。也许并不真的比她矮，但是女孩子觉得，如果哪个男生与她等高，那就已经是很矮了。

"我比你还高哪！"女孩子悄悄地说，笑着，小时候与小伙伴比高矮时得胜后的样子。其实是心无城府的，因为她从小就比身边所有的朋友长得高，已习惯了在与他们的比较中骄傲地笑。但眼前的男孩子并不是自己的朋友，只是舞会上偶尔邂逅的舞伴。女孩子立刻为自己的口无遮拦而后悔了。她的脸刷地一下红了。

一切发生得太快了，男孩子有点不及防。稍稍愣了一下，脸上的笑还来不及褪去，新的一波笑意又浮了上来。

他不愠不恼地说："是吗？我要迎接挑战。"

后面四个字稍稍有点重。女孩子无语，歉意地笑，躲过他的目光，但却有点紧张地捕捉来自他的信息。就见他下意识地挺直了腰胸，轻描淡写地说："把我所发表过的文章垫在我的脚底下，我就比你高了。"

原来，他也有他的骄傲。

舞会后不久，他们成了恋人。后来，因为阴差阳错，他们并没能走到一起。但是，女孩却从来没有忘记过他，没有忘记当年在舞会上的那一幕，尤其是那两句不卑不亢的话："我要迎接挑战。把我所发表的文章垫在我的脚底下，我就比你高了。"

感悟

每个人都会有自己的弱点或缺陷，每个人也都有自己的强项，当弱点或缺陷受到挑战时，不要退缩，而要勇敢地去迎接它，用自己的强项击败挑战。

世界是公平的，给谁的都不会太多

欧洲某国的一位著名的女高音歌唱家，仅仅30岁就已经誉满全球，而且她拥有一位如意的郎君和一个美满幸福的家庭。一次她举行完一个成功的音乐会后，歌唱家和丈夫、儿子被一群狂热的观众团团围住。人们七嘴八舌地与歌唱家攀谈起来，赞美与羡慕之词洋溢于整个会场。

有的人恭维歌唱家少年得志，大学刚毕业就走进了国家级剧院，成了一名主要演员；有的人恭维歌唱家 25 岁就被评为世界十大女高音之一，年轻有为；也有的恭维歌唱家有一个优秀的丈夫，而膝下又有了活泼可爱，脸上永远洋溢着笑容的儿子。

在人们议论的时候，歌唱家只是静静地听，什么也没有表示。当大家把话说完后，她才缓缓地说："首先我要谢谢大家对我和我家人的赞美，我希望在这些方面能够和你们共享快乐。但是，你们只看到了一个方面，而另一方面你们却没有看到，那就是你们夸奖的我的儿子，不幸的是他是一个哑巴，而且他还有一个经常要被关在屋里精神分裂的姐姐。"

人们震惊了，你看看我，我看看你，似乎很难接受这样的事实。这时，歌唱家又心平气和地对人们说："这一切说明什么呢？恐怕只能说明一个道理，那就是，上帝是公平的，给谁的都不会太多。"

感悟

世界是公平的，给谁的都不会太少，给谁的也都不会太多。所以，不要只看到或羡慕别人的拥有，而看不到自己的拥有。应该想一想，自己拥有的而别人却没有拥有的东西。

如果一次不成，那就再试一次

有个年轻人去微软公司应聘，而该公司并没有刊登过招聘广告。见总经理疑惑不解，年轻人用不太熟练的英语解释说，自己是碰巧路过这里，就贸然进来了。

总经理感觉很新鲜，破例让他一试。面试的结果出人意料，年轻人表现糟糕。他对总经理的解释是事先没有准备，总经理以为他不过是找个托词下台阶，就随口应道："等你准备好了再来试吧。"

一周后，年轻人再次走进微软公司的大门，这次他依然没有成功。但比起第一次，他的表现要好得多。

而总经理给他的回答仍然同上次一样："等你准备好了再来试。"

就这样，这个青年先后5次踏进微软公司的大门，最终被公司录用，成为公司的重点培养对象。

与这个年轻人有相同经历的还有一个叫克里弗德的小伙子。

瑞德公司的面试通知，像一缕阳光照亮了克里弗德焦急期待的心。面试那天，克里弗德精心地梳洗打扮了一番，又换了一条新领带，以祝福自己好运。上午10点钟，他走进了瑞德公司人力资源部。等秘书小姐向经理通报后，克里弗德静了静心，提着手提包来到经理办公室门前，轻轻地敲了两下门。

"是克里弗德先生吗？"屋里传出问询声。

"经理先生，你好！我是克里弗德。"克里弗德慢慢地推开门。

"抱歉，克里弗德先生。你能再敲一次门吗？"端坐在沙发转椅上的经理悠闲地注视着克里弗德，表情有些冷淡。

经理先生的话虽令克里弗德有些疑惑，但他并未多想，关上门，重新敲了两下，然后推门走进去。

"不，克里弗德先生，这次没有第一次好，你能再来一次吗？"经理示意他出去重来。

克里弗德重新敲门，又一次踏进房间。

"先生，这样可以吗？"

"这样说话不好——"

克里弗德又一次走进去："我是克里弗德，见到你很高兴，经理先生。"

"请别这样。"经理依然淡淡道，"还得再来一次。"

克里弗德又作了一次尝试："抱歉，打扰你工作了。"

"这回差不多了，如果你能再来一次会更好，你能再试一次吗？"

当克里弗德第十次退出来时，他内心的喜悦和憧憬已消失殆尽，开始有些恼火。心想，进门打招呼哪有这么多讲究？这哪是招聘面试呀，分明是在刁难戏弄人。克里弗德生气地转身离开，可刚走几步又停了下来。不行，我不能就这样逃开，即使瑞德公司不打算录用我，也得听到他们当面对我说。

于是，克里弗德稍稍地舒了一口气，第十一次敲响了门。这次，他得到的不是难堪，而是热烈欢迎的掌声。克里弗德没有想到，第十一次敲门，叩开的竟是一扇成功之门。原来，瑞德公司此次是打算招聘一名市场调查员。而一名优秀的市场调查员，不仅要具备学识素质，更要具备耐心和毅力等心理素质。这11次的敲门和问候，就是考查一个人的心理素质。

感悟

在这个世上，没有轻而易举就能做成的事。如果一次不成，那么就再试一次。再试一次，是一种自信，是一种勇气，是在给自己一次机会。坚持着，再试一次，遭受挫折的次数越多，就越接近成功。

从别人的过错中挖掘对方的长处

有一天，威尔逊为了推行其政策，在一个广场上举行公开演说。当时广场上聚集了数千人，突然，从听众中扔来一个鸡蛋，正好打中他的脸。安全人员马上下去搜寻闹事者，结果发现扔鸡蛋的是一个小孩。

威尔逊得知后，先是指示属下放走小孩，后来马上又叫住了小孩，并当众叫助手记录下小孩的名字、家里的电话与地址。

台下听众猜想威尔逊是不是要处罚小孩，于是开始骚乱起来。

这时威尔逊对大家说："我的人生哲学是要在对方的错误中去发现我的责任。方才那位小朋友用鸡蛋打我，这种行为是很不礼貌的。尽管如此，身为英国的首相，我有责任为国家储备人才。那位小朋友从下面那么远的地方，能够将鸡蛋扔得这么准，证明他可能是一个很好的人才，所以我要将他的名字记下来，以便让体育大臣注意栽培他，使其将来能成为我国的棒球选手，为国效力。"

威尔逊的一席话把听众都说乐了，演说的气氛也更加融洽。

在别人犯错误时，不要轻易指责，要从别人的过错中发掘对方的长处。积极寻找具有建设性的建议，这不仅会让不愉快的事情随风而逝，而且有时还会将坏事变成好事，帮助自己摆脱尴尬的境地。

即使在最绝望的时候，也要再努力一次

在开罗博物馆，从图坦·卡蒙法老王墓中挖出的宝藏，令人目不暇接。庞大建筑物的第二层，大部分放的都是灿烂夺目的宝藏：黄金、珍贵的珠宝、饰品、大理石容器、战车、象牙与黄金棺木，巧夺天工的工艺至今仍无人能及。

然而，如果不是霍华德·卡特当时决定再多挖一天，这些价值连城的宝藏也许仍深埋在地下。

1922 年的冬天，卡特几乎放弃了寻找年轻法老王坟墓的希望，他的赞助者也即将取消赞助。卡特在自传中写道：

"这将是我们待在山谷中的最后一季，我们已经挖掘了整整 6 季了，春去秋来毫无所获。我们一鼓作气工作了好几个月却没有发现什么，只有挖掘者才能体会这种彻底的绝望感；我们几乎已经认定自己被打败了，正准备离开山谷到别的地方去碰碰运气。然而，要不是我们最后垂死的一锤努力，我们永远也不会发现这远超出我们梦想所及的宝藏。"

霍华德·卡特最后垂死的努力成了全世界的头条新闻，他发现了近代唯一的一个完整出土的法老王坟墓。

感悟

最浪费时间的一件事就是过早放弃。人们经常在做了90%的工作后，放弃了最后可以让他们成功的10%。这不但输掉了开始的投资，更丧失了经由最后的努力而发现宝藏的喜悦。即使在最绝望的时候，也要再努力一次。

不放弃最后一次希望，往往会出现转机

在美国海关，有一批没收的脚踏车，在公告后决定拍卖。在拍卖会现场，每次叫价的时候，总有一个10岁出头的男孩喊价，他总是以5美元开始出价，然后眼睁睁地看着脚踏车被别人用30美元、40美元买去。拍卖暂停休息时，拍卖员问那小男孩为什么不出较高的价格来买。男孩说，他只有5美元。

拍卖会又开始了，那男孩还是给每辆脚踏车相同的价钱，然后被别人用较高的价钱买去。后来聚集的观众开始注意到那个总是首先出价的男孩，他们也开始察觉到会有什么结果。直到最后一刻，拍卖会要结束了。这时，只剩一辆最棒的脚踏车，车身光亮如新，有多种排档、十段杆式变速器、双向手煞车、速度显示器和一套夜间电动灯光装置。

拍卖员问："有谁出价呢？"

这时，站在最前面，而几乎已经放弃希望的那个小男孩轻声地说一次："5美元。"

拍卖员停止唱价，只是停下来站在那里。

这时，所有在场的人全部盯住这位小男孩，没有人出声，没有人举手，也没有人喊价。直到拍卖员唱价3次后，他大声说："这辆脚踏车卖给这位穿短裤白球鞋的小男孩！"

此话一出，全场鼓掌。那小男孩拿出握在手中仅有的5美元，买了那辆毫无疑问是世上最漂亮的脚踏车时，他脸上流露出从未见过的灿烂笑容。

我们的生命中，除了要有胜过别人、压过别人、超越别人的信心之外，我们更应该抱持着不肯放弃最后一丝希望的决心。这不但可以赢得别人的同情和敬佩，也会赢得成功。

在困境中，要相信一切都能应付过去

辛·吉尼普的父亲生重病的时候已经是60岁了，仗着他曾经是全州的拳击冠军，有着硬朗的身子，才一直挺了过来。

那天，吃罢晚饭，父亲把全家人召到病榻前。他一阵接一阵地咳嗽，脸色苍白。他艰难地扫了每个人一眼，缓缓地说："那是在一次全州冠军对抗赛上，对手是个人高马大的黑人拳击手，而我个子矮小，一次次被对方击倒，牙齿也出血了。休息时，教练鼓励我说：'辛，你不痛，你能挺到第十二局！'我也说：'不痛，我能应付过去！'我感到自己的身子像一块石头、像一块钢板，对手的拳头击打在我身上发出空洞的声音。跌倒了又爬起来，爬起来又被击倒了，但我终于熬到了第十二局。对手战栗了，我开始了反攻，我是用我的意志在击打，长拳、勾拳，又一记重拳，我的血同他的血混在一起。眼前有无数个影子在晃，我对准中间的

那一个狠命地打去……他倒下了，而我终于挺过来了。哦，那是我唯一的一枚金牌。"

说话间，父亲又咳嗽起来，额头的汗珠滚滚而下。他紧握着吉尼普的手，苦涩地一笑："不要紧，才一点点痛，我能应付过去。"

第二天，父亲就因咳血去世了。那段日子，正碰上全美经济危机，吉尼普和妻子都先后失业了，经济拮据。

父亲死后，家里境况更加艰难。吉尼普和妻子天天跑出去找工作，晚上回来，总是面对面地摇头，但他们不气馁，互相鼓励说："不要紧，我们会应付过去的。"

后来，吉尼普和妻子都重新找到了工作。当他们坐在餐桌旁静静地吃着晚餐的时候，他们总要想到父亲，想到父亲的那句话："我能应付过去。"

当我们感到生活艰苦难耐的时候，要咬牙坚持，学会在困境中对自己说："一切都会好起来的！我能应付过去！"那么，一切都会过去，一切都会好起来。

把自信心受到的打击，变成上进的原动力

司退里16岁的时候，在一家大五金商号里做店员，这正是他所希望的一个职位。

他的前途是光明远大的，他努力工作，各方面尽心学习，自己盼望着将来做一个成功的五金销售员。

司退里以为自己是上进的，但是其经理却看法不同："我不想用你了，你是绝不会做生意的，你到铸造厂去做一个工人吧。你那种蛮力，除了做这种工作之外，没有什么别的用途。"

这简直是对于一个年轻人的侮辱，司退里受了很大的打击，显然他被打倒了。他的首次冲刺失败了，但是他重整旗鼓，决心要得到胜利。

"你可以辞退我，但是你不能削弱我的志气，"他对那残酷的经理反抗说，"有一天我也要开一个这样的五金店。"

司退里的话并不是一种气愤的发泄。第一次的失败驱使他不停地努力，一直到他成为全国最大的五金制品商之一。

后来有人评价说："如果没有受到那次打击，恐怕司退里永远是一个平庸的

销售员而已。在受到打击之前，他一直很有自信心。他在那个粗鲁的经理那里所受的打击，正是促使他上进的必要原动力。"

当一个人受到打击时，尤其是受到别人对自己自信心的打击时，有可能会使其从此意志消沉，也有可能会激励他奋发向上。

告诉自己是第一，因为每个人都是独一无二的

基安勒很小的时候便随母亲从意大利到了美国，在汽车城底特律度过了悲惨的童年，痛苦和自卑成为他的不良印痕。

他那碌碌无为的父亲告诉他："认命吧，你将一事无成。"这个说法令他沮丧，他老是想着自己苦闷的前程。

有一天，母亲告诉他："世界上没有谁跟你一样，你是独一无二的。"

从此，他燃起了希望之火，他认定他是第一，没人比得上他。自信奠定了成功的基础。

他第一次去应聘时，这家公司的秘书要他的名片时，他递上一张黑桃 A。结果立刻得到面试的机会。经理问他："你是黑桃 A？"

"是的。"他说。

"为什么是黑桃 A？"

"因为 A 代表第一，而我刚好是第一。"

这样，他被录用了。

基安勒成功了，真的成了世界第一。他一年推销出 1425 辆车，创造了吉尼斯纪录。

基安勒每天临睡前都要重复几遍 "我是第一"，然后才入睡。这种鼓舞性的暗示坚定了他的信心和勇气，使他的个性得到了有力的强化。

　　自信是一种鼓舞性的暗示，它能坚定一个人的信心和勇气，并使其个性得到有力的强化。在这个世界上，我们每个人都是独一无二的，所以，我们应该始终告诉自己："我是第一。"

把"我不能"埋进坟墓，把"我可以"立在桌旁

　　唐娜是密歇根州一个小镇上的小学老师。

　　那天，她给学生们上了生动的一节课。她让学生们在纸上写出自己不能做到的事。所有的学生都全神贯注地埋头在纸上写着。一个 10 岁的女孩，她在纸上写到："我无法把球踢过第二道底线，我不会做三位数以上的除法，我不知道如何让黛比喜欢我……"她已经写完了半张纸，但她却丝毫没有停下来的意思，仍旧很认真地继续写着。

每个学生都很认真地在纸上写下了一些句子，记录他们做不到的事情。

唐娜老师也正忙着在纸上写着她不能做到的事情，像"我不知道如何才能让约翰的母亲来参加家长会""除了体罚之外，我不能耐心劝说艾伦"等。

大约过了10分钟，大部分学生已经写满了一整张纸，有的已经开始写第二页了。

"同学们，写完一张纸就行了，不要再写了。"这时，唐娜老师用她那习惯的语调宣布了这项活动的结束。学生们按照她的指示，把写满了他们认为自己做不到的事情的纸对折好，然后按顺序依次来到老师的讲台前，把纸投进一个空的鞋盒里。

等所有学生的纸都投完以后，唐娜老师把自己的纸也投了进去。然后，她把盒子盖上，夹在腋下，领着学生走出教室，沿着走廊向前走。

走着走着，队伍停了下来。唐娜走进杂物室，找了一把铁锹。然后，她一只手拿着鞋盒，另一只手拿着铁锹，带着大家来到运动场最边远的角落，开始挖起坑来。

学生们你一锹我一锹地轮流挖着，10分钟后，一个3英尺深的坑就挖好了。他们把盒子放进去，然后又用泥土把盒子完全覆盖上。这样，每个人的所有"不能做到"的事情都被深深地埋在了这个"墓穴"里，埋在了3英尺深的泥土下面。

这时，唐娜老师注视着围绕在这块小小的"墓地"周围的31个十多岁的孩子们，神情严肃地说："孩子们，现在请你们手拉着手，低下头，我们准备默哀。"

学生们很快地互相拉着手，在"墓地"周围围成了一个圆圈，然后都低下头来静静地等待着。

"朋友们，今天我很荣幸能够邀请到你们前来参加'我不能'先生的葬礼。"唐娜老师庄重地念着悼词，"'我不能'先生在世的时候，曾经与我们的生命朝夕相处，影响、改变着我们每一个人的生活，有时甚至比任何人对我们的影响都要深刻得多。他的名字几乎每天都要出现在各种场合，学校、市政府、议会，甚至是白宫。当然，这对于我们来说是非常不幸的。

"现在，我们已经把'我不能'先生安葬在这里，并且为他立下了墓碑，刻上了墓志铭。希望他能够安息。同时，我们更希望他的兄弟姐妹'我可以'、'我愿意'，还有'我立刻就去做'等能够继承他的事业。虽然他们名气不够大，影响力也不算强，但是他们会对我们每一个人、对全世界产生更加积极的影响。

"愿'我不能'先生安息吧，也祝愿我们每一个人都能够振奋精神，勇往直前！阿门！"

接下来，唐娜老师带着学生又回到了教室。大家一起吃着饼干、爆米花，喝着果汁，庆祝他们越过了"我不能"这个心结。作为庆祝的一部分，唐娜老师还用纸剪成一个墓碑，上面写着"我不能"，中间则写上"安息吧"，下面写着这天的日期。

唐娜老师把这个纸墓碑挂在教室里。每当有学生无意说出"我不能……"这句话的时候，她只要指着这个象征死亡的标志，孩子们便会想起"我不能"先生已经死了，进而去想出积极的解决方法。

感悟

生活中有很多人被"我不能"左右着，沉浸在"我不能"的困境里，因此很多事都无法得到解决。那么，我们不妨把自己的"我不能"埋进坟墓，把"我可以"立在桌旁，时刻以积极的心态来面对一切。

不要轻易相信权威，要相信的是自己

有一名中文系的学生，苦心撰写了一篇小说，请一位著名的作家点评。可是这位作家正患眼疾，于是学生便将作品读给作家听。

读到最后一个字，学生停顿下来。作家问："结束了吗？"听语气似乎意犹未尽，渴望下文。这一问，煽起学生无比激情，他立刻灵感喷发，马上回答说："没有啊，下部分更精彩。"他以自己都难以置信的构思叙述下去。

到达一个段落后，作家又似乎难以割舍地问："结束了吗？"

小说一定勾魂摄魄，叫人欲罢不能！学生更兴奋、更激昂，更富于创作激情。他不可遏止地一而再再而三地接续、接续……最后，电话铃声骤然响起，打断了学生的思绪。

电话找作家有急事。作家匆匆准备出门。

"那么，没读完的小说呢？"学生问。

作家回答："其实你的小说早该收笔，在我第一次询问你是否结束的时候，就应该结束。何必画蛇添足？该停则止，看来，你还没能把握情节脉络，尤其是，缺少决断。"

决断是当作家的根本，绵延逶迤，拖泥带水，如何打动读者？学生追悔莫及，自认性格过于受外界左右，作品难以把握，恐怕不是当作家的料。

多年以后，这名年轻人遇到另一位非常有名的作家，羞愧地谈及那段往事。谁知这位作家惊呼："你的反应如此迅捷，思维如此敏锐，编造故事的能力如此强盛，这些正是成为作家的天赋呀！假如能正确运用，你的作品一定能脱颖而出。大多数人都很相信权威，其实这是个误区，因为权威并不一定是正确的。在很多时候，正是由于轻信权威而束缚了我们的发展。"

不要轻易相信权威，要相信的是自己。只有这样，我们才能有所突破，才能走一条属于自己的路。

心态决定人生的高度

一天，有位哲学家带弟子们出行。途中，他问弟子们："有一种东西，跑得比光速还快，瞬间能穿越银河系，到达遥远的地方……这是什么？"弟子们争着回答："我知道、我知道，是思想！"

哲学家微笑着点点头："那么，有另外一种东西，跑得比乌龟慢，当春花怒放时，它还停留在冬天；当头发雪白时，它仍然是个小孩子的模样，那又是什么？"

弟子们不知如何回答。

"还有，不前进也不后退，没出生也不死亡，始终漂浮在一个定点。谁能告诉我，这又是什么？"

弟子们更加茫然，面面相觑。

"答案都是思想！它们是思想的三种表现，换个角度来看，也可比喻成三种人生。"

望着聚精会神的弟子们，哲学家解释说："第一种是积极奋斗的人生：当一个人不断力争上游，对明天永远充满希望和信心，这种人的心灵不受时空限制，他就好比一只射出的箭矢，总有一天会超越光速，驾驭万物之上。"

"第二种是懒惰的人生：他永远落在别人的屁股后面，捡拾他

人丢弃的东西，这种人注定被遗忘。"

"第三种是醉生梦死的人生：当一个人放弃努力、苟且偷安时，

他的命运是冰封的，没有任何机会来敲门，不快乐也无所谓痛苦。这是一个注定悲哀的人，像水母的空壳漂浮于海中，不存在于现实世界，也不在梦境里……"

弟子们大悟。播种怎样的人生态度，将收获怎样的生命高度和深度。

感悟

人的一生中，要紧处只有几步，如何使自己的生命更有意义，心态至关重要。

第十章

不要成为欲望和金钱的奴隶

　　人生在世，没有欲望是不行的，没有金钱也是不行的，但不要成为欲望和金钱的奴隶。我们完全有能力做欲望和金钱的主人，我们能够控制自己的欲望，能够合理地赚取和使用金钱。

无止境的贪婪，最终会彻底毁灭一个人

有人说，沙漠的中心有宝藏。他想得到宝藏，就装备整齐地进军沙漠。可是宝藏没找到，所带的食物和水却吃完了、喝尽了，他再也没有力气站起来……

他一个人孤单地躺在沙漠里，静静地等待着死亡的降临。他想，哪怕只有一点食物能帮助他走出沙漠也好啊。夜晚，他感觉自己快要死了，就做了最后的祈祷：神啊，请给我一些帮助吧。

神真的出现了，问他需要什么。他急忙回答说："食物和水，哪怕是很少的

一份也行。"神送给他一些面包和牛奶，就消失了。

于是，情况发生了很大的变化。他精神百倍地站在那儿，不断地责怪自己："为什么不向神多要一点东西？他带上剩下的食物，继续向沙漠深处走去。"

这一次他找到了宝藏，就在他准备把宝藏尽可能多一些地带回去时，却发现食物所剩无几了。为了减少体力消耗，他不得不空手往回走。

最后，他的食物和水没有了。死亡之前，神又出现了，问他需要什么。他喃喃地答道："食物和水……请给我更多的食物和水……"

神摇了摇头，叹息道："你本来是可以平安地回去的，但你却没有往回走……"

常言道："知足常乐。"然而，生活中有些人却永远也不懂得知足，他们总是在满足了一个欲望的同时，又想得到更多，拥有更多，欲望也就会继续膨胀。这永无止境的贪婪，最终会彻底毁灭一个人。

不要有太多的欲望，否则什么都得不到

一个沿街流浪的乞丐每天总在想，假如我手头要有两万元就好了。

一天，这个乞丐无意中发现了一只跑丢的很可爱的小狗，乞丐发现四周没人，便把狗抱回了他住的窑洞里，拴了起来。

这只狗的主人是本市有名的大富翁。这位富翁狗丢了以后十分着急，因为这是一只纯正的进口名犬。于是，就在当地电视台发了一则寻狗启事：如有拾到者请速还，付酬金2万元。

第二天，乞丐沿街行乞时，看到这则启事，便迫不急待地抱着小狗准备去领那两万元酬金，可当他匆匆忙忙抱着狗又路过贴启事处时，发现启事上的酬金已变成了3万元。原来，富翁寻狗不着，又电话通知电视台把酬金提高到了3万元。

乞丐似乎不相信自己的眼睛，向前走的脚步突然间停了下来，想了想又转身

将狗抱回了窑洞，重新拴了起来。第三天，酬金果然又涨了，第四天又涨了，直到第七天，酬金涨到了让市民都感到惊讶时，乞丐这才跑回窑洞去抱狗。可想不到的是，那只可爱的小狗已被饿死了，乞丐还是乞丐。

感悟

人生在世，很多美好的东西并不是我们无缘得到，而是我们的期望太高，往往在刚要接近一个目标时，又会突然转向另一个更高的目标。不要有太高的欲望，否则什么都得不到。我们要控制自己的欲望，见好就收是明智之举。

知足才能富足

大哲人老子曾说过："祸莫大于不知足，咎莫大于欲得。"这句话在今天有着尤其特殊的意义。纵观今日一些落马之人，探其缘由，"祸咎"概莫能出其"不知足"和"欲得"之外。贪婪的欲望使得一个又一个春风得意的"能人"，从马上倏然坠地，沦为"阶下囚"，甚至走上"断头台"。

自老子以后，很多先哲都提倡"知足知止"的教条，这个教条也确实在紧紧地约束着中国人的行止。比如庄子就是一个清心寡欲的人，他曾告诫人们："知足者，不以利自累也。"王廷相则说："君子不辞乎福，而能知足也；不去乎利，而能知足也。故随遇而安，有天下而不与也，其道至矣乎！"吕坤也有一言曰："万物安于知足，死于无厌。"

由古至今，人类始终难以摆脱欲望，同时在欲望的追逐中不乏涌现出一些有明智之举的理性人物。

希腊哲学家克里安德，当年虽已 80 高龄，但依然仙风鹤骨，非常健壮，有人问他："谁是世上最富有的人！"克里安德斩钉截铁地说："知足的人。"

这句话恰和老子的"知足者富"的说法如出一辙。

曾有人问当代美国最富有的石油大王史泰莱："怎样才能致富？"

这位石油大王不假思索地回答："节约。"

"谁比你更富有？"

"知足的人。"

"知足就是最大的财富吗？"

史泰莱引用了罗马哲学家塞涅卡的一句名言来回答说："最大的财富，在于无欲。"

塞涅卡还有一句智慧的话："如果你不能对现在的一切感到满足，那么纵使让你拥有全世界，你也不会幸福。"

最妙的是，罗马大政治家兼哲学家西塞罗也曾有类似的说法："对于我们现在有的一切感到满足，就是财富上的最大保证。"

知足者常乐，知足便不作非分之想；知足便不好高骛远；知足便安若止水、气静心平；知足便不贪婪、不奢求、不巧取豪夺。知足者温饱不虑便是幸事；知足者无病无灾便是福泽。"知份心自足，委顺常自安"，这其中的玄机，就靠自己去参悟了。过分地贪婪、无理的要求，只是徒然带给自己烦恼而已，在日日夜夜的焦虑企盼中，还没有尝到快乐之前，已饱受痛苦煎熬了。因此古人说："养心莫善于寡欲。"我们如果能够把握住自己的心，驾驭好自己的欲望，不贪得、不觊觎，做到寡欲无求，役物而不为物役，生活自然能够知足常乐、随遇而安了。

感悟

金钱和欲望都是身外之物，如受其所累，人生将有太多的不如意。对于现有的一切感到满足，才是真正的富有。

在很多时候，权力只是一个陷阱

黑熊、灰狼和狐狸是一个强盗团伙，经常袭击村里的羊群，使羊群睡不了一个踏实觉，总也得不到安宁。

羊群中的头羊决定采取各种方法对付这伙强盗。先是采用了分化的办法，随后又采取了进谗言、挑拨离间等办法，但是没有成功。因为黑熊、灰狼、狐狸团

结得很紧密，它们并不相信谣言。

　　不久，头羊老死了。死前，它把位置交给一只非常聪明的羊。这只羊并没有直接上任，而是提出了一个令羊群十分吃惊的建议：要请黑熊、灰狼、狐狸其中的一个来担任羊群的头领。开始大家都不同意，坚决表示反对，但是被委以重任的羊却坚持自己的主张。

　　它让其他动物把这一决定传达给黑熊、灰狼和狐狸，它们都十分兴奋，谁要是当上羊群的头领，就意味着拥有整个羊群的指挥权，这里有太多的好处，大家心知肚明。可是，由谁当这个羊群的头领呢？

　　黑熊心想："我在团伙中力气是最大的，做的贡献也说得过去，这羊群的头领应是由我来当的。"

　　灰狼心里也在盘算着："我在团伙中最凶猛，平时咬死的羊也是最多的，论贡献我应该是最大的，这羊群的头领理应由我来当。"

　　狐狸计算了一下想："我在团伙中最聪明了，每次都是我出谋划策，很多点子也都是我想出来的，我起的作用是最大的，这羊群的头领应由我来当。"

它们为此争执起来，谁也不服谁，火气越来越大。

黑熊首先起了杀机，它决定用武力除掉灰狼和狐狸。黑熊趁灰狼不备时忽然向它发起了攻击，一下子就咬断了狼的脖子，把狼先除掉了。黑熊还要准备一下，再向狐狸下手，狐狸看出了黑熊的心思，它处处防备着黑熊。同时，狐狸也准备除掉这个大块头。

一天，狐狸终于想到一个办法，找到一个经过猎人伪装的陷阱，陷阱上面只铺有一层树枝。于是，它便躺在上面假装睡觉，狐狸身体轻，并没有陷下去的危险。黑熊也找到这个动手的机会，于是它猛扑向狐狸，可狐狸却迅速地躲开了，黑熊却一头栽进了陷阱里。剩下的只有狐狸了，它已势单力薄了，对羊群构不成什么威胁了。

这时，众羊才明白聪明的羊的初衷，更明白了权力原来只是一个陷阱的道理。

感悟

不少人都有拥有权力的欲望，从某种意义上讲，这种欲望是值得肯定的。但有时这种权力欲望，恰恰是一个陷阱，会迷失一个人的心智，会毁掉一个人的本性。

用平常心对待生活

在果园的核桃树旁边，长着一棵桃树，它的嫉妒心很重，一看到核桃树上挂满的果实，心里就觉得很不是滋味。

"为什么核桃树结的果子要比我多呢？"桃树愤愤不平地抱怨着，"我有哪一点不如它呢？老天爷真是太不公平了！不行，明年我一定要和它比个高低，结出比它还要多的桃子！让它看看我的本事！"

"你不要无端嫉妒别人啦，"长在桃树附近的老李子树劝诫道，"难道你没有发现，核桃树有着多么粗壮的树干、多么坚韧的枝条吗？你也不动动脑想一想，如果你也结出那么多的果实，你那瘦弱的枝干能承受得了吗？我劝你还是安分守己，老老实实地过日子吧！"

自傲的桃树可听不进李子树的忠告，嫉妒心蒙住了它的耳朵和眼睛，不管多么有理的规劝，对它都起不到任何作用了。桃树命令它的树根尽力钻得深些、再深些，要紧紧地咬住大地，把土壤中能够汲取的营养和水分统统都吸收上来。它还命令树枝使出全部的力气，拼命地开花，开得越多越好，而且要保证让所有的花朵都结出果实。

它的命令生效了，第二年花期一过，这棵桃树浑身上下密密麻麻地挂满了桃子。桃树高兴极了，它认为今年可以和核桃树好好比个高低了。

充盈的果汁使得桃子一天天加重了分量，渐渐地，桃树的树枝、树权都被压弯了腰，连气都喘不过来了。可是桃树不肯放弃即将到来的荣耀，它下令树枝与树权要坚持住，不能半途而废。

一天，不堪重负的桃树发出一阵哀鸣，紧接着就听到"咔嚓"一声，树干齐腰折断了。尚未完全成熟的桃子滚落了一地，在核桃树脚下渐渐地腐烂了。

拥有平常心，你也就拥有了人格魅力，也就能"任云卷云舒去留无意"。平常心是宠辱不惊的心，它能够使你视金钱如粪土，视功名为过眼烟云。拜伦说："真有血性的人，绝不乞求别人的重视，也不怕被人忽视。"爱因斯坦用钞票当书签，居里夫人把诺贝尔奖牌给女儿当玩具。

莫笑他们的"荒唐"之举，这正是他们淡泊名利的平常心的表现，是他们崇高精神的折射。

当你用一颗平常心去对待生活时，你就会发现真情就在你身边。平常心是理解、宽容、忍让的心，就是欢乐别人的欢乐、痛苦别人的痛苦、喜悦别人的喜悦。多一分理解和关爱，世界就多一分真善美。

拥有平常心，你就会奋发进取。平常心是颗尊重别人的心，就是尊重别人的劳动、人格、理想、信仰等。尊重使自己无形间得到好的修养，感受到精神的美。平常心是颗坚强的心，不畏泥泞路，不怕风雪夜。它使人始终奋勇向前，永不倒下。

一棵柔弱的小草，在陡峭的断岩上，在狂风中它几乎要被连根拔起，但它摇曳的身姿却透出它的坚强不屈与从容不迫。

平常心不是看破红尘，也不是消极遁世。平常心是一种境界，平常心是一种积极的心态。以平常心观不平常事，则事事平常。不以物喜，不以己悲。工作本极平常，以平常心视之，则利于敬业不衰，充分发挥自身潜力。

贪欲是一种毒药，谁喝了都无药可救

一天傍晚，两个非常要好的朋友在林中散步。这时，有位僧人从林中惊慌失措地跑了出来，俩人见状，便拉住那个僧人问道："你为什么如此惊慌，到底发生了什么事情？"

僧人忐忑不安地说："我正在移植一棵小树，却发现了一坛子黄金。"

两个人感到好笑，说："这僧人真蠢，挖出了黄金还被吓得魂不附体，真是太好笑了。"然后，他们问道："你是在哪里发现的，告诉我们吧，我们不害怕。"

僧人说："还是不要去了，这东西会吃人的。"

两个人异口同声地说："我们不怕，你就告诉我们黄金在哪里吧。"

僧人告诉了他们具体的地点，两个人跑进树林，果然在那个地方找到了黄金。好大的一坛子黄金！

其中一个人说："我们要是现在把黄金运回去，不太安全，还是等天黑再往回运吧。这样吧，现在我留在这里看着，你先回去拿点饭菜来，我们在这里吃完饭，等半夜时再把黄金运回去。"

于是，另一个人就回去取饭菜去了。

留下的人心想："要是这些黄金都归我，那该多好呀！等他回来，我就一棒子把他打死，那么，这些黄金不就都归我了吗？"

回去的那个人也在想："我回去先吃饱饭，然后在他的饭里下些毒药。他一死，黄金不就都归我了吗？"

回去的人提着饭菜刚到树林里，就被人从背后用木棒狠狠地打了一下，当场毙命了。然后，那个人拿起饭菜，狼吞虎咽地吃了起来。没过多久，他的肚子里就像火烧一样的疼，这才知道自己中毒了。临死前，他慨叹："僧人的话真是应验了，我当初怎么就没有明白呢？"

贪欲会把人带向罪恶的深渊，让人失去理智。它可以使人相互摧残，相互欺诈，甚至使最好的朋友反目成仇。因此，在生活中，我们一定要克制自己的欲望。

不要让金钱蒙住了眼睛，否则会迷失方向

有一个富人，他虽然很有钱，但他却一点都不快乐。一天，富人去拜访一位哲人，请教他为什么自己有钱后变得越发狭隘自私了。哲人将他带到窗前，问："向外看，告诉我你看到了什么？"富人说："我看到了外面有很多人。"哲人又将他带到一面镜子前，问："现在你又看到了什么？"富人回答："我自己。"哲人笑了笑说："窗子和镜子都是玻璃做的，区别只在于镜子多了一层薄薄的银。

但就是因为这一点银，便让你只看到自己而看不到世界了。"

石油大王洛克菲勒，也曾被金钱蒙住了双眼。

洛克菲勒出身贫寒，创业初期勤劳肯干，人们都夸他是个好青年。可当他富甲一方后，就变得贪婪冷酷，宾夕法尼亚州油田地带的居民深受其害，对他恨之入骨。有的居民把他做成木偶像，然后将那木偶像模拟处以绞刑，以解心头之恨。无数充满憎恨和诅咒的威胁信被送进他的办公室，连他的兄弟也不齿他的行径，而将儿子的坟墓从洛克菲勒家族的墓园中迁出，说："在洛克菲勒支配的土地内，我的儿子无法安眠！"洛克菲勒的前半生就在众叛亲离中度过。当洛克菲勒53岁时，疾病缠身，人瘦得像木乃伊。医生们告诉他：他必须在金钱与生命中选择一个。这时他才开始领悟到，是贪婪的恶魔控制了他的身心。他听从了医生的劝告，退休回家，开始学打高尔夫球，去剧院看喜剧，还常常跟邻居闲聊。他开始过一种与世无争的平淡生活。

后来，洛克菲勒开始考虑如何把巨额财产捐给别人。起初人们并不接受。可是通过他的努力，人们慢慢地相信了他的诚意。洛克菲勒创办了不少福利事业。他一生至少赚进了10亿美元，捐出的就有7.5亿。人们开始用另一种眼光来看他。

洛克菲勒的前半生为金钱迷失了方向，后半生千金散尽，他得到了用金钱买不到的平静、快乐、健康和长寿，以及别人的尊敬和爱戴。

感悟

金钱固然重要，但金钱并不是万能的。如果一个人被金钱蒙住了双眼，便会迷失了自己的世界，也领略不到生活中的真善美，这样的人永远也不会快乐，也永远寻找不到生命的真谛。

钱财乃身外之物，生不带来，死不带去

从前，有一位国王，名叫难陀。这位国王拼命聚敛财宝，希望把财宝带到他的后世去。他心里想："我要把一国的珍宝都收集到我这儿来，不能让外面有一

点剩余。”

　　因为国王贪恋财宝，所以他规定：谁想结交他的女儿，就要带着财宝当见面礼。他吩咐在身边侍候他的人说："要是有人带着财宝来结交我的女儿，把这个人连同他带的财宝一起送到我这儿来！"他用这样的办法聚敛财宝，全国没有一个地方还有金钱宝物，所有的金钱宝物都进了国王的仓库。

　　有一个寡妇，只有一个儿子，她对他极为疼爱。寡妇的儿子看见国王的女儿姿色美丽，容貌非凡，非常喜欢。但是他家里没有钱财，没法结交国王的女儿。为了这事，他生起病来，身体瘦弱，气息奄奄。他母亲问他："你害了什么病，怎会病成这个模样？"

　　儿子把事情告诉了母亲，说："我要是不能和国王的女儿交往，必死无疑。"

　　母亲对儿子说："可是国内金钱宝物，一无所剩，到哪里去弄到宝物呢？"母亲又想了一会，说："你父亲死的时候，口里含有一枚金钱。你要是把坟墓挖开，可以得到那枚钱，自己用那枚钱去结交国王的女儿。"

　　儿子照着母亲的话，就去挖开父亲的坟，从口里取出那枚金钱。他拿到了钱，来到国王女儿那儿。这时国王的女儿便把他连同那枚金钱送去见国王。国王见了，

说："国内所有的金钱宝物，除了我的仓库中，都荡然无存。你在哪里弄到这枚金钱？你今天一定是发现了地下的窖藏了吧！"

国王用了种种刑法，拷打寡妇的儿子，要问清楚他得到钱的地方。寡妇的儿子回答国王说："我真的不是从地下的窖藏中得到这枚金钱的。我母亲告诉我，家父死的时候，口中含着一枚钱。我挖开坟墓，由此得到了这枚钱。"

国王派了个亲信去检查真假。亲信检查过后，相信寡妇的儿子没有说谎。国王听了亲信的报告，心里暗想："我先前聚集一切宝物，想的是把这些财宝带到后世。可是寡妇的丈夫一枚钱尚且带不走，何况我这样多的财宝呢？看来钱财只不过是身外之物而已。"

感悟

虽说没有钱财不行，但千万不要把钱财看得太重，更不要过度追求。因为钱财只不过是身外之物，生不带来死也带不去。

想得到越多的东西，失去的往往就会越多

从前，有一个人很穷，穷得连床也买不起，家徒四壁，只有一张长凳，他每天晚上就在长凳上睡觉。这个人很吝啬，他也知道自己的这个毛病，可就是改不了。

他向佛祖祈祷："如果我发财了，我绝对不会像现在这样吝啬。"

佛祖看他可怜，就给了他一个装钱的口袋，说："这个袋子里有一个金币，当你把它拿出来以后，里面又会有一个金币，但是当你想花钱的时候，只有把这个钱袋扔掉才能花钱。"

那个穷人欣喜若狂，他不断地往外拿金币，整整一个晚上没有合眼，地上到处都是金币。这一辈子就是什么也不做，这些钱已经足够他花的了。

每次当他决心扔掉那个钱袋的时候，都舍不得。于是他就不吃不喝地一直往外拿着金币，屋子里装满了金币。可是他还是对自己说："我不能把袋子扔了，钱还在源源不断地出，还是让钱更多一些的时候，再把袋子扔掉吧！"

　　到了最后，他虚弱得连把钱从口袋里拿出来的力气都没有了，但他还是不肯把袋子扔掉，终于死在了钱袋旁边，屋子里装的都是金币。

　　无论做什么事，都要适可而止，适可而止是一种明智之举；同时，决不可贪得无厌，因为想得到越多的东西，失去的往往就会越多，甚至包括生命。

既要想尽各种办法努力赚钱，也要千方百计节俭

　　洛克菲勒刚开始步入商界之时，举步维艰，他一心想要发财却苦于没有好的办法。有一天晚上，他从报纸看到一则出售发财秘书的广告，高兴至极，第二天急急忙忙到书店去买一本。他迫不及待把买来的书打开一看，只见书内仅印有"节俭"二字，使他大为失望，并且很生气。

洛克菲勒回家后，思想十分混乱，几天寝不成眠。起初，他认为书店和作者在欺骗，一本书只有这么简单的两个字，他想指控他们在欺骗读者。后来，他越想越觉得此书言之有理。确实，要致富发财，除了节俭以外，别无其他方法。这时，他才恍然大悟。此后，他将每天应用的钱加以节省储蓄，同时加倍努力工作，千方百计增加一些收入。如此日积月累，加上合理投资，终于成为美国屈指可数的大富豪。

世界上大多数富豪都十分注重节俭。

美国连锁商店大富豪克里奇，他的商店遍及美国 50 个州的众多城市，他的资产数以亿计，但他午餐从来都是 1 美元左右。

美国克德石油公司老板波尔·克德是一位节俭出了名的大富豪。有一天他去参观狗展，在购票处看到一块牌子写着："17：00 时以后入场半价收费。"克德一看表是 16：40 分，于是他在入口处等了 20 分钟后，才购半价票入场，节省下 25 美分。克德每年收支超过上亿美元，他之所以节省 25 美分，完全是受他节俭习惯和精神所支配，这也是他成为富豪的原因之一。

巨大的财富需要努力追求才能得到，同时也需要杜绝漏洞才能积聚。有些人之所以能够成为富翁，原因在于他们既能想尽各种办法努力赚钱，同时也能千方百计地节省不必要的开支，这样使他们积蓄了钱财，并能使其生意获得更多的盈利。

有多少金钱，就可能产生多大的欲望

一位心理学教授带着学生，就人们对金钱的欲望进行调查。

一天，他们来到街上，正好看到向过往的行人要钱的乞丐，就确定他为调查对象。说明来意，讲清报酬后，他们对乞丐提出明确要求：对提出的问题要实事求是地回答，心里怎么想的，嘴上就怎么答，如果我们断定是说假话，将酌情从

报酬中扣除。乞丐满口应承。

　　教授问的第一个问题是："如果你现在有 10 元钱，你最想干的是什么？"

　　乞丐立即回答："我先跑到熟食店买一只烧鸡，两瓶啤酒，找个僻静的墙根，吃个美、喝个够，再晒着太阳睡上一觉。"

　　"如果现在你有 100 元呢？"

　　乞丐答道："买上两只烧鸡，3 瓶啤酒，把在地铁口要钱的老伴叫上，好好地吃上一顿。然后找个招待所，痛痛快快地洗个澡，再美美睡上一觉。"

　　"如果现在你有 1000 元呢？"

　　乞丐一愣，接着很难为情地答："可我从小到现在从没有过 1000 元。"

　　教授很严肃地说："现在是假如，让你说的是假如。"

　　"那我先要买上一身很好的衣裳，像你们一样体体面面地走在大街上，四处逛逛，看看风景，再不睡在街头了，连个好觉也睡不上。"乞丐很心酸地回答。

　　"如果现在你有 10000 元呢？"

　　乞丐立即来了精神，头一昂高兴地回答："我立马回老家，盖上新房子，置一块好地，春夏种种庄稼，冬天打打麻将。"

　　"如果现在你有 10 万元呢？"

教授急切地问他。乞丐微微一愣，继而满脸生光，幸福顿时溢满脸庞，喜滋滋走到教授身边，悄悄地说："穿金戴银，住别墅、开小车，到歌厅唱唱歌——天下有什么乐事，我都想尝尝。"

教授和学生们听了乞丐的话都面面相觑，随即教授给了乞丐100元钱作为报酬。可是乞丐接过钱并没像他说的那样，立即奔向熟食店，而是笑眯眯地看着教授，仿佛在问还问什么问题，还能给多少钱。

感悟

在现实生活中，金钱和欲望往往是紧密相连的，金钱是水，欲望是船；水落船低，水涨船高。有多少金钱，就会产生多大的欲望，这是普通人的一般心理。如果你想超越普通人，就要抛弃这种欲望无边的心理。

辛辛苦苦去寻找的东西，往往就在我们身边

从前，有一个叫哈费特的人，一天晚上做了个奇怪的梦，梦中有一位白胡子老者告诉他说："如果你能够找到第一块钻石，你将得到整个钻石矿！钻石就在淌着白沙的河里。"

第二天早上醒来，他的脑子里都是钻石的影子。

于是哈费特把他所有的家产换成了钱，然后踏上了寻找钻石的路。他风餐露宿，在外面找了很多年，可连一颗钻石也没找到。当一切希望都破灭的时候，他自杀了。

买下哈费特房子的那个人，有一次在后院的河水中洗衣服。当太阳照过来时，河里的沙子忽然变成白色的，河沙中好象有什么东西在闪闪发光，他挖出来一看，原来是一块天然的钻石。

于是他就拿来铁锹和筛子，把河水中的沙子全都挖了出来，用筛子筛过以后，各种大大小小的钻石纷纷呈现在他的面前，散发着耀眼的光芒。

后来那个人把其中几个大的钻石，献给了维多利亚女王，女王封他做了大官，从此他过上了富裕的生活。

哈费特辛辛苦苦地去寻找钻石，结果什么也没有得到，他哪里想得到，其实钻石就在他家的后院里！

感悟

很多人都在四处奔波，不辞辛苦地寻找一些珍贵的东西，到头来却一无所获。其实，我们所寻找的东西往往就在我们身边，关键在于我们要珍惜自己拥有的东西。

第十一章

真诚待人，建立良好人际关系

每个人都处于一定的社会关系中，都会与人打交道。在交往中，我们要真诚待人，给予别人以帮助，这样才能建立良好的人际关系，无论是对人对己，都是十分有益的。

引导对方自食其力，是对他最好的帮助

美国第十六任总统亚伯拉罕·林肯的继母有个儿子叫詹斯顿，他是一个刚愎自用、好吃懒做的人，他来信向林肯借钱，下面这封信是林肯的回答。

亲爱的詹斯顿：

我想现在不能答应你要80元钱的要求。每次我给你一点帮助，你就对我说："我们现在可以相处得很好了。"但过不了多久我发现你又没钱用了。你之所以这样，是因为你的行为上有缺点。这个缺点是什么，我想你是知道的。你不懒，但你毕竟是一个游手好闲的人。我怀疑自从上次见到你之后，你有没有好好地劳动过一整天。你并不完全讨厌劳动，但你不肯多做。这仅仅是因为你觉得从劳动中得不到什么东西。

这种无所事事、浪费时间的习惯正是整个困难之所在。这对你是有害的，对你的孩子们也是不利的。你必须改掉这个习惯。孩子们还有更长的生活道路，养成良好的习惯对他们更重要。他们从一开始就保持勤劳，这要比他们从懒惰习惯中改正过来容易。现在你需要一些现钱用，我的建议是，你应该去劳动，全力以赴地用劳动去赚取报酬。

让父亲和孩子们照管你家里的事——备种、耕作。你去做事，尽可能地多挣些钱还清你欠的债。为了保证你的劳动有一个合理的优厚报酬，我答应从今天起到明年5月1日，你用自己的劳动每挣1元钱或抵消1元钱的债务，我愿另外给你1元。

这样，如果你每月做工挣 10 元，就可以从我这儿再得到 10 元，那么你做工一月就净挣 20 元了。你可以明白，我并不是要你到圣·路易斯或是去加利福尼亚的铅矿、金矿去，我是要你就在家乡卡斯镇附近做你能找到的有最优厚待遇的工作。

如果你愿意这样做，不久你就会还清债务，而且你会养成不再负债的好习惯，这岂不更好？反之，如果我现在帮你还清了债，你明年又会照旧背上一大笔债。你说你几乎可以为七八十元钱放弃你在天堂里的位置，那么你把你天堂里位置的价值看得太不值钱了，因为我相信如果你接受我的建议，工作四五个星期就能得到七八十元。你说如果我把钱借给你，你就把地抵押给我，如果你还不了钱，就把土地的所有权交给我——简直是胡说！如果你现在有土地还活不下去，你没有土地又怎么过活呢？你一直对我很好，我也并不想对你刻薄；相反地如果你接受我的忠告，你会发现它对你比 10 个 80 元还有价值。

你的哥哥

1848 年 12 月 24 日

帮一个游手好闲的人，如果不从根本上解决其惰性，就只能是一般意义上的接济。要帮就要帮得彻底，要让他明白：靠别人维持生活不是长久之计，一切都要靠自己。诱导对方自食其力，以摆脱其对他人的依赖，是对他最好的帮助。

记住别人的名字，是获得他人好感的好办法

罗斯福还没有被选为总统时，去参加一个盛大的宴会，当时他刚从非洲回来参加竞选，所以，席间坐着许多他不认识的人。但是这些人都是有身份和地位的人，在自己的竞选过程中肯定需要他们的帮忙，如何让宴会上的这些人成为自己的好朋友呢？

罗斯福找到了一个他熟悉的记者，从他那里了解到这些陌生人的名字以及他们的一些情况。然后，他从容地走到每个陌生人旁边，主动地叫出他们的名字，

谈了一些他们感兴趣的事情，此举大获成功。那些本来就对罗斯福有敬仰之心的人，见他连自己的名字都喊得出来，顿时受宠若惊，很快就把罗斯福当做自己的亲近朋友，并成为他后来竞选时的有力支持者。

记住他人名字的重要性，不仅表现在政治上，在生意场上也是十分重要的。美国钢铁大王卡内基就深深懂得这一点，他本人并非是钢铁方面的专家，但他却能够统帅众多的钢铁专家，这与他熟记他人的名字并灵活应用他人名字有关。

卡内基所经营的中央运输公司与普尔门所经营的公司，都要争得联合太平洋铁路卧车经营权。为此，他们互相排挤、削价，失掉了很多获利的机会。有一天晚上，卡内基在圣尼古拉旅馆遇到了普尔门，他说："晚安，普尔门先生，我们两个不是在捉弄自己吗？"

"你是什么意思？"普尔门问道。

于是，卡内基讲出了他心中的想法——将他们双方的利益合并起来。他用鲜明的词句，叙述互相合作而非竞争的彼此利益。普尔门注意静听，但未完全相信。最后他问："这新公司你将叫做什么？"卡内基立即回答："啊，当然是普尔门皇宫卧车公司。"

普尔门的眼睛发起光来。"到我房间里来！"他说，"我们来详细谈谈。"那次谈话创造了实业界的奇迹。

记住别人的名字，是一种最容易掌握的给别人面子的方法，也是一种赞美他人的方式。记住别人的名字，使对方感觉到自己的重要性，这是许多成功人士经常采取的一种策略。

展露自己的真诚，用真诚打动别人

19 世纪法国著名的微生物学家路易斯·巴斯德，用自己的真诚，感动了校长的一家，并如愿以偿地成为了校长的乘龙快婿，成为美谈。

巴斯德在法国斯特拉斯堡大学任教时，认识了校长洛朗的女儿玛丽小姐。见面没多久，巴斯德就被玛丽的美丽端庄、温柔大方所俘虏了，他深深地迷恋上了玛丽小姐，并决定向她求婚。

于是，巴斯德分别给洛朗先生、洛朗太太、玛丽小姐写了求婚信。

在给玛丽小姐的信中，巴斯德写道："亲爱的洛朗小姐，我爱你不是因为你的容貌，也不是因为你是校长的女儿，而是因为你对自然的热爱，你对万物的慈悲。我想，一个如此善良的姑娘，一定会好好照顾她的丈夫的，而我，就非常需要一个可爱的女人的照顾。并且，你做的苹果馅饼非常可口，我想一辈子都享用这种馅饼，可以吗？"

在给洛朗太太的信中，巴斯德写道："敬爱的太太，您生育了一个好女儿，这位姑娘深深地吸引了我。我想，如果我因不能得到她而痛苦不堪时，您也应该负一定的责任，至少您应该感到良心不安，因为您把自己的女儿培养得太优秀了，以至于我根本无法将她割舍下。请允许我来替您照顾她好吗？我需要的只是一个妻子，一个爱自己和被自己爱的姑娘，而您的女儿，我会原封不动地替您保管。请相信我的真诚，我以基督的名义起誓，我会像一个父亲一样照顾她，爱护她。"

在给洛朗先生的信中，巴斯德写道："我应该先把下面的事实告诉您，让您容易决定允许或拒绝。我的家境小康，没有太多的财产。我估计，我的家财不过5万法郎，而且我早已决定把我的一份送给我的姐妹们了。所以，我可以算是一个穷汉。我所拥有的只是健康、勇敢和对科学的热爱，然而，我不是那种为了地位而研究科学的人。"

在信中，巴斯德的言语非常坦率，充分地表达了自己的真诚，并且，字里行间充满了炽热的情感。

最终，洛朗一家接受了他的真诚，成就了一对伉俪。

真诚是人性中一种非常美好、珍贵的感情。每个人都渴望真诚，渴望别人能够诚心诚意地对待自己。当我们对别人付出真诚时，别人也会以同样的方式予以回报。

一颗爱心可以影响别人，甚至可以改变很多人

1921年，路易斯·劳斯出任星星监狱的典狱长，那是当时最难管理的监狱。20年后劳斯退休时，该监狱成为一所提倡人道主义的机构。

研究报告将功劳归于劳斯。当他被问及该监狱改观的原因时，他说："这都由于我已去世的妻子凯瑟琳，她就埋葬在监狱外面。"

凯瑟琳是三个孩子的母亲。当劳斯成为典狱长时，每个人都警告她千万不可踏进监狱，但这些话拦不住凯瑟琳！第一次举办监狱篮球赛时，她带着三个可爱

的孩子走进体育馆，与服刑人员坐在一起。

她的态度是："我要与丈夫一道关照这些人，我相信他们也会关照我，我不必担心什么！"

一名被定有谋杀罪的犯人瞎了双眼，凯瑟琳知道后便前去看望。

她握住他的手问："你学过点字阅读法吗？"

"什么是点字阅读法？"他问。

于是她教他阅读。多年以后，这人每逢想起她还会流泪。

凯瑟琳在狱中遇到一个聋哑人，结果她自己到学校去学习手语。

许多人说她是上帝的化身。1921～1937年，她经常造访星星监狱。

后来，她在一桩交通意外事故中逝世。第二天，劳斯没有上班，代理典狱长管代他的工作。消息似乎立刻传遍了监狱，大家都知道出事了。

接下来的一天，她的遗体被放在棺材里运回家，她家距离监狱30里路。代典狱长早晨散步惊愕地发现，一大群最凶悍、看来最冷酷的囚犯，竟齐集在监狱大门口。每个人的脸上都带着悲哀和难过的眼泪。他知道这些人敬爱凯瑟琳，于是转身对他们说："好了，各位，你们可以去，只要今晚记得回来报到！"然后他打开监狱大门，让一大队囚犯走出去，在没有守卫的情形之下，走30里路去见凯瑟琳最后一面。

结果，当晚每一位囚犯都回来报到。无一例外！

感悟

这世间最能温暖人的不是炉火，不是阳光，而是爱心。爱心具有强烈的感召力，能消除人与人之间的隔阂，能温暖冰冷的心。一颗爱心可以影响别人，甚至可以改变很多人。

做个诚实的人

有一位非常富有但脾气古怪的老绅士，他想要找一个男孩服侍他的饮食起居，帮他做些事情，唯一的要求就是：这个年轻人必须诚实正直。

这位老绅士经常说这样的话："向抽屉里偷看的孩子会试图从里面取出点东西，而在年轻时就偷窃过一分钱的人，长大后总有一天会偷窃一元钱。"

很快老绅士就收到20多封求职信，但他要对这些孩子进行考核，只有符合要求的人才能得到这个工作。

四个精干的小伙子来参加最后的面试，他们来到了老绅士那里。老绅士提前准备了一间房子，他要求四个人逐一进入这个房子，只要在里面的椅子上安静坐一会儿就行。

查尔斯·布朗第一个进入房间。刚开始的时候他非常安静，过了一会儿，他看见桌子上摆放着一个罩子，好奇心让他很想知道这个罩子下面到底是什么，于是他掀起了罩子。一堆非常轻的羽毛飞了起来，于是他又急忙把罩子放下，可是这下更乱了，其余的羽毛被气流吹得满房间都是。老绅士在隔壁的房间看得很清楚，查尔斯无法抵制诱惑，结果可想而知，查尔斯落选了。

亨利·威尔金斯是第二个进入房间的孩子。他刚一走进去就被一盘诱人的、熟透的樱桃吸引了。"这么多樱桃，吃掉一个，别人是不会发现的。"亨利心想。于是他就拿起了一个最大的樱桃放进了嘴里，但是这个樱桃的滋味可不像他想象的那样，而是非常辣，他忍不住喊了起来。其实这些樱桃都是假的，里面全是辣椒。亨利·威尔金斯也被打发走了。

接下来的是鲁弗斯·威尔森。他看到桌子上有个抽屉没有锁，其余的都锁着。于是，他决定拉开那个抽屉看个究竟，但是他刚刚把手放在抽屉把手上，就响起了一阵铃声。老绅士气愤地把他赶出了房间。

最后一个进入房间的男孩名叫哈里。他在房间的椅子上静静地坐了20分钟，什么也没有动。

半个小时后，老绅士非常满意地告诉他："诚实的孩子，你被录取了！"

"屋里那么多新奇的东西，难道你不想动一下吗？"老绅士问。

"不，先生，在没有得到允许之前我是不会动的。"哈里回答道。

后来，哈里一直服侍老绅士。当老绅士去世的时候，留给他很大一笔遗产。从此以后，他过上了充实富裕的生活。

感悟

一个不诚实的人是不受欢迎的人,他很难有立足之地,会处处碰壁。一个诚实的人会得到别人的喜欢,自然会有好的人缘。

宽恕是一种力量,这力量可以改变一个人

一天中午,埃德蒙先生刚到厅门,就听见楼上的卧室有轻微的响声,那种响声对于他来说太熟悉了,是阿马提小提琴的声音。

"有小偷!"埃德蒙先生一步冲上楼,果然,一个大约13岁的陌生少年正在那里摆弄小提琴。

他头发蓬乱,脸庞瘦削,不合身的外套里面好像塞了一些东西。毫无疑问他是一个小偷。埃德蒙先生用结实的身躯挡在了门口。

这时,埃德蒙先生看见少年的眼里充满了惶恐、胆怯和绝望。那是一种非常熟悉的眼神。刹那间,让埃德蒙先生想起了往事……愤怒的表情顿时被微笑所代替。

他问道:"你是丹尼尔先生的外甥琼吗?我是他的管家。前两天,丹尼尔先生说你要来,没想到你来得这么快!"

那个少年先是一愣,但很快就回应说:"我舅舅出门了吗?我想先出去转转,

待会儿再回来。"

埃德蒙先生点点头，然后问那位正准备将小提琴放下的少年："你也喜欢拉小提琴吗？"

"是的，但拉得不好。"少年回答。

"那为什么不拿着琴去练习一下，我想丹尼尔先生一定很高兴听到你的琴声。"他语气平缓地说。少年疑惑地望了他一眼，但还是拿起了小提琴。

临出客厅时，少年突然看见墙上挂着一张埃德蒙先生在歌德大剧院演出的巨幅彩照，身体猛然抖了一下，然后头也不回地跑远了。

埃德蒙先生确信那位少年已经明白是怎么回事，因为没有哪一位主人会用管家的照片来装饰客厅。

那天黄昏，回到家的埃德蒙太太察觉到异常，忍不住问道："亲爱的，你心爱的小提琴坏了吗？"

"哦，没有，我把它送人了。"埃德蒙先生缓缓地说道。

"送人？怎么可能！你把它当成了你生命中不可缺少的一部分。"埃德蒙太太有些不相信。"亲爱的，你说的没错。但如果它能够拯救一个迷途的灵魂，我情愿这样做。"

看见妻子并不明白他说的话，他就将经过告诉了她，然后问道："你觉得这么做有什么不对吗？"

"你是对的，希望真的能对这个孩子有所帮助。"妻子缓缓地说道。

三年后，在一次音乐大赛中，埃德蒙先生应邀担任决赛评委。最后，一位叫里特的小提琴选手凭借雄厚的实力夺得了第一名！评判时，他一直觉得里特似曾相识，但又想不起在哪里见过。

颁奖大会结束后，里特拿着一只小提琴匣子跑到埃德蒙先生的面前，脸色绯红地问："埃德蒙先生，您还认识我吗？"埃德蒙先生摇摇头。

"您曾经送过我一把小提琴，我一直珍藏着，直到有了今天！"里特热泪盈眶地说，"那时候，几乎每一个人都把我当成垃圾，我也以为自己彻底完了，但是您让我在贫穷和苦难中重新拾起了自尊，心中再次燃起了改变逆境的熊熊烈火！今天，我可以无愧地将这把小提琴还给您了……"

里特含泪打开琴匣，埃德蒙先生一眼瞥见自己的那把阿马提小提琴正静静地躺在里面。他走上前紧紧地搂住了里特，三年前的那一幕顿时重现在埃德蒙先生的眼前，埃德蒙先生眼睛湿润了，少年没有让他失望。

当别人做错事的时候，巧妙地宽恕对方往往是最好的处理方法。因为，宽恕是一种力量，这种力量可以将邪恶的阴霾驱散并唤回真挚的善良，这种力量可以改变一个人。

站在对方的立场上看问题，才能做到知彼制胜

人们在交往的过程中，总会产生分歧。松下幸之助总希望缩短与对方沟通的时间，提高会谈的效率，但却一直因为双方存在不同意见、说不到一块儿而浪费大量时间。他知道，对方也是善良的生意人，彼此并不想坑害对方。

在他 23 岁那年，有人给他讲了一则故事：

某个犯人被单独监禁。他的鞋带和腰带已经被拿走了，以免他伤害自己。这个不幸的人用左手提着裤子，在单人牢房里无精打采地走来走去。他提着裤子，不仅是因为他失去了腰带，而且失去了15 磅的体重。从

铁门下面塞进来的食物是些残羹剩饭,他拒绝吃。一天,当他用手摸着自己的肋骨的时候,他嗅到了一种万宝路香烟的香味。他喜欢万宝路这种牌子。

通过门上一个很小的窗口,他看到门廊里那个孤独的卫兵深深地吸了一口烟,然后美滋滋地吐出来。这个囚犯很想要一支香烟,所以,他用他的右手指关节客气地敲了敲门。

卫兵慢慢地走过来,傲慢地哼道:"想要什么?"

囚犯回答说:"对不起,请给我一支烟……就是你抽的那种:万宝路。"

卫兵认为囚犯是没有这个权利的,所以,他嘲弄地哼了一声,就转身走开了。

这个囚犯却不这么看待自己的处境。他认为自己有选择权,他愿意冒险检验一下他的判断,所以他又用右手指关节敲了敲门。这一次,他的态度是威严的。

那个卫兵吐出一口烟雾,恼怒地扭过头,问道:"你又想要什么?"囚犯回答道:"对不起,请你在30秒之内把你的烟给我一支。否则,我就用头撞这混凝土墙,直到弄得自己血肉模糊,失去知觉为止。如果把我从地板上弄起来后,让我醒过来,我就发誓说这是你干的。当然,他们决不会相信我。但是,想一想你必须出席每一次听证会,你必须向每一个听证委员会证明你自己是无辜的;想一想你必须填写一式三份的报告;想一想你将卷入的事件吧,所有这些都只是因为你拒绝给我一支万宝路!就一支烟,我保证不再给你添麻烦了。"

卫兵会从小窗里塞给他一支烟吗?当然给了。他替囚犯点烟了吗?当然点上了。为什么呢?因为这个卫兵马上明白了事情的得失利弊。

松下幸之助先生听完故事立刻联想到自己:如果我站在对方的立场看问题,不就可以知道他们在想什么、想得到什么、不想失去什么了吗?

仅仅是转变了一下观念,学会站在对方的立场看问题,松下幸之助立刻获得了一种快乐——发现一项真理的快乐。后来,他把这条经验教给松下的每一个员工。

松下电器公司能在一个小学没读完的农村少年手上迅速成长为世界著名的大公司,就与这条人生哲学有很大关系。这条哲学很简单:站在对方的立场看问题。

松下幸之助在做生意的过程中,总结出了一条重要的人生经验:站在对方的立场看问题。

我们知道，只有知己知彼，才能百战百胜。知己容易，知彼难。怎样才能做到知彼呢？其实说起来也很简单，那就是要站在对方的立场上看问题。只有站在对方的立场上看问题，才能做到知彼制胜。

一个人能被别人相信，也是一种幸福

有一艘货轮，正在烟波浩淼的大西洋上行驶。

一个在船尾搞勤杂的黑人小孩，不慎掉进了波涛滚滚的大西洋。孩子大喊救命，无奈风大浪急，船上的人谁也没有听见，他眼睁睁地看着货轮托着浪花越来越远……

求生的本能使孩子在冰冷的水里拼命地游，他用全身的力气挥动着瘦小的双臂，努力使头伸出水面，睁大眼睛盯着轮船远去的方向。

船越来越远，船身越来越小，到后来，什么都看不见了，只剩下一望无际的汪洋。孩子力气也快用完了，实在游不动了，他觉得自己要沉下去了。

"放弃吧！"他对自己说。这时候，他想起了老船长那张慈祥的脸和友善的眼神。不，船长知道我掉进海里后，一定会来救我的！想到这里，孩子鼓足勇气用生命的最后力量又朝前游去……

船长终于发现那黑人孩子失踪了，当他断定孩子是掉进海里后，下令返航，回去找。

这时，有人规劝："这么长时间了，就是没有被淹死，也让鲨鱼吃了……"船长犹豫了一下，但还是决定回去找。

又有人说："为一个黑人孩子，值得吗？"

船长大喝一声："住嘴！"

终于，在那孩子就要沉下去的最后一刻，船长赶到了，救起了孩子。

孩子苏醒过来之后，跪在地上感谢船长的救命之恩。

船长扶起孩子问："孩子，你怎么能坚持这么长时间？"

孩子回答："我知道你会来救我的，一定会的！"

"怎么知道我一定会来救你的？"

"因为我知道你是那样的人！"

听到这里，白发苍苍的船长扑通一声跪在黑人孩子面前，泪流满面："孩子，不是我救了你，而是你救了我啊！虽然我现在很幸福——因为你在绝望时还那么地相信我，但我却为我在那一刻的犹豫而感到羞耻……"

感悟

一个人能够被别人相信——尤其是当别人陷入绝境时，被别人相信，说明这个人在别人心目中有着良好的品德，并能间接地体现出自己的价值，这也是一种幸福。

最能打动人心的不是金钱，而是温暖的爱

有一家房地产开发公司决定收购一片地，修建一座大型的购物中心。项目开始进行得很顺利，所需要的土地大部分都买到了产权，但是在关键地段有一户人家，

却怎么也不愿意卖出自己的房子。

　　那座房子的所有人是一位寡居的老婆婆。尽管公司开出的收购价格很高，但老婆婆仍不为所动，公司多次派人和她商谈，她还是不愿卖出这栋已经住了很多年的房子。由于房子位于该区域的中心位置，即使修改规划也无法绕过，这个项目就此陷入了僵局。公司很头疼，老婆婆也不堪其扰。一个冬天的傍晚，天上飘着雪，非常冷。老婆婆外出买完东西后，就专门绕道来到这家公司，想告诉他们房子是无论如何也不会卖的。

　　来到公司门口，一位年轻的女服务生打开门，微笑着迎她进来，接过她带的伞和包，然后拿出一双棉拖鞋，蹲下来给她换上，这才领她到接待处坐下来。过了一会儿，那个女孩子又走过来递给她一个暖手的小暖炉，笑着说："天太冷了，您拿着暖暖手吧。"

　　老婆婆那颗似乎被屋外寒冷的空气冻住的心，在温暖的屋子里让这个女孩子脸上的微笑融化了。看着脚上那双厚厚的拖鞋，手中握着的暖炉，老婆婆忽然失去了来时的那份坚决。这时候经理出来了，连忙招呼老婆婆进办公室，老人家摆摆手，没说什么就离开了，留下了莫名其妙的经理。

第二天，这位经理忽然接到老婆婆的电话，说她愿意把房子卖掉。对公司来讲这可真是莫大的喜讯，他们赶忙准备好一切来到老婆婆家，生怕她改变主意。

签好合约后，经理忍不住问道："请问是什么令您改变了主意？一直以来您的态度都很强硬，我们几乎要放弃了。"

老婆婆回答说："我和老伴在这里住了几十年，前几年他走了，这个屋子有我们一辈子的回忆，我实在是舍不得离开。昨天去你们公司，门口那个女孩子替我换拖鞋时，笑得那么温暖，还想到给我用暖炉暖手，一点也没有因为我是个没什么用处的老家伙而怠慢。很久以来，我都没有遇到这么有爱心，这么善良的人了，我真的很感动。有这么好的员工，我想公司应该可以建很漂亮的大楼，给更多的人提供方便吧！"

经理这才恍然大悟。后来，经理不仅赞扬了那位女孩，还把这个案例在全公司推广。

感悟

很多时候，金钱并不能打动人心，最能打动人心的不是金钱，而是温暖的爱。如果你想打动某个人的心，那么最好的办法就是付出你的爱，这爱或许只是一句问候，或许只是一个微笑……

每一个善意的举动，都是自身人格魅力的一次壮大

他的父亲是位大庄园主。7 岁之前，他过着优裕的生活。20 世纪 60 年代，他所生活的那个岛国，突然掀起了一场革命，他失去了一切。

当家人带着他在美国的迈阿密登陆时，全家所有的家当，是他父亲口袋里的一叠已被宣布废止流通的纸币。

为了能在异国他乡生存下来，从 15 岁起，他就跟随父亲打工。每次出门前，父亲都这样告诫他："只要有人答应教你英语，并给一顿饭吃，你就留在那儿给人家干活。"

他的第一份工作是在海边小饭馆里做服务生。由于他勤快、好学，很快得到老板的赏识。为了能让他学好英语，老板甚至把他带到家里，让他和他的孩子们一起玩耍。

一天，老板告诉他，给饭店供货食品的公司将招收营销人员，假若乐意的话，他愿意帮助引荐。于是，他获得了第二份工作，在一家食品公司做推销员兼货车司机。

临去上班时，父亲告诉他："我们祖上有一遗训，叫'日行一善'。在家乡时，父辈们之所以成就了那么大的家业，都得益于这四个字。现在你到外面去闯荡了，最好能记着。"

也许就是因为那四个字，当他开着货车把燕麦片送到大街小巷的夫妻店时，他总是做一些力所能及的善事，比如帮店主把一封信带到另一个城市；让放学的孩子顺便搭一下他的车。就这样，他乐呵呵地干了四年。

第五年，他接到总部的一份通知，要他去墨西哥，统管拉丁美洲的营销业务。后来的事，似乎有点顺理成章了。他打开拉丁美洲的市场后，又被派到加拿大和亚太地区；1999年，被调回了美国总部，任首席执行官。

就在他被美国猎头公司列入可口可乐、高露洁等世界性大公司首席执行官的候选人时，美国前总统布什在竞选连任成功后宣布，提名他出任下一届政府的商务部部长。他就是卡罗斯·古铁雷斯。

凡真心助人者，最后没有不帮到自己的。一个人的命运，并不一定取决于某一次大的行动，更多的时候，取决于日常生活中的一些小小的善举。可以说，每一个善意的举动，都是自身人格魅力的一次壮大，都是在帮助自己。

不要吝惜你的微笑，它是一个人美好心灵的反映

珍妮是个普通的美国女孩，既无背景，也无技术专长。美国联合航空公司招聘员工，珍妮带着她的微笑走进了面试间。面试开始了，主考官却是背对着珍妮

说话的。珍妮有几分不解，但她还是自信、愉快地回答了所有提问。最后，主考官转过身来，对她解释道，因为她的工作将借助电话来完成有关预约、取消、更换或确定飞机航班等事宜，他背对着她，并非无视她的存在，而是在体会、感觉她的声音里是否加进了微笑。答案是肯定的，珍妮被录用了。这以后，通过电话，顾客们感到珍妮的微笑一直伴随着他们。

奇宾·当斯是美国底特律最受欢迎的电台节目主持人之一。他的节目收听率极高，他的知音不仅遍布底特律地区，而且遍及全美国。当问到人们为何喜欢收听他的节目时，有的听众说，他的声音带着微笑；也有听众说，我们透过他的声音看到了他的微笑。曾有听众要求见见当斯，想目睹他的微笑。结果，这位听众如愿以偿了。当他看到声音和面部微笑如一的当斯时，兴奋地说："当斯，你的微笑和我们听你的广播时所想象的一模一样。"当斯称，这种发自内心的、穿透声音的微笑让他收获了意想不到的快乐。

微笑是一个人美好心灵的反映，我们不仅能通过视觉看到它，而且能通过声音感受到它。浸润着微笑的声音，传递着友好、和善、甜美和一切美好的东西，它让人感到亲切，使人愿意亲近。所以，不要吝惜你的微笑，用它去感染别人吧！

知道自己很重要，才能充分地实现出自己的价值

第二次世界大战之后，日本的经济深受影响，不仅失业人口骤增，许多工厂也纷纷倒闭。其中，有一家食品公司也面临这次危机，濒临歇业。但是，没想到这家公司，却在几个月后起死回生。

当时，公司准备裁掉三分之一的员工，其中有三个部门将被裁撤，一是清洁部门，一是货运部门，最后一个是没有任何技术能力的仓管人员。这三个部门的员工加起来，总共三十多人。

为了安抚这些被裁退的员工，总经理亲自找他们面谈，并且详细说明裁员的原因。没想到这一面谈，却让总经理听到员工们的另一种声音，最后决定不裁员了。

清洁工说："我们很重要啊！没有我们的打扫，工作环境就无法维持卫生，公司内部也会变得乱七八糟，你们怎么能够全心投入工作呢？"

司机则说："我们非常重要啊！这些产品如果没有我们的运送，怎么有办法迅速在市场上铺货呢？"

仓管员工也说："我们更重要了，战争刚结束，很多人处于饥饿状态，如果没有我们管理分配，这些食品肯定会被流浪街头的乞丐们偷光！"

总经理听完之后，认为他们的话很有道理，便召开临时会议，决定不再裁员，重新制定管理法则。

最后，总经理在工厂的入口处，挂了一块很大的匾额，上面写着四个字："我很重要。"

从此以后，每天早上所有的员工进门的第一眼，便是看见"我很重要"这四

个大字。

因为这个"第一眼"的刺激，不管哪个部门的员工，每天都非常卖命地认真工作，公司的业绩也因此飞速增长。

几年之后，这家食品公司便跃居日本同类食品市场的第一位。

感悟

当生活或工作处于低潮时，不管过得多么不如意，都要告诉自己："我很重要。"有"我很重要"这样的意识，才能增强自信心，才能更充分地体现出自己的价值，进而走出困境。

第十二章
>>

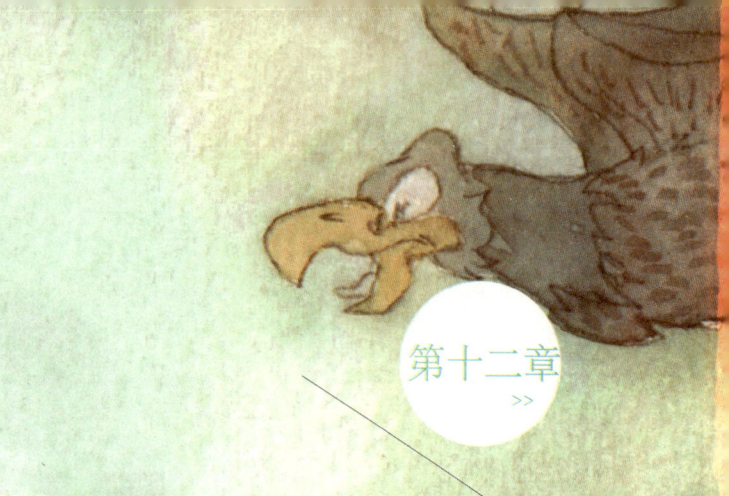

凡事都要有度，一切都要适可而止

无论做什么事都要有度，这个度就是做事的分寸。尤其在某些欲望面前，更应懂得适可而止的道理。无数事实已证明：欲望过度，得到的往往最少。

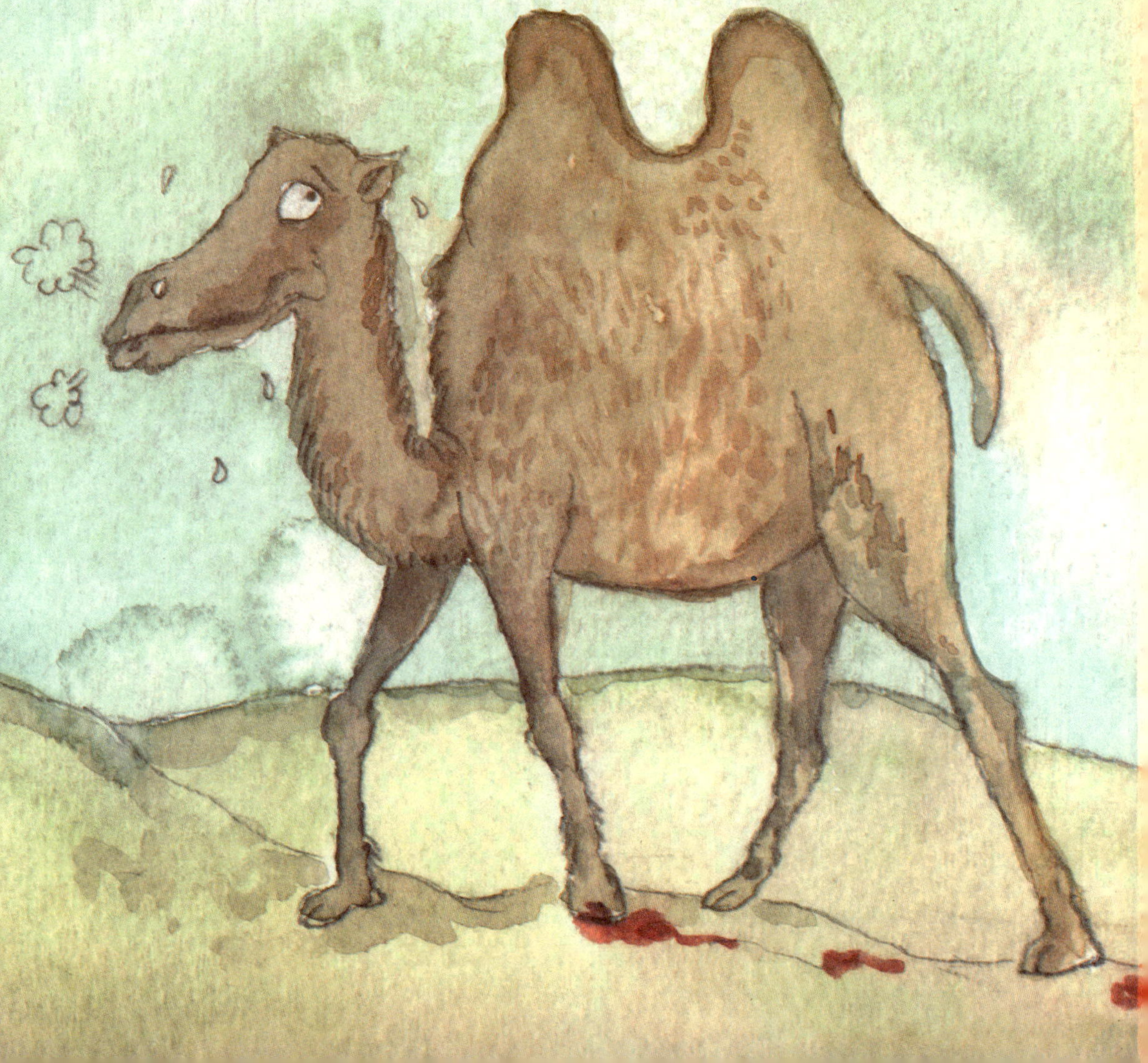

凡事争则不足，让会有余

在一个原始森林里，一条巨蟒和一头豹子同时盯上了一只羚羊。豹子看着巨蟒，巨蟒看着豹子，各自打着"算盘"。

豹子想："如果我要吃到羚羊，必须首先消灭巨蟒。"

巨蟒想："如果我要吃到羚羊，必须首先消灭豹子。"

于是几乎在同一时刻，豹子扑向了巨蟒，巨蟒扑向了豹子。

豹子咬着巨蟒的脖颈想："如果不下力气咬，我就会被巨蟒缠死。"

巨蟒缠着豹子的身子想："如果不下力气缠，我就会被豹子咬死。"

于是双方都死命地用着力气。

最后，羚羊安详地踱着步子走了，而豹子与巨蟒却双双倒地。

猎人看了这一场争斗甚是感慨,说："如果两者同时扑向猎物，而不是扑向对方，然后平分食物，两者都不会死；如果两者同时走开，一起放弃猎物，两者都不会死；如果两者中一方走开，一方扑向猎物，两者都不会死；如果两者在意识到问题的严重性时互相松开，两者也都不会死。"

感悟

由于某些原因，人们往往把本该具备的谦让转化成了你死我活的争斗，而生活中的各种悲哀也常常是由争斗而起的。谦让是一种美德。凡事争则不足，让会有余。让一让，人与人之间的关系才能和谐，我们的世界才会更加美好。

凡事都要有度，一切都要适可而止

佛下山普及佛法，在一家店铺里看到一尊释迦牟尼像，青铜所铸，形体逼真，神态安然，佛大悦。佛想：若能带回寺里，开启其佛光并供奉，真乃一件幸事。可店铺老板要价 5000 元，分文不能少，加上见佛如此钟爱它，更加咬定原价不放。

佛回到寺里对众僧谈起此事，众僧很着急，问佛打算以多少钱买下它。

佛说："500 元足矣。"

众僧叹息不止："那怎么可能？"

佛说："天理犹存，当有办法，万丈红尘，芸芸众生，欲壑难填，得不偿失啊。我佛慈悲，普度众生，当让他仅仅赚到这 500 元！"

"怎样普度他呢？"众僧不解地问。

"让他忏悔。"佛笑答。众僧更不解了。佛说："只管按我的吩咐去做就行了。"

第一个弟子下山去店铺里和老板砍价，弟子咬定 4500 元，未果回山。

第二天，第二个弟子下山去和老板砍价，咬定 4000 元不放，亦未果回山。

就这样，直到最后一个弟子在第九天下山时所给的价已经低到了200元。眼见着一个个买主一天天离去、一个比一个价给得低，老板很是着急，每一天他都后悔不如以前一天的价格卖给前一个人了，他深深地怨责自己太贪。

到第十天时，他在心里说，今天若再有人来，无论给多少钱我也要立即出手。

第十天，佛亲自下山，说要出500元买下它，老板高兴得不得了——竟然反弹到500元！当即出手，高兴之余另赠佛龛一具。

佛得到了那尊铜像，谢绝了佛龛，单掌作揖笑曰："欲望无边，凡事有度，一切适可而止啊！善哉，善哉……"

感悟

无论做什么事都要有度，这个度就是做事的分寸。尤其在某些欲望面前，更应懂得适可而止的道理。无数事实已证明：欲望过度，得到的往往越少。

不要看重表面的浮华，更不要过于重视名利的得失

一只猫饱餐了一顿，顾不上洗脸，打了一个哈欠，呼呼睡着了，鼻子上还沾着奶油呢。这时一只饥肠辘辘的老鼠，寻着奶油的香味，来不及看清周围的境况，莽莽撞撞张开嘴就咬，"哎哟！"一声惨叫，被疼痛惊醒的猫，还没弄清怎么回事，就吓得早已逃之夭夭了。消息传开，这位莽撞老鼠在鼠国家喻户晓，它被同伴们视为无畏的勇士，成了鼠类的骄傲。

"您为我们出了一口气，以前只有我们见猫逃的事，今天竟然是猫逃走了。在我们鼠类历史上还是第一次，您将永垂史册。"老鼠国的所有成员都夸奖它。

从此，无论这位鼠英雄走到哪里，哪里都有鲜花和欢呼围绕，还有漂亮的鼠小姐们对它频送秋波，脉脉含情。就这样，这位英雄也慢慢地相信自己真的是猫的克星，不知不觉就变得趾高气扬起来。

谁知没过多长时间，这只鼠勇士又碰上了那只倒霉的猫，它暗自高兴，这次又可以大显身手了，再给猫一个重创，抓瞎它的眼睛，用更大的胜利赢得更高的荣誉与尊敬。可是它怎能是猫的对手？这次不仅没逮着便宜，反而被对方咬得遍体鳞伤，尾巴也被咬了半截。若不是侥幸凭借一点机灵，险些性命都难保了。

这倒霉的消息也不胫而走，又轰动了整个鼠国。这次大家却不是用鲜花和欢呼迎接它，取而代之的却是铺天盖地的咒骂和唾沫："懦夫！小丑！真是丢脸……"

往日的英雄再没有人理睬，就是走路也得藏着半截尾巴，低着脑袋。

感悟

不要看重事物表面的浮华，更不要过于重视名利的得失。做什么事都要量力而行，做个有自知之明的人，才是聪明人。面对外来的批评和赞美，最重要的是要保持一颗明镜一样的心。

情况越有利的时候，我们越应该提高警惕

猎人捕获过各种各样的动物，唯独没有捕获过狐狸。因为这种动物太狡猾，奔跑速度也不慢。往往猎人刚端起枪，狐狸就跑得无影无踪。

可是，猎人决意与狐狸一比高低。他知道在一座山上有一只老狐狸，于是他备足枪弹上了山，在狐狸经常出没的草丛里藏了起来。

狐狸真的来了，它跳到岩石上逡巡一阵，锐利的目光立刻发现草丛里有不速之客。它意识到猎人的目标不是别的动物而是自己，这一回它不跑了。它相信自己绝顶聪明，有敏捷的反应和判断能力，只要猎人一有动静，它就会逃之夭夭。

狐狸做了个假动作，猎人果然开了枪，把它面前的土打得乱飞。狐狸为自己的计谋得逞而哈哈大笑："嘿嘿，就你这点水平，还想打我？笑话！"

猎人没有理会狐狸的嘲笑，继续瞄准射击。"砰！""砰砰！""砰砰砰！"射出的子弹全部落空。

狐狸得意地笑了。它把身边的一块圆石头滚下山崖，石头飞快地滚着。猎人以为狐狸跑了，马上站起来就追。他被缠绕的草绊了一下，跌了一跤。猎人的脑门跌了个大包，手也有些颤抖，满身草屑，十分狼狈。

狐狸站在岩石上，笑得合不拢嘴，它一边高兴地跳着舞蹈，一边大叫道："哈哈哈！看你那熊样儿，子弹快用完了吧？接着再来，我愿奉陪到底！"

猎人揉了揉脑袋，边上子弹边对狐狸说："你可以嘲笑我，因为我确实很难打中你。即使如此，我失误一次，损失的不过是一颗子弹；而你只要一次失误，损失的就是你的生命。"

狐狸的脸色变了，强烈的危机感包围了它。它抖动身上的毛，打算远远逃开，可是刚才舞蹈的时间太长了，它的手脚有些酸软，此时猎人扣动了扳机。

子弹射中了狐狸的心脏。它重重地摔在了地上，临死前的那一刹那，它十分后悔——因为，原本它是有机会逃走的。

俗话说，骄兵必败。所以，在任何时候我们都不能骄傲，更不要得意忘形，被眼前暂时的胜利冲昏了头脑。在情况越有利于自己的时候，我们越应该提高警惕，以免发生不利于自己的事情。

过于争强好胜，会把精力浪费在无谓的竞争中

猴子发现老虎向山上走去，心想，山上一定有鲜美的桃林，否则，老虎就不会离开家园，不辞辛苦地向山上爬的。

猴子抄近路，飞一般地抢在老虎的前面。翻过一座山后，果然有一片桃林出现在眼前。猴子怕老虎跟上来与它争吃桃子，赶快爬到树上，抓着树枝把桃子全摇落下来，然后转移到草丛中。

猴子躲藏在一旁的大树后面偷偷观察着老虎的行动。而老虎从这里经过时仍是一步一个脚印地走着。猴子的心中又暗暗嘀咕起来：前面一定有更美好的桃林，要不，老虎还会继续前行吗？

猴子又抄近路，飞一般地抢在老虎前面，果然，又一片更大更好的桃林出现在它的眼前。它赶快摇落了树上的桃子，藏在草丛中……

老虎仍然一步一步地走着自己的路。在一座四周极开阔的山头上，老虎停了下来。它四下张望，山上山下所有的动物的活动情况都尽收眼底。它选准了自己要猎取的目标、角度、时机，风暴般地扑了上去……

这时，躲在不远处偷看的猴子才明白：原来老虎所要寻找的并不是桃子。因此，猴子赶快顺着原路向回跑，可是，那一堆堆藏在草丛中的桃子已被蚂蚁、虫子糟蹋得不成样子，有的已被别的动物搬走了，有的已经腐烂了。

在人生的道路上，任何人都不能没有自己的追求，但如果过于争强好胜，处

处都想占尽先机，就会把精力浪费在无谓的竞争中。这样，非但不能达到自己的目的，反而会使自己失去一些原本可能得到的东西。

为了一点小事而生气，往往会造成严重的后果

一只骆驼在沙漠里跋涉着。正午的太阳像一个大火球，晒得它又饿又渴，焦躁万分，一肚子火不知道该往哪儿发才好。

正在这时，一块玻璃碎片把它的脚掌硌了一下，疲累的骆驼顿时火冒三丈，抬起脚狠狠地将碎片踢了出去。却不小心将脚掌划开了一道深深的口子，鲜红的血液顿时染红了沙粒。

生气的骆驼一瘸一拐地走着，一路的血迹引来了空中的秃鹫。它们叫着在骆驼上方的天空中盘旋着。骆驼心里一惊，不顾伤势狂奔起来，在沙漠上留下一条长长的血痕。跑到沙漠边缘时，浓重的血腥味引来了附近沙漠里的狼，疲惫加之流血过多，无力的骆驼只得像只无头苍蝇般东奔西突，仓皇中跑到了一处食人蚁

的巢穴附近，鲜血的腥味儿惹得食人蚁倾巢而出，黑压压的向骆驼扑过去。一眨眼，就像一块黑色的毯子一样把骆驼裹了个严严实实。

不一会儿，可怜的骆驼就鲜血淋漓地倒在地上了。

临死前，这个庞然大物追悔莫及地叹道："我为什么跟一块小小的碎玻璃生气呢？"

感悟

在生活中，经常会有些小事让我们感到不舒服，这时一定要保持自己内心的平静，不要动不动就为了一点小事而大动肝火。为了一点小事而生气不但与事无补，往往还会因此造成无法弥补的严重后果。

应该坦率地面对一切，不要为了要面子而活受罪

乌鸦和喜鹊各占一个山头作为领地。

乌鸦的山头长满各种各样的奇花异草，远远望去，是一座十分美丽的大花园。喜鹊的山头长着各种树木，绿树成荫，十分壮观。乌鸦时常望着对面的山想："还是喜鹊的山头好，自己的山头全是乱七八糟的草，没有一棵成材的东西。"喜鹊望着对面的山头想："还是乌鸦的山头好，我这山头全是硬邦邦的大树，一点也不温馨。"

乌鸦提出要同喜鹊换领地，这个想法正中喜鹊下怀，它们一拍即合，便交换了领地。

乌鸦飞到喜鹊的领地，一开始感到很新鲜，但不久便发现了新领地的不足，此地没花没草，太单调了。乌鸦很快就后悔了。喜鹊飞到乌鸦的领地后，一开始感到很满意，但不久发现没有高大的树木栖身，难受极了。它也后悔了。

为了不让对方发现自己后悔，它们白天装着快乐的样子，晚上却彻夜难眠，痛苦不堪。时间长了，它们都知道了相互的真实处境，但谁也不点破。就这样，痛苦伴随了它们一生。

某些东西，得不到的时候感觉它是最美好的，而一旦拥有，就会发现其缺点和不足。我们一定要珍惜现在拥有的一切，即使有一天失去了，我们也应该坦率地承认，决不能死要面子活受罪。

看到自己的优点的同时，更要看到自己的弱点

在西方国家，广为流传着一个关于鸵鸟的故事。

一天，一只具有权威、态度严厉的老鸵鸟向年轻的鸵鸟讲演，说它们比其他一切物种都优越。所有的听众都大叫起来："说得好，说得好！"只有富有思想的鸵鸟奥利弗没有欢呼。它说："我们也是有缺点的，比如，我们不能像蜂鸟那样向后飞。"

"蜂鸟向后飞是撤退，"老鸵鸟说，"我们向前走是前进，我们永远向前进。"

"说得好，说得好！"其他所有鸵鸟都叫喊起来，除了奥利弗。

"我们用 4 个脚趾走路，而人类需要 10 个。"这个老鸵鸟提醒它的学生说。

"可是，人可以坐着飞行，而我们却根本不可能。"奥利弗说。

老鸵鸟严厉地看了看奥利弗："人飞得太快，因为地球是圆的，所以后者很快就赶上前者，并且会发生相撞！"

"说得好，说得好！"其他的鸵鸟又叫喊起来，除了奥利弗。

"在危险的时刻，我们可以把头埋进沙子里，而使自己什么也看不见。"老鸵鸟慷慨激昂地说，"别的物种都不能这样。"

"我们怎么能知道我们看不见别人，而别人不能看见我们呢？"奥利弗问道。

"胡扯！"老鸵鸟叫道。

除了奥利弗，其他的鸵鸟也跟着喊叫："胡扯！"但它们并不知道"胡扯"是什么意思。

就在这时，鸵鸟们突然听到一阵奇怪的声音，并且越来越近，这是一群大象正迅速向这边飞奔。惊恐万状的老鸵鸟及其他鸵鸟都迅速地把头埋进沙子里，奥利弗则迅速躲在了一块巨石后面。等象群过后，奥利弗看到一片片的白骨和鸵鸟毛——这些都是那个自以为比其他物种都优越的鸵鸟留下的。

看到自己的优点，让自己有一种优越感，这是件好事。但是，在看到自己的优点的同时，一定还要看到自己的弱点。因为，很多事情之所以会失败，和优点没有关系，但却是由弱点所赐。

地狱和天堂之间的距离，或许仅一墙之隔

罗尼因误伤他人被判入狱 5 年，女友因此要跟他分手，罗尼想再见她一面，于是开始暗暗琢磨逃跑计划。他用一张报纸作掩护，花了一个多月的时间，终于用勺子将墙上的一块砖掏空了一半。

一天，狱警卡托例行检查的时候，无意中发现了这个秘密，但没有揭穿此事，

而是小声地对罗尼说："你知道墙那边是什么吗？"

罗尼战战兢兢地回答："外……外面是自由……"

卡托微微一笑："傻瓜，外边是死刑室。"

很快，卡托给罗尼换了一间囚室，罗尼也没有再动过逃跑的念头。5年后，罗尼出狱了，他开了一家小咖啡馆，日子过得也算安稳。

这天，罗尼在咖啡馆里忙活，一个穿着体面但神情沮丧的男子走了进来，要了一杯威士忌。当罗尼把威士忌端给他的时候，突然惊呼起来："卡托警官，是你吗？"

那名男子愣了一下，显然已经认不出罗尼了。"我是罗尼啊！"罗尼兴奋地说，"谢谢你当年没有揭穿我挖砖的事，要不然我现在可能还在监狱里蹲着呢！"

卡托喝了一口酒，慢慢地说："是吗？祝贺你获得了新生！可是，因为那块砖，我却进监狱了。"

罗尼大吃一惊，赶紧问："怎么回事？"

卡托面无表情地说出了事情的原委。

原来，当年卡托给罗尼换了牢房，并没有将砖头补上。后来他因为经济上的麻烦，每次等新搬进去的犯人一动那块砖，他就暗示他们贿赂自己，不然就会背上越狱的罪名。一次、两次、三次……

卡托说："知道我今天为什么穿得这么体面吗？因为下午我就要上法庭了。"

他一口喝尽杯中剩下的酒，叹息道："一块砖头，两种命运。这可真有意思，不是吗？"

感悟

任何事物都有正反两个方面，这两个方面就是两个完全不同的世界，很可能一边是天堂，而另一边就是地狱。所以，无论做什么事都要学会克制自己，否则原本的好事很可能就会变成坏事。

第十三章

换一个角度看问题，很多事都可以坦然面对

　　遇到不愉快的事情，换一个角度看问题，很多事都可以坦然面对。其实，生活中本就没有什么事情是值得我们去伤感的。随时丢掉生活中负面情绪，我们才能轻装上阵，才能活得更好、更轻松

不管发生什么事，我们都应认为是最好的安排

从前，有一个国家地不大、人不多，人民过着悠闲快乐的生活。

国王没有什么不良嗜好，除了打猎以外，最喜欢与宰相微服私访。宰相除了处理国务以外，就是陪着国王下乡巡视，如果是他一个人的话，他最喜欢研究宇宙人生的真理，他最常挂在嘴边的一句话就是"一切都是最好的安排"。

有一次，国王兴高采烈地到大草原打猎，随从们带着数十条猎犬，声势浩荡。随从看见国王骑在马上，威风凛凛地追逐一头花豹，都不禁赞叹国王勇武过人！花豹奋力逃命，国王紧追不舍，一直追到花豹的速度减慢时，国王才从容不迫弯弓搭箭，瞄准花豹，"嗖"的一声，利箭像闪电似的，一眨眼就飞过草原，不偏不倚钻入花豹的脖子，花豹惨嘶一声，倒在地上。

国王很开心，他看着花豹躺在地上许久都毫无动静，一时失去戒心，居然在随从尚未赶上时，就下马检视花豹。谁想到，花豹就是在等待这一瞬间，使出最后的力气，突然跳起来向国王扑过来。国王一愣，看见花豹张开血盆大口咬来，他下意识地闪了一下，心想："完了！"

还好，随从及时赶上，立刻发箭射入花豹的咽喉，国王觉得小指一凉，花豹就闷不吭声地趴在地上，这次真的死了。

随从忐忑不安地走上来询问国王是否无恙，国王看看手，小指头被花豹咬掉小半截，血流不止，随行的御医立刻上前包扎。虽然伤势不算严重，但国王的兴致破坏光了，本来国王还想找人来责骂一番，可是想想这次只怪自己冒失，还能怪谁？所以国王闷不吭声，大伙儿就黯然回宫去了。

回宫以后，国王越想越不痛快，就找了宰相来饮酒解愁。宰相知道了这事后，一边举杯敬国王，一边微笑说："大王啊！少了一小块肉总比少了一条命来得好吧！想开一点，一切都是最好的安排！"

国王一听，闷了半天的不快终于找到宣泄的机会。他凝视宰相说："你真是大胆！你真的认为一切都是最好的安排吗？"

宰相发觉国王十分愤怒，却也毫不在意说："大王，真的，如果我们能够超越自我一时的得失成败，确确实实，一切都是最好的安排。"

国王说："如果我把你关进监狱，这也是最好的安排？"

宰相微笑说："如果是这样，我也深信这是最好的安排。"

国王说："如果我吩咐侍卫把你拖出去砍了，这也是最好的安排？"

宰相依然微笑，仿佛国王在说一件与他毫不相干的事。"如果是这样，我也深信这是最好的安排。"

国王勃然大怒，大手用力一拍，两名侍卫立刻近前，国王说："你们马上把宰相抓出去斩了！"侍卫愣住，一时不知如何反应。国王说："还不快点，等什么？"侍卫如梦初醒，上前架起宰相，就往门外走去。国王忽然有点后悔，他大叫一声说：

"慢着，先关起来！"宰相回头对他一笑，说："这也是最好的安排！"

国王大手一挥，两名侍卫就架着宰相走出去了。

过了一个月，国王养好伤，打算像以前一样找宰相一块儿微服私巡，可是想到是自己亲口命令把他关入监狱里，一时也找不到理由释放宰相，叹了口气，就自己独自出游了。

走着走着，来到一处偏远的山林，忽然从山上冲下一队脸上涂着红黄油彩的人，三两下就把他五花大绑，带回高山上。国王这时才想到今天正是满月，这一带有一支原始部落，每逢月圆之日就会下山寻找祭祀满月女神的牺牲品。他哀叹一声，这下子真是没救了。其实心里却很想跟这些人说："我乃这里的国王，放了我，我就赏赐你们金山银海！"可是嘴巴被破布塞住，连话都说不出口。

大祭司啧啧称奇，觉得他是完美无瑕的祭品！就在这时，大祭司终于发现国王的小手指头少了小半截，他忍不住咬牙切齿咒骂了半天，忍痛下令说："把这个废物赶走，另外再找一个！"

原来，今天要祭祀的满月女神，正是"完美"的象征，所以，祭祀品不能有残缺。脱险的国王大喜若狂，飞奔回宫，立刻叫人释放宰相，在御花园设宴，为自己保住一命，也为宰相重获自由而庆祝。

国王一边向宰相敬酒说："宰相，你说的真是一点也不错，果然，一切都是最好的安排！如果不是被花豹咬一口，今天连命都没了。"

宰相回敬国王，微笑说："贺喜大王对人生的体验又更上一层楼了。"过了一会儿，国王忽然问宰相说："我侥幸逃回一命，固然是'一切都是最好的安排'，可是你无缘无故在监狱里蹲了一个月，这又怎么说呢？"

宰相慢条斯理喝下一口酒，才说："大王！您将我关在监狱里，确实也是最好的安排啊！您想想看，如果我不是在监狱里，那么陪伴您微服私巡的人，不是我还会有谁呢？等到他们发现国王不适合拿来祭祀满月女神时，谁会被丢进大锅中烹煮呢？不是我还有谁呢？所以，我要为大王将我关进监狱而向您敬酒，您也救了我一命啊！"

人的一生中有高潮也有低谷，有得也会有失，甚至有时候不幸也会变成万幸。在对待得失、成败、幸和不幸的问题上，我们要有豁达的态度，不管发生什么事，都应该认为是最好的安排。这样，在很多挫折和不幸面前，我们才能坦然面对。

事情既然已经发生了，就要学会坦然地接受

从前，有一对很贫困的老夫妇，他们想把家中唯一值点钱的马拉到市场上去换点有用的东西。

于是，老头儿便牵着马去赶集了。他先用马与人换得一头母牛，又用母牛去换了一只羊，再用羊换来一只肥鹅，又把鹅换了母鸡，最后用母鸡换了别人的一口袋烂苹果。

在每次交换中，他都想给老伴一个惊喜。

当他扛着一袋烂苹果来到一家小酒店歇息时，遇上两个富人。

在闲聊中，他谈了自己赶集的经过，两个富人听后哈哈大笑，说他回去准得挨老伴一顿骂或一顿揍。老头儿坚称绝对不会，两个富人就用一袋金币打赌。于是，三个人一起回到老头儿家中。

老伴儿见老头儿回来了，非常高兴，她兴奋地听着老头儿讲赶集的经过。每

当老头儿讲到用一种东西换了另一种东西时，她都充满了对老头儿的钦佩。

老伴嘴里不时地说着：

"哦，我们有牛奶了！"

"哦，羊奶也同样好喝！"

"哦，鹅毛多漂亮！"

"哦，我们有鸡蛋吃了！"

最后听到老头儿背回一口袋已经开始腐烂的苹果时，老伴儿同样不愠不恼，大声说："我们今晚就可以吃到苹果馅饼了。"

结果，两个富人输掉了一袋金币。

私下里，有一个富人问老太婆："你为什么不责怪他？"

老太婆答道："事情已经这样了，责备也与事无补，倒不如坦然地接受。"

事情既然已经发生了，尤其是很糟糕的事情，与其抱怨，倒不如坦然地接受，因为抱怨也已与事无补。无论在何时，用积极的心态去拥抱生活，才会少一些争执，才会生活得快乐。

换一个角度去看问题，很多事都可以坦然面对

罗森在一家俱乐部里演奏萨克斯，收入虽然不高，但他总是乐呵呵的，对什么事都表现出乐观的态度。他常说："太阳落下去，还会升起来；太阳升起来，也会落下去。"

罗森很喜欢汽车，但是靠他的收入想拥有一辆属于自己的汽车是不太可能的。他常对朋友们讲："要是有一部汽车该有多好啊。"这个时候，他的眼里总是充满了向往。

于是有人建议他："罗森，你可以去买彩票啊，也许上帝可以让你梦想成真的！"

罗森抱着试一试的态度，去买了彩票。但是收入微薄的他只买了一张两块钱

的彩票。可能真的是上帝优待于他，罗森买的那张彩票居然中了大奖。

罗森用奖金为自己买了一辆汽车，他常常开着一尘不染的汽车在大街上兜风，碰到需要搭车的人，他总是愿意送他们一程。但是他没有忘记从前，仍旧每天去俱乐部。

然而有一天，罗森的车丢了。那天晚上，他把车停在房屋外边，第二天，当他走出屋子的时候，发现心爱的汽车被盗了。

朋友们得知这个消息，想到罗森爱车如命，而现在一夜之间，车丢了，都担心他受不了这个打击，便安慰他："罗森，不要太难过了，以后还有机会的。"

罗森大笑着说："我为什么要难过？"

朋友们都疑惑地互相看着，心里在想：也许他是受到了强烈的刺激，有些失常。"

"如果你们有谁丢了两块钱，会难过吗？"罗森问。

"当然不会！"朋友们说。

"是啊，我丢的就是两块钱啊！"罗森笑着说。

"对，你丢的只是两块钱而已！"朋友们笑道。他们知道不用再为罗森担忧了。

遇到不愉快的事情，换一个角度去看问题，很多事都可以坦然面对。其实，生活中本就没有什么事情是值得我们去伤感的。随时丢掉生活中的负面情绪，我们才能轻装上阵，才能活得更好、更轻松。

越是容易得到的财富，也越容易在瞬间失去

有一对新人到拉斯维加斯度蜜月，一时兴起，他们决定进入赌场试试运气。没过三天，1000美元赌本就输光了。

当天晚上新郎躺在床上，看到梳妆台上有东西在闪闪发光。他凑上前去，发现那是他们留下来当纪念品的5块钱筹码。更奇怪的是，筹码上不断闪着"17"这个数字。

他觉得这是个好兆头，于是披上绿色浴袍，急匆匆冲到楼下去找轮盘赌台。他把 5 美元筹码押在"17"这个数字。果不其然，小球落在"17"，赔率是赌 1 赔 35，他拿到 175 美元。

他把彩金继续押在"17"，小球果然又落在"17"，庄家赔了 6125 美元。

这种好手气就这样持续着，财星高照的新郎赢了 750 万美元，但他还不肯罢手。这时赌场经理出现了，他说，如果再开出"17"，他们可是赔不起了。

新郎想乘胜追击，叫了计程车直驱市区另一家财力更雄厚的赌场。轮盘台上的小球又落在"17"，庄家赔了两亿多美元。

他乐昏了头，把这笔巨资孤注一掷，来一场空前豪赌。结果小球停住时一偏，开出了"18"。

一辈子都梦想不到的财富，就这样转瞬间输得精光。他垂头丧气地走了几里路，回到旅馆。

他一走进房间，太太问："你到哪儿去了？"

他答到："去赌轮盘了。"

太太接着问："手气怎么样？"

他有气无力地回答："还好，只输了 5 美元。"

在某些时候，一些人会轻易地获得意想不到财富。对于轻易就得到的财富，这些人或挥霍或有更大的贪念，根本不懂得珍惜财富。所以，越是容易得到的财富，也越容易在瞬间失去。

留恋已失去的东西，不如去寻找新东西

有一位著名的收藏家，他酷爱茶壶，收集了无数个茶壶，只要听说哪里有好壶，不管路途有多远，一定亲自前往鉴赏，如果看中了，而对方愿意割爱，花再多钱他也舍得。在他所收集的茶壶中，他最中意的是一只龙头壶。

一日，一个久未见面的好友前来拜访，于是他拿出这只茶壶泡茶招待这位朋友。二人开心畅谈，朋友对这只茶壶所泡出的茶赞不绝口，因此好奇地将它拿起来把玩，结果一不小心将它掉落到地上，茶壶应声破裂。全场陷入一片寂静，每个人都为这巧夺天工的茶壶惋惜不已。

这时这位收藏家站了起来，默默收拾这些碎片，将他交给一旁的下人，然后拿出另一只茶壶继续泡茶说笑，好像什么事也没发生过一样。

事后，有人就问他："这是你最钟爱的一只壶，被打破了，难道你不难过，不觉得惋惜吗？"

收藏家说："木已成舟，摔碎的壶留恋又有何益？不如重新去寻找，也许能找到更好的呢！"

感悟

我们常常对已失去的事物，对已成为过去的美好情感总是念念不忘，对比眼前，往往会黯然神伤。既然已失去，既然已成为过去，我们是无法挽回的，何不重新去寻找美好的东西？

看似不幸的背后，往往隐藏着幸运

南宋时，七月的一天，杭州最繁华的街市失火，数以万计的房屋商铺被大火所吞没，顷刻间化为灰烬。一位裴姓富商，苦心经营了大半生的几间当铺和珠宝店也被大火所包围，眼看大半辈子的心血即将毁于一旦，但他却没有让伙计和奴仆冲进火海帮他抢救珠宝财物，而是不慌不忙地指挥大家撤离，一副听天由命的样子，令人困惑不解。

事后，裴先生不动声色地派人到城外大量收购木材、毛竹、砖瓦、石灰等建筑材料。不久，朝廷下令重建杭州城，因建筑材料短缺，凡经营销售建筑材料者一律免税。杭州城里一时大兴土木，建筑材料供不应求，价格陡涨，因此裴先生经营建材所得盈利远远大于被火灾焚毁的财产。原本是一场可能导致破产的大火灾，却变成了积累财富的一个契机。

无独有偶，在美国阿拉巴马州的一个公共广场上，矗立着一座高大的纪念碑。碑身正面有这样一行金色大字：深深感谢象鼻虫在繁荣经济方面所作的贡献。虫子怎么会带来经济繁荣？这要从一场灾难说起。

阿拉巴马州原本是美国种植棉花的基地，1910年，一场特大象鼻虫灾害狂潮般地席卷了阿拉巴马州的棉花田。象鼻虫所到之处，棉花毁于一旦，棉农们欲哭无泪。灾后，世世代代种棉花的阿拉巴马州人，认识到仅仅种棉花是不行了，于是，开始在棉花田里套种玉米、大豆、烟叶等农作物。尽管棉花田里还有象鼻虫，但此时虫子的数量锐减，根本不足为患，少量的农药就足以消灭它们了。

结果，种植多种农作物的经济效益比单纯种棉花的经济效益要高出数倍，阿拉巴马州的经济从此走上了繁荣之路。

在不幸来临时，不要惊慌失措，不要悲伤，要保持镇静，因为看似不幸的背后，往往隐藏着幸运。不幸是可以转化的，在不幸面前，只要学会了转化不幸的方法，就会开创出一种新的局面。

选择不同的定位，就会有不同的人生

公元前 250 年，当时李斯已经 26 岁了，还只是楚国上蔡郡看守粮仓的小文书，他的工作就是负责登记仓内粮食的进出。他的地位虽然谈不上重要，但也衣食无忧，日子也就这么一天一天地过着。

改变李斯命运的说起来其实是一件极其平常的小事。一天他内急上厕所，不料却惊动了厕所里的一只老鼠。这只惊慌失措的老鼠瘦小干枯，探头缩爪，且毛色灰暗，身上又脏又臭，令人恶心。李斯看着这只老鼠，不由想起自己管理的粮仓中的老鼠，它们一个个脑满肠肥，皮毛油亮，整日在仓中大快朵颐、逍遥自在。与眼前厕所中的这只老鼠相比，真是一个天上一个地下！

"人生如鼠啊！不在仓就在厕。"李斯不禁长叹一声，想着自己已经在小小的上蔡粮仓中做了 8 年的文书，从未出去看过外面的世界，就好比生活在厕所中的老鼠一样，不知道还有粮仓这样的天堂。他告诉自己：一辈子能否荣华富贵，全看自己找一个什么位置了。

李斯决定换个活法，第二天他就离开了这个小城，去投奔一代儒学大师荀况，开始了寻找"粮仓"之路。20 年后，他成了秦始皇的丞相……

还有一个人的故事，可以说明同一个问题。

成功学大师陈安之十几岁就负笈美国，他虽然有强烈的成功渴望，但身体中蕴含的力量却找不到合适的爆发点。他尝试过许多不同的职业，他做过服务生，卖过净水器，推销过汽车、美容保养品、电话卡，散发过超级市场折价券，从事过物流、邮购等工作，但这些都不能带给他想要的一切。在 21 岁遇到他的启蒙老师安东尼·罗宾之前，几乎是一事无成。

是安东尼·罗宾的两句话重新点燃了他成功的欲望。这两句话是："世界没有失败，只有暂时的不成功。""过去不等于未来。"陈安之决定追随安东尼，投身到该公司的推销和课程推广中。

在这个行业中，陈安之如鱼得水，在25岁时成立了陈安之研究训练机构，写了多本畅销书，短短两年半的时间，陈安之就由一个"迷途羔羊"成为亿万富翁，获得了个人职业生涯的巨大成功。

感悟

每个人都拥有选择的权利，我们应该选择一个自己喜欢的，同时又可以为自己带来最大收益的行业。学会使用选择的力量，给自己选择一个定位，你就会发现，人生正在慢慢地向这个定位改变着。

只要仔细观察分析，就不难找出事物间的联系

一个阿拉伯人在北非沙漠里失去了骑骆驼的同伴，找了一整天也没有找到，晚上遇到了一个贝都英人。阿拉伯人开始打听失踪的同伴和他的骆驼。

"你的同伴不仅是胖子而且是跛子对吗？"贝都英人问，"他手里是不是拿一根棍子？他的骆驼只有一只眼，驮着枣子，是吗？"

阿拉伯人高兴地回答说："对，对！这是我的同伴和他的骆驼。你是什么时候看见的？他们往哪个方向走？"

贝都英人说："我没看见他们。从昨天起，除了你我一个人也没看见过。"

阿拉伯人生气地说："你刚才详细说出了我的同伴和骆驼的样子，现在却说没有见到过，这不是在欺骗我吗？"

"我没骗你，我确实没看见过他。不过，我还是知道，他在这棵棕榈树下休息了许久，然后向叙利亚方向走去了。这一切发生在3个小时之前。"

"你既然没看见他，那么这一切又是怎么知道的呢？"

"我确实没看见过他。我是从他脚印里看出来的。"

贝都英人拉着阿拉伯人的手，指着脚印说："你看，这是人的脚印，这是骆

驼脚掌的印子，这是棍子的印子。你看人的脚印，左脚印又比右脚印大和深，这不是明明白白说明，走过这里的人是个跛子吗？现在再比一比他和我的脚印，你会发现，那个人的脚印比我的深，这不是表明他比我胖？你看，骆驼只吃它身体右边的草，这就说明，骆驼只有一只眼，它只看到路的一边。你看，这些蚂蚁都聚在一起，难道你没看清它们都在吮吸枣汁吗？"

阿拉伯人问："那么你怎么确定他们在 3 个小时以前离开这里的呢？"

贝都英人说，"你看棕榈树的影子，在这大热天，你总不会认为一个人不要凉快而坐在太阳光下吧！所以可以肯定，你的同伴是在树荫下休息的。阴影从他躺下的地方移动到现在我们看到的地方，需要 3 小时左右。

后来阿拉伯人找到了他的同伴，事实证明贝都英人说的一切都是正确的。

感悟

任何事物都不是孤立存在的，都与其周围的事物存在着千丝万缕的联系。当然，在所有的联系当中，有些是直接浅显的，而有些却是深奥隐晦的。但无论如何，只要我们善于开动脑筋，仔细观察分析，就能找出其中的联系，并顺利解决问题。

遇到不好的事情时，要往积极的方面想

从前，有一个文才出众的姓年的书生，逢大比之年，约定一个同窗好友一起进京赶考。

临行前夜，书生一连做了三个梦，天明醒来对妻子说："我夜里做了三个奇怪的梦，不知是凶还是吉？"

妻子说："什么梦？说出来我给你圆一圆。"

书生说："头一个梦，我梦见房上长着一棵白菜。"

妻子吃惊道："哎呀！那房上一无土、二无水，白菜长在上面不要干死吗？那多半预兆着你凶多吉少。"

书生吓得头冒冷汗，浑身冰凉。

妻子又问："第二个梦呢？"

书生红着脸说："第二个梦，我梦见抬着轿娶小姨子。"

妻子说："天哪，世间娶小姨子的都是姐姐死了妹妹续嫁，想来我也活不长了。你快再说说第三个梦吧！"

书生越发吓得牙齿打战，浑身发抖，停了好半天，才有气无力地继续说："第三个梦，我梦见咱院里放着两口棺材，棺材还摞着棺材。"

"哎呀！第一梦应着你死，第二梦应着我死，第三个梦梦见咱院放着两口棺材，一口是你的，一口是我的。"妻子把梦这么一圆，书生浑身瘫痪了。

一会儿书生的朋友谢仙来叫书生赶考，进门见书生还没起床。一问，知道他做了三个梦，就说："小弟我读过圆梦书，通晓圆梦术，你说出来我再给圆圆看。"

书生说："头一个梦，我梦见房上长着棵白菜。"

谢仙说："好梦！房上长白菜那是高于一切，应着年兄赶考必定文压群英，独占鳌头。"

书生听了，半信半疑地问："那房上无水，白菜不要干死？"

谢仙说："房上无水有天水呀！天水滋润，正应着成事在天，这预兆着你进京赶考还能得到老天保佑呢！"

书生一听，顿时有了点精神。接着又说："第二个梦，我梦见抬着轿娶小姨子。"

"好梦！好梦！"朋友说，"梦见娶小姨那是亲上加亲。岂不闻'洞房花烛夜，

金榜题名时'吗？梦见洞房花烛，正预兆着你金榜题名，这次进京赶考，年兄必中金榜了。"

书生一听，"腾"地坐起身来就穿衣服。

当谢仙听说第三梦境，连声叫好："好梦！好梦！棺上摞棺那是'官上加官'啊！年兄这次赶考，不但高中，而且加官，快快随我进京赶考去吧。"

一席话说得书生身轻体健，精神焕发，马上和谢仙一同进京赶考去了。

到了京城，书生果然高中了。

眼望金榜，书生不住地感谢谢仙说："要不是贤弟圆梦圆得好，几乎被愚妻误了我的前程。"

谢仙大笑说："我哪里读过什么圆梦书，通晓什么圆梦术？我见年兄因梦得病，疑虑重重，这是心病啊！俗话说，'心病还需心药医'，所以故意牵强附会，与你说些吉列的话，无非使你振作精神，哪里真有什么灵验兆应！况且乱梦颠倒，梦幻虚景，怎么与人事有关呢？"

感悟

对于同一件事情，通常会有不同的说法，不同的说法当然就会产生不一样的效果。不管是哪一种说法，都会对一个人有一些影响：积极的说法会使一个人振奋，而消极的说法就会使一个人消沉。

使对方轻松地接受批评，心情舒畅地改正错误

卡耐基的秘书莫莉，是一位漂亮而又娴静的姑娘，她认为卡耐基可能是世界上最好的上司，永远也听不到他用尖锐刻薄的语言来批评下属。

一天，莫莉匆匆整理卡耐基明天要讲演的稿件，离下班只有一刻钟，可她急着想回家，将稿件整理好，放在桌子上，便离开了。

第二天下午，她坐在办公室里正看着《纽约时报》，这时卡耐基演讲回来，笑吟吟地看着她。

莫莉便问："卡耐基先生，演讲成功吗？"

"非常成功，掌声四起！"

"那祝贺你了！"莫莉由衷地笑着说。

看着这个纯洁的姑娘，卡耐基继续笑着说："莫莉，你知道吗？我今天去给人家演讲如何摆脱忧郁创造和谐的主题，我一打开演讲稿，读了下去，下面便哄堂大笑。"

"那一定是你的讲演太精彩了！"

"的确很精彩，我读的是一段关于如何让奶牛多产奶的新闻。"说完，笑吟吟地拿出了这张报纸，递给莫莉。

莫莉的脸一下红了，她喃喃地说："昨天我太粗心了，卡耐基先生，这不会令你丢脸吧！"

"当然没有，你这样做使我自由发挥得更好，还得感谢你呢！"

从此以后，莫莉再也没有因为急着回家或干其他什么事而做错过什么。因为她觉得卡耐基是个风趣而又仁慈的上司。

感悟

批评实际上是一门深刻的艺术，掌握批评的技巧相当重要。最好先说笑话让对方融入自己的氛围中来，然后提出批评，使对方在轻松的氛围中接受批评，心情舒坦地改正自己的错误，这样一来，批评自然会收到良好的教育效果。

第十四章
>>

注重细节，抓住每次机遇

　　一个人即使再有才华，如果缺少机遇，他也只能是怀才不遇。其实，只要细心，就会发现很多机遇都在我们身边。细节决定成败，注重细节是一个好习惯，拥有这种好习惯，就会拥有很多机会。

看似一些极微小的事情，却有可能引发重大事件

一只蝴蝶在巴西煽动翅膀，有可能会在美国的得克萨斯引起一场龙卷风。

这就是洛伦兹在 1979 年 12 月华盛顿的美国科学促进会的一次讲演中提出的"蝴蝶效应"。这次演讲和结论给人们留下了极其深刻的印象。从此以后，所谓"蝴蝶效应"之说就不胫而走，名声远扬了。

"蝴蝶效应"之所以令人着迷、令人激动、发人深省，不但在于其大胆的想象力和迷人的美学色彩，更在于其深刻的科学内涵和内在的哲学魅力。

从科学的角度来看，"蝴蝶效应"反映了混沌运动的一个重要特征：系统的长期行为对初始条件的敏感依赖性。

经典动力学的传统观点认为：系统的长期行为对初始条件是不敏感的，即初始条件的微小变化对未来状态所造成的差别也是很微小的。可混沌理论向传统观点提出了挑战。混沌理论认为在混沌系统中，初始条件的十分微小的变化经过不断放大，对其未来状态会造成极其巨大的差别。有一首在西方流传的民谣对此作了形象的说明：

丢失一个钉子，坏了一只蹄铁；

坏了一只蹄铁，折了一匹战马；

折了一匹战马，伤了一位骑士；

伤了一位骑士，输了一场战斗；

输了一场战斗，亡了一个帝国。

马蹄铁上一个钉子是否会丢失，本是初始条件的十分微小的变化，但其"长期"效应却是一个帝国存与亡的根本差别。这就是军事和政治领域中的所谓"蝴蝶效应"。

虽然这有点不可思议，但是确实能够造成这样的恶果。

感悟

不要瞧不起一些细小的事情，看似一些极微小的事情，却有可能引发重大事件。在日常生活和工作中，一定要防微杜渐，不要让一些看似不起眼的小事毁坏了自己的整个人生。

一个微不足道的动作，或许就会改变人的一生

美国福特公司名扬天下，不仅使美国汽车产业在世界占居鳌头，而且改变了整个美国的国民经济状况，谁又能想到该奇迹的创造者福特，当初进入公司的"敲门砖"竟是"捡废纸"这个简单的动作？

那时候，福特刚从大学毕业，他到一家汽车公司应聘，一同应聘的几个人学历

都比他高，在其他人面试时，福特感到没有希望了。当他敲门走进董事长办公室时，发现门口地上有一张纸，很自然地弯腰把它捡了起来，看了看，原来是一张废纸，就顺手把它扔进了垃圾篓。董事长对这一切都看在眼里。福特刚说了一句话："我是来应聘的福特。"董事长就发出了邀请："很好，很好，福特先生，你已经被我们录用了。"这个让福特感到惊异的决定，实际上源于他那个不经意的动作。从此以后，福特开始了他的辉煌之路，直到把公司改名，让福特汽车闻名全世界。

感悟

一个人要养成重视小事的习惯，因为从一些小事上能反映出做事的态度。不要忽略一些不起眼的小事或细节，有时正是这些小事或细节决定着一个人的成败。即使是一个微不足道的动作，或许就会改变一个人的一生。

哪怕只是一次举手之劳，也有可能会挽救一个人

一个男孩被绊倒在地，他怀里抱着的很多书、两件运动衫、一个棒球棒、一副手套和一个随身听全都掉在了地上。放学回家的马克看到了，于是，马克单膝跪在地上帮他把散落的东西一一捡了起来。

这个男孩叫比尔，正好和马克同路，所以马克帮他拿了一部分东西。在路上，比尔告诉马克他喜欢玩电子游戏、打棒球和历史课，他说其他学科他学得不好。此外，他还告诉马克他刚刚和他女朋友分手的事情。

他们先到达比尔的家。比尔邀请马克进去喝杯可乐，看看电视。那天下午他们在一起谈论，说笑，过得很愉快。从那以后，他们在校园里经常遇到，有时还在一起吃午餐。初中毕业后，他们又在同一所高中上学，在那里他们也有过几次短暂的接触。在他们毕业前3个星期，有一天，比尔问马克他们是否可以谈一谈。

比尔问马克是否还记得数年前他们第一次相遇时的情形。"你有没有想过那天我为什么要带那么多东西回家？"比尔问马克。

马克摇了摇头。

比尔说："你知道吗，我把我的衣物柜清理了一下，因为我不想把混乱留给

别人。我已经从我母亲那儿偷偷拿了一些安眠药攒起来，那天我准备回家后就自杀。但是，在我们一起快乐地交谈和说笑之后，我意识到如果我自己结果了自己的性命，我就不会有那样快乐的时光，以及以后还可能会有的其他很多很多美好的东西。所以，你瞧，马克，当你那天捡起我的书，你不只是捡起了我的书，你还挽救了我的生命。所以，我想向你道谢！"

感悟

很多时候，帮助别人对于自己来说只是举手之劳，而对于别人来说，这不仅仅是一句话，或是一个动作问题，有可能会因此改变他们一生的命运。

看似简单的几句话，常常会挽救或毁灭一颗灵魂

李顺宜的女友在南方一所著名的大学中文系读书，授课的老师中有一位五十出头的风度翩翩的男教授。教授不仅学识渊博，而且谈吐幽默风趣，经常走到学

生们中间和他们谈古说今、纵论文史，成为班里女学子们心中的偶像，许多女生甚至于主动接近他，希望能得到他的提携和指点。

女友也是其中一个。一天，她约了两位要好的女同学一块儿去教授家请教几个问题。穿过一条林荫小路，来到了教授居住的一座静谧小院，她们在那青砖灰墙的一幢小楼前停下了脚步。女友伸出手正欲敲门，却发现门是虚掩着的，于是她轻轻地推开，结果看到了令她目瞪口呆的一幕。

教授正在屋内，拥吻着一个女孩子。而那个女孩子是他的学生。

看到她们的意外出现，教授的手像触电一样一下子猛然松开，垂落，脸色霎时变得惨白。

双方就这么站着，也许仅仅只有几秒钟的时间，却像漫漫的一个世纪，空气死一样沉寂，听得见彼此猛烈的心跳和呼吸。

"我当时的确很震惊，真的，你说我该怎么办？"讲到这里，女友抬起头来问李顺宜。

装作没看见迅速走掉？干脆走上前去委婉地劝说？报告领导或告诉他的爱人，让他受到惩罚甚至身败名裂？这些念头在李顺宜脑海中迅速一闪而过，教授不是这种人，他也许只是一时糊涂……

还没等李顺宜回答，女友又开始说了，语气缓慢，像是努力回忆当时的情形："教授有一个他所深爱也深爱着他的妻子，他的妻子在同城的另一所高校任教，他们有一个活泼可爱的即将大学毕业的女儿，这是一个幸福而美满的家庭。他们的家庭和教授本人洁身自律的品质，在校内一直有着良好的口碑。"

仅仅是几秒钟的犹豫和停顿后，女友坦然地走了进去，站在教授面前，一脸笑容地说道："教授，我们都是您的学生，您可不能偏心哟，您也吻我一下好吗？"

教授马上清醒过来，他轻轻地拥抱并吻了一下她的额头，那一刻，她看见教授眼里有湿润的东西闪亮。

另外两位女同学也马上会意过来，走到教授身边提出了相同的请求，教授一一应允了她们。

"事情的经过就是这样。"女友的表情显得轻松愉快，"一晃这么多年过去了，教授依然拥有一个美好的家庭和良好的口碑，他更加勤奋地研究和著述，并取得了极为丰硕的成果。我毕业那年，他曾寄给我一张贺卡，上面只有一句话：我永远感激你的善良和智慧，是你拯救了我。"

许多事情就是这样奇妙，挽救或毁灭一颗灵魂，常常就是看似简单的那么几句话。

语言是一把双刃剑，用好了可以增进人与人之间的沟通与交流，用不好就会伤己伤人。所以，说话时要特别谨慎，因为看似简单的几句话，常常会挽救或毁灭一颗灵魂。

即使是最简单的事情，也要做到最好

野田圣子是一个年轻美丽的日本女孩子，她离开学校后找到的第一份工作，是在帝国酒店当白领丽人。

在酒店受训期间，酒店安排她打扫厕所。从小娇生惯养的她从来没有干过这样的活，在第一次清理马桶的时候，她差一点儿吐出来。

野田圣子明白，要当白领丽人，就必须从最基层的粗活开始干起。她每天强制自己打扫厕所，把马桶擦得干净、光洁，她觉得自己做得很好，应该是无可挑剔了。

可是有一天，一件野田圣子从未料到的事情使她的身心受到了强烈的震撼。

野田圣子打扫干净自己所负责的厕所以后，偶然走进另一间厕所。负责打扫这间厕所的是一个蓝领清洁工，

从外表看，野田圣子觉得清洁工打扫的厕所和自己打扫的没有什么两样。但清洁工打扫完厕所以后，从容地从马桶里舀了一杯水，当着野田圣子的面竟然喝了下去。野田圣子看呆了，她简直不敢相信自己的眼睛。然而，这一切都是真的！

清洁工以她的行动表明，她负责打扫的厕所有多么干净，干净到连马桶里的水也可以喝。

心灵受到震撼的野田圣子感到十分惭愧，与清洁工打扫的厕所相比，她打扫的厕所的清洁度还差得远呢。她暗暗对自己说："连厕所也打扫不干净的人，将来是没有资格在社会上承担起重要责任的。如果让自己一辈子打扫厕所，也要做个打扫厕所最出色的人！"

从此，野田圣子打扫厕所异常认真。有一天，在打扫完厕所、洗完马桶以后，她也很坦然地从马桶里舀了一杯水喝了下去。

喝马桶里的水的经历使野田圣子终身难忘，正是这次经历成为她今后为人处世的精神力量，她一步一步地走向成熟、走向成功。

一个人要想有所作为，一定要从小事做起，如果连最简单的事情都做不好，就不可能做好大事，也不可能成就大业。即使是最简单的事情，也要做到最好。只有这样，才能为以后做大事、成大业打下良好的基础。

即使是只做了一点小事，也会换来别人的感激之情

石文终于搬进了新居。

送走了最后一批前来祝贺的亲朋好友后，石文与妻子刚要躺在沙发上休息一下，这时门铃又响了。石文在想，这么晚了怎么还会有客人呢？忙起身去开门，打开门一看，门外站着两位不认识的中年男女，看上去像是一对夫妻。石文正在疑惑中，那男子先开口，介绍说："我姓李，是一楼的住户，上来向你们祝贺乔迁之喜。"

原来是邻居啊！石文赶紧往屋里让。

李先生连忙摇头说："不麻烦了，不麻烦了，还有一件事情要请你们帮忙。"

石文说："别客气，有什么事情需要我们效劳？"

李先生请求道："你们以后出入单元防盗门的时候，能不能轻点关门，我们住在一楼，老父亲心脏不太好，受不了重响。"说完，静静地看着石文夫妻俩，眼里流露出一股浓浓的歉意。

石文沉默了片刻，回答说："当然没问题，只是有时候急了便会顾不上了。既然你父亲受不了惊吓，为什么还要住在一楼？"

李太太忙解释道："我们其实也不喜欢住一楼，那里既潮湿又脏，但是公公他腿脚不好，而且还有心脏病，心脏病人是要有适度的活动的。"听完后，石文心里顿时一阵感动，便答应以后尽量小心。

李先生一家对石文两口子是千恩万谢，弄得石文夫妻俩也挺不好意思的。在以后的日子里，石文发现他们的单元门与别处的单元门的确不太一样，所有的住户在开关防盗门时，都是轻手轻脚的，绝没有其他单元时不时"咣当"一声巨响。一问，果然都是受李先生所托。

时间过得很快，转眼一年过去了。有一天晚上，李先生夫妻又摁响了石文家的门铃，一见到他们，二话没说，先给石文与妻子深深地鞠了个躬，半晌，头也没抬起来。石文急忙扶起询问。李先生的眼睛红肿，原来昨天晚上，老爷子在医院病故了。在病故之前，老爷子曾对儿子交代过：对大家这些年来对自己的照顾非常地感谢，给各位带了不少的麻烦，要儿子见到年纪大的邻居叩个头，年纪轻的鞠一躬，以此来表示自己对大家的感激。

这时石文用眼睛偷偷一扫，果然在李先生裤子的膝盖处有两块灰迹，想必是给年长的邻居叩头时沾上的。

送走了李先生夫妻，石文感慨地对妻子说道："轻点关门只是举手之劳，居然换来了别人如此大的感激，真是想不到也担不起啊！"

![感悟]

人与人之间并不是相互对立的，而是一种共生共存的关系。我们都应与别人和睦相处，都应互相帮助、互相体谅，多给对方开方便之门。有时，哪怕只是做了一点小事，也会换来别人的感激之情。

目标必须是具体的，是可以看得见的

1952 年 7 月 4 日清晨，加利福尼亚海岸笼罩在浓雾中。在海岸以西 21 英里的卡塔林纳岛上，一个 34 岁的女人涉水到太平洋中，开始向加州海岸游过去。要是成功了，她就是第一个游过这个海峡的妇女，这名妇女叫费罗伦丝·查德威克。在此之前，她是从英法两边海岸游过英吉利海峡的第一个妇女。

那天早晨，海水冻得她身体发麻，雾很大，她连护送她的船都几乎看不到。时间一个钟头一个钟头过去，千千万万人在电视上看着。有几次，鲨鱼靠近了她，被人开枪吓跑。她仍然在游，在以往这类渡海游泳中她的最大问题不是疲劳，而是刺骨的海水。

15 个钟头之后，她又累，又冻得发麻。她知道自己不能再游了，就叫人拉她上船。她的母亲和教练在另一条船上。他们都告诉她海岸很近了，叫她不要放弃。

但她朝加州海岸望去，除了浓雾什么也看不到。

几十分钟之后——从她出发算起 15 个钟头零 55 分钟之后，人们把她拉上船。又过了几个钟头，她渐渐觉得暖和多了，这时却开始感到失败的打击，她不假思索地对记者说："说实在的，我不是为自己找借口，如果当时我看见陆地，也许我能坚持下来。"

人们拉她上船的地点，离加州海岸只有半英里！后来她说，令她半途而废的不是疲劳，也不是寒冷，而是因为她在浓雾中看不到目标。查德威克一生中就只有这一次没有坚持到底。两个月之后，她成功地游过同一个海峡。她不但是第一位游过卡塔林纳海峡的女性，而且比男子的纪录还快了大约两个钟头。

感悟

如果目标不具体，是不可见的，就会陷入迷茫，丧失信心。所以，在确立前进的目标时，这个目标必须是具体的，是可以看得见的。只有这样，才能鼓足干劲，完成有能力完成的任务。

不放弃任何一次机会，哪怕只有万分之一的可能性

有一次，甘布士要乘火车去纽约，但事先没有订好车票，这时恰值圣诞前夕，到纽约去度假的人很多，因此火车票很难购到。

甘布士打电话去火车站询问：是否还可以买到这一次的车票？车站的答复是：全部车票都已售光。不过，假如不怕麻烦的话，可以带着行李到车站碰碰运气，看是否有人临时退票。

车站反复强调了一句，这种机会或许只有万分之一。

甘布士欣然提了行李，赶到车站去，就如同已经买到了车票一样。

夫人关怀备至地问道："要是你到了车站买不到车票怎么办呢？"

他不以为然地答道："那没有关系，我就好比拿着行李去散了一趟步。"

甘布士到了车站，等了许久，退票的人仍然没有出现，乘客们都川流不息地

向月台涌去了。但甘布士没有像别人那样急于回走，而是耐心地等待着。

大约距开车时间还有 5 分钟的时候，一个女人匆忙地赶来退票，因为她的女儿病得很严重，她被迫改坐以后的车次。

甘布士买下那张车票，搭上了去纽约的火车。

到了纽约，他在酒店里洗过澡，躺在床上给他太太打了一个长途电话。

在电话里，他轻松地说："亲爱的，我抓住那只有万分之一的机会了，因为我相信一个不怕吃亏的笨蛋才是真正的聪明人。"

后来，甘布士成了全美举足轻重的商业巨子。

他在一封给青年人的公开信中诚恳地说道：

"亲爱的朋友，我认为你们应该重视那万分之一的机会，因为它将给你带来意想不到的成功。有人说，这种做法是傻子行为，比买奖券的希望还渺茫。这种观点是有失偏颇的，因为开奖券是由别人主持，丝毫不由你主观努力；但这种万分之一的机会，却完全是靠你自己的主观努力去完成。"

有一句俗谚："通往失败的路上，处处是错失了的机会。坐待幸运从前门进来的人，往往忽略了从后窗进入的机会。"机会与我们的成败休戚相关，对于时机的把握，完全可以决定一个人是否能够有所建树。不要放弃任何一次机会，哪怕这个机会只有万分之一的可能性。

只要敢于尝试，就会赢得更多的成功机会

1973 年，肯尼迪高中毕业，他想找份工作，并打算从"专业销售"开始。他梦想拥有公司配的又新又好的汽车，一份薪水，外加佣金和奖金，每天西装革履地上班，还有好的出差机会。

肯尼迪偶然发现了一则招聘广告：一家出版公司的全国销售经理要在本城待两天，只为了招聘一位负责 5 个州内各书店、百货公司和零售商的业务代表。肯尼迪梦想在将来成为作家或出版家，所以"出版"二字对他来说是有吸引力的。广告又说，起初月薪 1600 美元到 2000 美元，外加佣金、奖金、公务费和公司配车。这正是他梦寐以求的工作。

不幸的是，肯尼迪不是他们的理想人选。他去面试时，那位全国业务经理很客气地向他解释，他不是他们要找的人。第一，肯尼迪太年轻；第二，他没有工作经验；第三，他没念过大学。这份工作显然是为年龄在 35 ~ 40 岁之间、大学毕业，并具有相当丰富经验的人准备的，刚出校园的毛头小伙子显然不适合。该公司已有几位应聘者待定。肯尼迪竭力毛遂自荐，但招聘者态度坚决——他就是不够格。

这时，肯尼迪亮出了绝招。他说："瞧，你们这个地区缺商务代表已达 6 个月了，再缺 3 个月也不至于要命吧。看看我的主意：让我做 3 个月，公司只负担公务费，我不要工资，还开我自己的车。如果我向你证明胜任这份工作，你再以半薪雇我 3 个月，不过我要全额佣金和奖金，还得给我配车。如果这 3 个月我仍胜任这份工作，你就用正常条件录用我。"

这样，肯尼迪被录用了。在很短的时间里，他重组了销售流程，创下 3 项记录：

短期内在困难重重的地区扭转乾坤；3个月内，让更多新客户的产品摆满他们的整个摊位；争取到新的非书店连锁的大公司等。

3个月以后，肯尼迪有了公司配车、全额工资、全额佣金和奖金。

敢于尝试，常常会带给我们更多的机会，而这些机会正是我们所需要的。莎士比亚说："本来无望的事，只要敢于去尝试，往往就会取得成功。"我们每个人都应该将这句话牢记心中。

这世上的确有好运，但好运愿意光顾有品格的人

在美国南方某地，人们靠烧木柴的壁炉来取暖。过去那儿住着一个樵夫，他给某一户人家供应木柴达两年之久。这位樵夫知道木柴的直径不能大于18厘米，否则就不适合那家人特殊的壁炉。

但是，有一次，他给这个老主顾送去的木柴大部分都不符合规定的尺寸。主顾发现这个问题后，就打电话给他，要他调换或者劈开这些不合尺寸的木柴。

"我不能这样做！"这个樵夫说道，"这样所花费的工价就会比全部柴价还要高。"说完，他就把电话挂了。

这个主顾只好亲自来做劈柴的工作。他卷起袖子，开始劳动。大概在这项工作进行了一半时，他注意到一根非常特别的木头，这根木头有一个很大的节疤，节疤明显地被人凿开又堵塞住了。这是什么人干的呢？他掂量了一下这根木头，觉得它很轻，仿佛是空的。他就用斧头把它劈开了，一个发黑的白铁卷掉了出来。他蹲下去，拾起这个白铁卷，把它打开，吃惊地发现里面包有一些很旧的50美元和100美元两种面额的钞票。他数了数恰好有2250美元。

很明显，这些钞票藏在这个树节里已有许多年了。这个人唯一的想法是使这些钱回到它的真正的主人那里。

他抓起电话听筒，又打电话给那个樵夫，问他从哪里砍了这些木头。

"那是我自己的事。"这个樵夫说,"如果你泄露了你的秘密,别人会欺骗你的。"

这个主顾尽管作了多次努力,还是无法获悉这些木头是从哪里砍来的,也不知道是谁把钱藏在树内。

故事的结局是:因为无法找到失主,这个主顾成了这些钱的主人,而那个樵夫却没有得到一分钱。

感悟

不可否认,在这个世界上,的确有好运的存在。每个人都希望好运能光顾自己,殊不知,好运愿意光顾有品格的人。一个没有品格的人,即使好运来临,他也抓不住。

继续走完下一里路

西华·莱德先生是个著名的作家兼战地记者,他曾在1957年4月的《读者文摘》上撰文表示,他所收到的最好忠告是"继续走完下一里路",下面是其文章中的一部分:

第二次世界大战期间,我跟几个人不得不从一架破损的运输机上跳伞逃生,结果迫降在缅印交界处的树林里。当时唯一能做的,就是拖着沉重的步伐往印度走。全程长达140英里,必须在八月的酷热和季风所带来的暴雨侵袭下,翻山越岭长途跋涉。

才走了一个小时,我一只长统靴的鞋钉扎了另一只脚,傍晚时双脚都起泡出血,范围像硬币那般大小。我能一瘸一拐地走完140英里吗?别人的情况也差不多,甚至更糟糕。他们能不能走呢?我们以为完蛋了,但是又不能不走。为了在晚上找个地方休息,我们别无选择,只好硬着头皮走完下一英里路……

当我推掉其他工作,开始写一本25万字的书时,心一直定不下,我差点放弃一直引以为荣的教授尊严,也就是说几乎不想干了。最后我强迫自己只去想下一个段落怎么写,而非下一页,当然更不是下一章。整整6个月的时间,除了一段一段不停地写以外,什么事情也没做,结果居然写成了。

几年以前，我接了一件每天写一个广播剧本的差事，到目前为止一共写了2000个。如果当时签一张"写作2000个剧本"合同，一定会被这个庞大的数目吓倒，甚至把它推掉，好在只是写一个剧本，接着又写一个，就这样日积月累真的写出这么多了。

　　……

感悟

　　"继续走完下一里路"，是一个积少成多、坚持进取的过程，是实现任何目标的最直接、最聪明的做法。运用"继续走完下一里路"这个原则做事，就可以创造奇迹。这就好像戒烟一样，最好的方法是"一小时又一小时"地坚持下去，最后一定会成功。

第十五章
>>

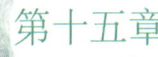

做人做事要有方有圆

从某种意义上说，人生就是一个做人与做事的过程。做人做事要讲究方圆之道：做人要有原则和信念，才能做个堂堂正正的人；做事要讲究技巧，才能事事有成。

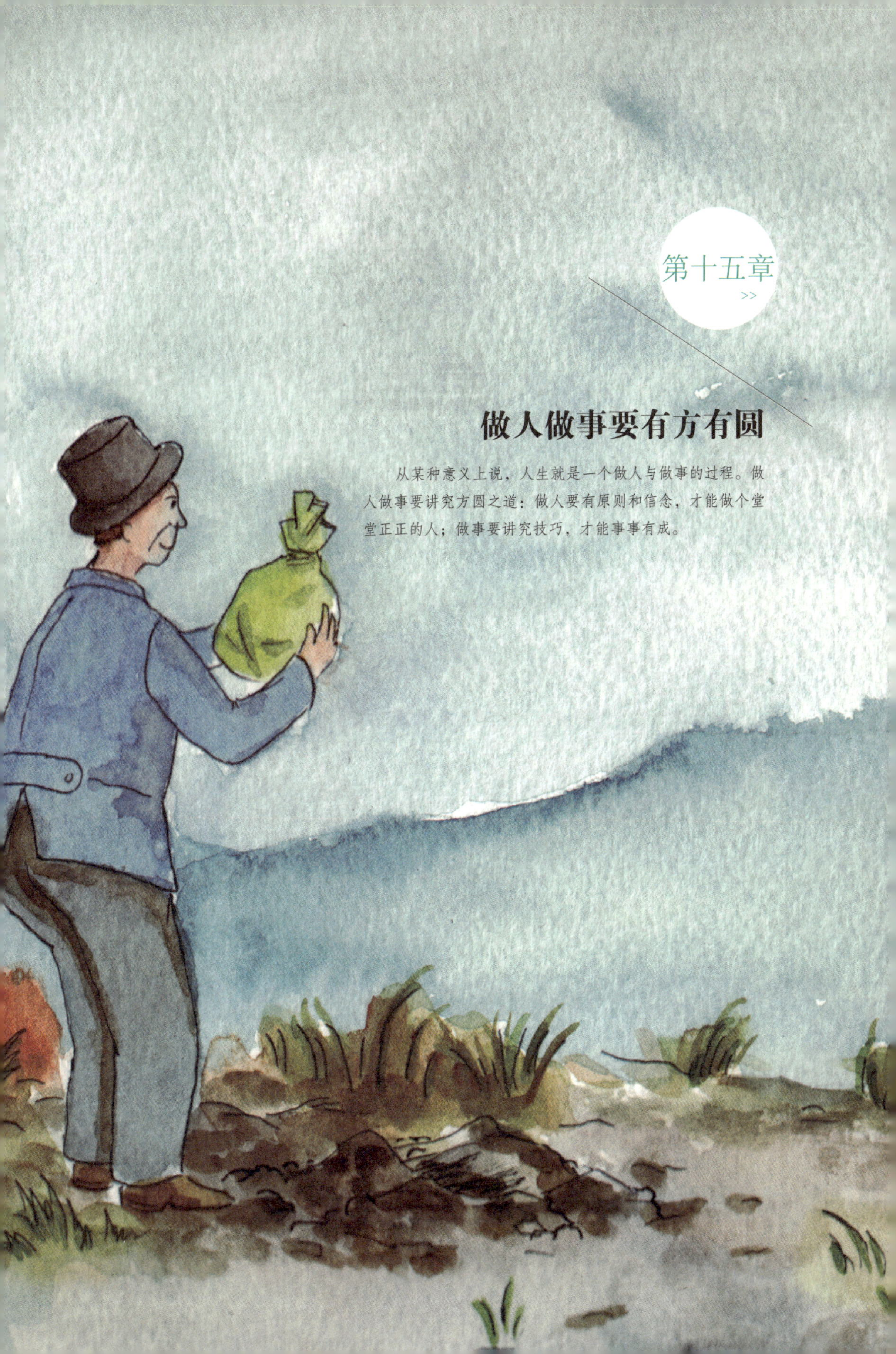

救助别人，往往就是在救助自己

在芬兰的一个小渔村里，有一个叫哈里森的年轻小伙子。

在这个村子里，出海捕鱼的人靠一个简单的求救装置，向设在岸上的接收总台发出求救信号，并报出船只遇险的大概位置。救护人员由渔村里不出海的人轮流担任。

一天傍晚，总台的警报灯又亮了，远在 500 海里之外的一艘船遇到了危险。依照惯例，这回轮到小伙子哈里森和渔民罗尔素驾船前往营救。

村里的人们把小机动船抬上大船，两人准备出发了。哈里森的老母亲悲痛地拉住儿子的手哭道："孩子，你父亲就是这样去救人死的！你哥哥出海已快半个月了，还不见回来的影子，恐怕已是凶多吉少。昨天又预报今天海上会有风暴，

你要是再遇上什么三长两短，叫我怎么活呀！"

"妈妈，可怜的妈妈！"哈里森抹去母亲的眼泪，然后扭头上了救援船。

哈里森和罗尔素驾船来到距出事地点约20海里的地方，便遇到了风暴，罗尔素说："这个鬼天气去救人，只有找死，咱们还是回去吧。跟村里人就说我们没发现遇险的船只。"说完，罗尔素开始掉转船头。

"不，救人要紧。马上就到出事地点了。为什么不去呢？从前别人不是也在这种情况下救过你吗？"哈里森不同意返回。

"你去死吧，让你妈变成孤寡老人。"罗尔素诅咒道。

哈里森放下大船上的小机动船，独自驾着小船向出事地点赶去。

两天后，前去救人的大船破败不堪地被海潮送回渔村旁的海岸，船上空无一人。哈里森的老母亲得到救援船出事的噩耗，顿时昏了过去。

然而，3天后奇迹出现了：一艘小船从晨雾中向渔村驶来，船头站立着一个人，极像哈里森。"是哈里森吗？"村里人高兴地大喊。

"是我，哈里森。"哈里森在船头兴奋地舞动着衣服说，"请快去告诉我妈妈，遇险的那艘船是我哥哥他们的，我救回了我哥哥。"

"谢天谢地，这下哈里森的母亲有救了。"人们高兴地议论着。

感悟

常言道，与人方便就是与己方便。当别人需要我们救助的时候，我们要勇于伸出援助之手。因为救助别人是我们做人的一项职责，而且有时候救助别人，往往就是在救助我们自己。

做人容不得半点水分，重信誉重在保持

有一对夫妻，丈夫是个老实人，为人真诚、热情。

他们下岗后开了家烧酒店，自己烧酒自己卖。他们烧制的酒人称"小茅台"，有道是"酒香不怕巷子深"，一传十，十传百，酒店生意兴隆，常常是供不应求。

看到生意这么好，夫妻俩便决定再添置一台烧酒设备，扩大生产规模，增加酒的产量。这样，一来可以满足顾客需求，二来也可以增加收入，早日致富。

这天，丈夫外出购买设备，临行之前，把酒店的事都交给了妻子，叮嘱妻子一定要善待每一位顾客，诚实经营，不要与顾客发生争吵……

一个月以后，丈夫外出归来。妻子一见丈夫，便按捺不住内心的激动，神秘兮兮地说："这几天，我可知道了做生意的秘诀，像你那样永远也发不了财。"丈夫一脸愕然，不解地说："做生意靠的是信誉，咱家烧的酒好，卖的量足，价钱合理，所以大伙儿才愿意买咱家的酒，除此还能有什么秘诀。"

妻子听后，用手指着丈夫的头，自作聪明地说："你这榆木脑袋，现在谁还像你这样做生意，你知道吗？这几天我赚的钱比过去一个月挣的还多。秘诀就是，我给酒里兑了水。"

丈夫一听，肺都要气炸了。他知道妻子这种坑害顾客的行为，一定会把他们苦心经营的酒店的牌子砸了。

从那以后，尽管丈夫想了许多办法，竭力挽回妻子给酒店信誉所带来的损害，但是"酒里兑水"这件事还是被顾客发现了，酒店的生意日渐冷清，后来就不得不关门停业了。

其实，做生意也是经营人生。

诚信乃是为人之本。一个人一旦失去了信誉，什么事都很难做成。所以，想要成就一件事，首先要树立起自己的信誉，更为重要的是，要保持这种信誉。

一个人最不能缺少的，是原则和信念

第二次世界大战期间，有一个女孩子，流亡海外，无依无靠，幸运的是她能讲一口流利的英语和法语。所以，她被英国特工组织看中，加入了英国的特工。

然而，她并不适合特工工作，因为她性情急躁，所有的同事都认为她做间谍无疑是为敌国送上一座秘密的宝藏。果然，几乎所有的训练过程都对她没有用处。

一次，组织上让她将一份敌国驻军图交给地下交通员。她到了接头地点后，怎么也想不起接头暗号，情急之下，她索性把地图展开，对着来来往往的人群进行试探："你对这张地图感兴趣吗？"幸运的是，她很快遇上了两位地下交通员，他们扮作精神病人，迅速地掩盖了这个可怕而致命的错误。

不仅如此，她认为越是繁华的地段越是安全的。于是，她自作主张，把秘密电台搬到了巴黎的闹市区。她不知道，盖世太保的总部就在离她一街之远的地方。终于在一天夜里，盖世太保们把这个胆大妄为且正在发报的间谍逮捕了。

英国特工组织后悔不已，如果这个天真的姑娘在盖世太保的刑具下，毫无保留地说出一切，那么对在法国的特工组织将是一个重创。出乎意料的是，盖世太保们用尽了种种残酷的刑罚，都无法撬开她的嘴。

第二次世界大战结束后，英国政府追授她乔治勋章和帝国勋章。

这样一个不称职的间谍，获得了英国政府的最高奖赏。对此，官方的解释是：对敌国而言，梦寐以求的是间谍的背叛。这个很笨的女孩儿，从始至终都没有吐露一个字。一个人需要技巧和智慧，但最不能缺少的，是原则和信念。这就是一个间谍最本位、最出色的地方，所以我们从没怀疑她是一位优秀的间谍。

她的名字叫努尔，曾是一位印度王族的娇贵女儿。

一个人缺少什么都不要缺少原则和信念，因为原则和信念是一个人人性中最坚强的东西，缺少了它们，就难以经受住各种打击。一个有原则和信念的人，也许不一定聪明，但在某个领域内一定是最优秀的。

信念是人生的支柱，失去它人生就会倒塌

一场突然而来的沙漠风暴使一位旅行者迷失了前进的方向。更可怕的是，旅行者装水和干粮的背包也被风暴卷走了。他翻遍身上所有的口袋，找到了一个青青的

苹果。"啊，我还有一个苹果！我靠它可以活着走出荒漠！"旅行者惊喜地叫着。

他紧握着那个苹果，独自在沙漠中寻找出路。每当干渴、饥饿、疲乏袭来的时候，他都要看一看手中的苹果，抿一抿干裂的嘴唇，陡然又会增添不少信念和力量。

一天过去了，两天过去了。第三天，旅行者终于走出了荒漠。那个他始终未曾咬过一口的青苹果，已干巴得不成样子，但他却宝贝似的一直紧攥在手里。

再来看下面的这个故事。

在美国纽约，有一位年轻的警察叫亚瑟尔，在一次追捕行动中，他被歹徒用冲锋枪射中左眼和右腿膝盖。3个月后，当他从医院里出来时，完全变了个样：一个曾经高大魁梧、双目炯炯有神的英俊小伙，已成了一个又跛又瞎的残疾人。

纽约市政府和其他各种组织，授予了他不少勋章和锦旗。纽约有线电台记者曾问他："您以后将如何面对您现在遭受到的厄运呢？"他说："我只知道歹徒现在还没有被抓获，我要亲手抓住他！"他那只完好的眼睛里，透射出一种令人战栗的愤怒之光。

这以后，亚瑟尔不顾任何人的劝阻，参与了抓捕那个歹徒的行动。他几乎跑遍了整个美国，甚至有一次为了一个微不足道的线索，独自一人乘飞机去了欧洲。

9年后，那个歹徒终于在亚洲某国被抓了，当然，亚瑟尔起了非常关键的作用。在庆功会上，他再次成了英雄，许多媒体称赞他是最坚强、最勇敢的人。

令人惊异的是，半年后亚瑟尔却在卧室里割脉自杀了。

在他的遗书中，人们读到了他自杀的原因："这些年来，让我活下去的信念，就是抓住凶手……现在，伤害我的凶手被判刑了，我的仇恨被化解了，生存的信念也随之消失了。面对自己的伤残，我从来没有这样绝望过……"

或许生命什么都可以缺，譬如失去一只眼睛，或者一条健全的腿，但就是不能失去信念。信念是支撑一个人活下去的支柱，有了这根支柱，在绝境中也能求得生存；失去了这根支柱，在顺境中也会使生命凋零。

只有诚实守信，才能赢得信任和尊敬

福克斯是美国历史上著名的政治家，他以诚实和信用立身，赢得了别人的尊敬，团结了许多公民。

但当时政坛上充满了欺骗，公民对政治并不感兴趣，他们认为政治就是撒谎，没有人比政客更会撒谎了。所以，仍有许多公民对福克斯的演说持怀疑态度。

一次，福克斯受邀参加大学的演讲，有大学生问他："你在从政的道路上有没有撒过谎？"

福克斯说："从来没有。"

大学生在下面窃窃私语，有的还轻声笑出声来，因为每一个政客都会这样表白。他们总是发誓，自己从来没有撒过谎。

福克斯并不恼怒，他对大学生说："孩子们，在这个社会上，也许我很难证明自己是个诚实的人，但是你们应该相信这个世界上还有诚实，它永远都在我们的周围。我想讲一个故事，也许你们听过了就忘了，但是这个故事对我很有意义。"

有一位父亲是位绅士。有一天，他觉得园中的那座旧亭子应该拆了，于是让工人把亭子拆了。而他的孩子对拆亭子很感兴趣，他对父亲说："爸爸，我想看看怎么拆掉这座旧亭子，等我从寄宿学校放假回来再拆好吗？"

父亲答应了。孩子上学后，工人却很快把旧亭子拆了。

孩子放假回来后，发现旧亭子已经拆除了，他闷闷不乐。他对父亲说："爸爸，你对我撒谎了。"

父亲惊异地看着孩子。孩子说："你说过的，那座旧亭子要等我回来再拆。"

父亲说："孩子，爸爸错了，我应该实现自己的诺言。"

父亲很快召集来了工人，让他们按照旧亭子的模样重新在原地建一座亭子。

亭子建好后，他叫来了孩子，对工人们说："现在，你们开始拆这座旧亭子。"

福克斯说，我认识这位父亲和孩子，这位父亲并不富有，但是他却为孩子兑现了自己的诺言。

大学生们问："请问这位父亲叫什么名字，我们希望认识他。"

福克斯说："他已经过世了，但是他的儿子还活着。"

"那么，他的孩子在哪里？他应该是一位诚实的人。"大学生们问。

福克斯平静地说："他的孩子现在就站在这里，就是我。"

福克斯接着说："我想说的是，我愿意像父亲一样，为自己的诺言为你们拆一座亭子。"

福克斯的话音刚落，台下立刻掌声雷动。

感悟

诚实守信是一个人的立身之本，恪守诚信的人，无论身在何处，都会受到别人的欢迎，都会赢得别人的信任和尊敬，我们也最愿意同这种人交往。所以，若想赢得别人的信任和尊敬，就要做一个诚实守信的人——不撒谎，自己说过的话要算数，许下的诺言要兑现。

尊重每一个人，也是在尊重自己

一天，一位四十多岁的中年女人领着一个小男孩，走进美国著名企业"巨象集团"总部大厦楼下的花园，并在一张长椅上坐下来。她不停地在跟男孩说着什么，似乎很生气的样子。不远处有一位头发花白的老人正在修剪灌木。

忽然，中年女人从随身挎包里揪出一团卫生纸，一甩手将它抛到老人刚剪过的灌木上。老人诧异地转过头朝中年女人看了一眼。中年女人也很不在乎地看着他。老人什么话也没有说，走过去拿起那团纸扔进一旁装垃圾的筐子里。

　　过了一会儿，中年女人又揪出一团卫生纸扔了过来。老人再次走过去把那团纸拾起来扔到筐子里，然后回原处继续工作。可是，老人刚拿起剪刀，第三团卫生纸又落在了他眼前的灌木上……就这样，老人一连捡了那个中年女人扔出的六七个纸团，但他始终没有因此露出不满和厌烦的神色。

　　"你看见了吧！"中年女人指了指修剪灌木的老人对男孩说，"我希望你明白，你如果现在不好好上学，将来就跟他一样没出息，只能做这些卑微低贱的工作！"

　　老人放下剪刀走过来，对中年女人说："夫人，这里是集团的私家花园，按规定只有集团员工才能进来。"

　　"那当然，我是'巨象集团'下属公司的部门经理，就在这座大厦里工作！"中年女人高傲地说着，同时掏出一张证件朝老人晃了晃。

　　"我能借你的手机用一下吗？"老人沉吟了一下说。

　　中年女人极不情愿地把手机递给老人，同时又不失时机地开导儿子："你看

这些穷人，这么大年纪了连手机也买不起。你今后一定要努力啊！"

老人打完电话后把手机还给了妇人。很快一名男子匆匆走过来，恭恭敬敬地站在老人面前。老人对那个男子说："我现在提议免去这位女士在'巨象集团'的一切职务！"

"是，我立刻按您的指示去办！"那个男子连声应道。

老人吩咐完后径直朝小男孩走去，他用手抚了抚男孩的头，意味深长地说："我希望你明白，在这世界上最重要的是，要学会尊重每一个人……"说完，老人缓缓离去。

中年女人被眼前骤然发生的事情惊呆了。她认识那个男子，他是巨象集团主管任免各级员工的一个高级职员。"你……你怎么会对这个老头儿那么尊敬呢？"她大惑不解地问。

"你说什么？老头儿？他是集团总裁詹姆斯先生！"

"啊，他是总裁？！"

中年女人一下子瘫坐在长椅上。

感悟

学会尊重每一个人，无论一个人的身份和工作多么卑微，我们都应尊重他，这是我们应该具备的良好品质。要知道，尊重没有高低贵贱之分，而且尊重别人就是在尊重自己。

处处替别人着想，是一种高尚的品格

日本的松下幸之助素有"经营之神"之称。

有一次他在一家餐厅招待客人，一行6个人都点了牛排。等6个人都吃完主餐，松下让助理去请烹调牛排的主厨过来，他还特别强调："不要找经理，找主厨。"

助理注意到，松下的牛排只吃了一半，心想一会儿的场面可能会很尴尬。

主厨来时很紧张，因为他知道请自己的客人来头很大。

"是不是牛排有什么问题？"主厨紧张地问。

"烹调牛排，对你已不成问题，"松下说，"但是我只能吃一半。原因不在于厨艺，牛排真的很好吃，你是位非常出色的厨师，但我已 80 岁了，胃口大不如前。"

主厨与其他 5 位用餐者困惑得面面相觑。

松下接着说："我想当面和你说，是因为我担心，当你看到只吃了一半的牛排被送回厨房时，心里会难过。"

大家终于明白了怎么一回事。

客人在旁边听见松下如此说，更佩服松下的品格，并更喜欢与他做生意了。

处处考虑别人的感受，替别人着想，是一种高尚的品格。谁能有这样的品格，谁就会赢得别人的尊敬，赢得更多的机会。

不要只注意到自己，应该适当地注意别人

威廉·伍定是美国汽车铸造公司的总经理。有一次，他因意外事件，而完全丧失了自信心。

他自以为是一个伟大的演说家。他之所以会有这样的想法也是理所当然的，因为他当过国会议员，他的演说常常令全体听众拍手叫好。

有一天晚上，他对一群煤矿工人演讲，这些工人有些是外国人，有些是完全不识字的文盲。大厅里挤满了人，似乎大家都极想听他的演讲。

他很细心地预备了一篇自以为很好的演说词，他在讲，听众在拍手。直到最后，拍手的声音愈来愈大，他以为这次演讲十分成功。最后，这种热烈的掌声几乎达到疯狂的地步，喝彩声长达 15 分钟之久。

当他很高兴地坐下来时，他对旁边坐着的一个新闻记者说："他们似乎很喜欢我的演讲。"

那个记者答道："你不知道这些听众之中只有三四个人会讲英文的吗？"

"那么，他们为何拍手呢？"伍定问。

"咦！难道你没注意到他们当中，那个会说英文的看见应当拍手的时候，便发出一个信号叫其余的人拍手吗？"

后来，在谈及此事时，伍定说："我后来注意了第二个上台演讲的人，才知道实际情形的确如此。而且那个懂得英文的人似乎也不行，因为他往往在不该拍手时而叫人拍手。此时我才知道，我一心只注意到自己的口才和演讲，而没有注意到我的听众。"

无论做什么事，在多数情况下，全身心地投入是值得赞赏的。但有时全身心地投入到某件事中，或只注意到自己，却未必是一件好事。因为这样做往往会忽视了一些另外的事或另外的人，从而导致出现自己不愿见到的结果。

利用对方的贪心，可以解决许多棘手的问题

从前，有个商人来到一个市场里做生意，当他得知几天后这里所有商品大甩卖时，就决定留下来等待。可是，他身上带了不少金币，当时又没有银行，放在旅店也不安全。

经过反复思忖，他独自来到一个无人的地方，就在地里挖了一个洞，把钱埋藏起来，可是，当他次日回到藏钱的地方，却大吃一惊：钱不见了。他呆呆地愣在那里，反复回想藏钱的情景，当时附近没有一个人啊，他怎么也想不出钱是怎样丢的。

正当他纳闷儿之际，无意中一抬头，发现远处有间屋子，可能是这家屋子的主人正好从墙洞里看到他埋钱了，然后将钱挖走，那么，怎样才能把钱要回来呢？

经过认真考虑，他去找那家屋子的主人，客气地说道："您住在城市，头脑一定很聪明。现在我有一件事想请教您，不知是否可以？"

那人热情地回答说："当然可以。"

商人接着说道："我是来这里做生意的外地人，身上带了两个钱袋，一个装了1000金币，一个装了500金币。我已把小钱袋悄悄埋在了没人的地方，但不知

道这个大钱袋是交给能够信任的人保管呢，还是继续埋起来比较安全呢？"

屋子的主人答道："因为你是初来乍到，什么人都不该相信，还是将大钱袋一块埋在藏小钱袋的地方吧。"

等商人一走，这个贪心不足的人马上取出挖来的钱袋，立刻埋在原来的地方。这下可把躲藏在附近的商人高兴坏了，等那人一走，他马上将钱袋挖了出来，一溜烟跑了。

在遇到棘手的问题时，我们不妨利用对方的贪心，许多问题都会轻易而解。当然，这需要我们有洞悉人性的智慧。

实事求是的赞美，就像是一剂良药

在非洲的巴贝姆巴族中，他们永远相信：实事求是的赞美，就像是一剂良药，能够愈合对方因为犯错而引发的心灵创伤和悔恨，除去心头的痼疾，矫正行为的错误，鼓舞改过的信心，点燃向善的正气。

当族里的某个人因为行为或其他有失检点而犯了错误的时候，族长便会让犯错的人站在村落的中央，公开亮相，以示惩戒。

但最值得一说的是：每当在这种情况下，整个部落的男女老少都会不由自主地放下手中的工作，从四面八方赶回来，他们将这个犯错的人团团围住，并用赞美来"治疗"他的心灵，修正他的错误，告诉他要以此为戒，总结教训，重新做人，重新回到他们中来。

族里的人们会自动分出长幼，然后从最年长的人开始发言，依次告诉这个犯错的人，他曾经为这个部落做过哪些善事、哪些好事。

每个族人都必须将犯错人的优点和善行，用真实的语言讲述一遍。讲述时一定要实事求是，既不能夸大事实，也不允许出言不逊。对前面已经有人提及的优点和善行，后面的人就不能再重复说了。

总之，每个族人在叙说时，都要有新的事情，新的褒扬方式。整个"赞美"的仪式，要持续到所有的族人都将正面的评语说完为止。

"赞美"的仪式结束以后，接着要举行一场盛大的庆典。庆典在老族长的主持下进行，族中的男女老少也都要参加。他们要载歌载舞，用一种隆重而热烈的礼仪来庆贺犯错的人脱胎换骨，改过自新，重新开始一种全新的生活。

很多人深谙赞美之道，因为他们知道人人都喜欢被别人赞美。但很少有人知道，赞美也是一剂良药。赞美一个犯错误的人，能使他更清楚地知道自己是有良心的，激发他高尚的情操，从而使他改过自新。

从易到难往往很难，从难到易往往很简单

一位音乐系的学生走进练习室。钢琴上，摆放着一份全新的乐谱。

"超高难度。"他翻动着，喃喃自语，感觉自己对弹奏钢琴的信心似乎跌到了谷底，消磨殆尽。

已经3个月了，自从跟了这位新的指导教授之后，他不知道为什么教授要以这种方式整人。勉强打起精神，他开始用十只手指头奋战、奋战、奋战，琴音盖住了练习室外教授走来的脚步声。

指导教授是个极有名的钢琴大师。他给自己的新学生一份乐谱。

"试试看吧！"他说。

乐谱难度颇高，学生弹得生涩僵滞、错误百出。

"还不熟，回去好好练习！"教授在下课时如此叮嘱学生。

学生练了一个星期，第二周

上课时，没想到教授又给了他一份难度更高的乐谱："试试看吧！"上星期的功课，教授提也没提。

学生再次挣扎于更高难度的技巧挑战。

第三周，更难的乐谱又出现了，同样的情形持续着，学生每次在课堂上都被一份新的乐谱难倒，然后把它带回去练习，接着再回到课堂上，重新面临难上两倍的乐谱，却怎么样都追不上进度，一点也没有因为上周的练习而有驾轻就熟的感觉。学生感到愈来愈不安、沮丧、气馁。

教授走进练习室。学生再也忍不住了，他必须向钢琴大师提出这三个月来何以不断折磨自己的质疑。

教授没开口，他抽出了最早的第一份乐谱，交给学生。

"弹奏吧！"他以坚定的眼神望着学生。

不可思议的事发生了，连学生自己都讶异万分，他居然可以将这首曲子弹奏得如此美妙、如此精湛！教授又让学生试了第二堂课的乐谱，仍然，学生出现高水平的表现。演奏结束，学生怔怔地看着教授，说不出话来。

"如果我任由你表现最擅长的部分，可能你还在练习最早的那份乐谱，不可能有现在这样的程度……"教授缓缓地说着。

感悟

我们往往习惯于表现自己所熟悉、所擅长的领域，并且愿意由易到难地做起。其实，这样难度会越来越大，最后容易导致放弃。如果换种方法，从难到易做起，事情就会越来越容易，会收到意想不到的效果。

既要拼命赶路，也要放松休息

有一个探险家，到南美的丛林中，找寻古印加帝国文明的遗迹。他雇用了当地人作为向导及挑夫，一行人浩浩荡荡地朝着丛林的深处走去。

那群土著的脚力过人，尽管他们背负笨重的行李，仍是健步如飞。在整个队

伍的行进过程中，总是探险家先喊着需要休息，让所有土著停下来等候他。

探险家虽然体力跟不上，但希望能够早一点到达目的地，一偿平生的夙愿，好好地来研究一下古印加帝国文明的奥秘。

到了第四天，探险家一早醒来，便立即催促着打点行李，准备上路。不料领导土著的翻译人员却拒绝行动，令探险家为之恼怒不已。经过详细的沟通，探险家终于了解，这群土著人自古以来便流传着一项神秘的习俗，在赶路时，皆会竭尽所能地拼命向前冲，但每走上 3 天，便需要休息 1 天。

探险家对于这项习俗好奇不已，询问当翻译的向导，为什么在他们的部族中，会留下这么耐人寻味的休息方式。向导很庄严地回答说："那是为了使我们的灵魂，能够追得上我们赶了 3 天路的疲惫身体。"

探险家听了向导的解释，心中若有所悟，沉思了许久，终于展颜微笑，心中深深地认为，这是他这一趟探险当中最好的一项收获。

感悟

凡事都应当全力以赴，但应该休息时，必须完全地放松自我，让疲惫的身心获得完整的复原机会，好让灵魂得以追得上充满干劲时的步调。

在感到疲倦以前就休息，才会保持精力充沛

在第二次世界大战期间，丘吉尔已经六十多岁了，却能够每天工作 16 小时，实在是一件很了不起的事情。他的秘诀在哪里？他每天早晨在床上工作到 11 点，看报告、口述命令、打电话，甚至在床上举行很重要的会议。吃过午饭以后，再上床睡一个小时。到了晚上，在 8 点吃晚饭以前，他再上床睡两个钟点。他并不是要消除疲劳，因为他根本不必去消除，他事先就防止了。因为他经常休息，所以可以很有精神地一直工作到半夜之后。

约翰·洛克菲勒也创了两项惊人的纪录：他赚到了当时全世界为数最多的财富，也活到 98 岁。他如何做到这两点呢？最主要的原因，当然是他家里的人都很长寿，另外一个原因是，他养成了休息的习惯，他每天在办公室里睡半小时午觉。在睡午觉的时候，哪怕是美国总统打来的电话，他都不接。

在一本名叫《为什么要疲倦》的书里，丹尼尔·何西林说："休息并不是绝对什么事都不做，休息就是修补。"在短短的一点休息时间里，就能有很强的修补能力，即使只打 5 分钟的瞌睡，也有助于防止疲劳。

无论是身体上的疲劳还是心理上的疲劳，都不是好兆头，这不但会引发某些病症，还会降低工作效率。要防止疲劳，保持旺盛的精力，最重要的是要常常休息，尤其在感到疲倦以前就休息。

第十六章

学会自制，学会宽容

　　学会自制，就是要学会控制自己的情绪和行为。一个有自制能力的人，才能够成为自己真正的主人。学会宽容，就是要学会忍让和谅解别人。一个有宽容之心的人，才能够成为人上人。

自己克制自己，集中精力去做事

一个商人因为业务发展的需要，决定招聘一个小伙计。

他在商店里的窗户上，贴了一张独特的广告："招聘：一个能自我克制的男士。每星期4美元，合适者可以拿6美元。"

"自我克制"这个词语在村里引起了议论，引起了小伙子们的思考，也引起了父母们的思考。自然也引来了众多求职者。

每个求职者都要经过一个特别的考试。

"能阅读吗？孩子。"

"能，先生。"

"你能读一读这一段吗？"他把一张报纸放在小伙子的面前。

"可以，先生。"

"你能一刻不停顿地朗读吗？"

"可以，先生。"

"很好，跟我来。"商人把他带到他的私人办公室，然后把门关上。

他把这张报纸送到小伙子手上，上面印着他答应不停顿地读完的那一段文字。阅读刚一开始，商人就放出6只可爱的小狗，小狗跑到男孩的脚边。这太过分了，男孩经受不住诱惑要看看可爱的小狗。由于视线离开了阅读材料，男孩忘记了自己的角色，读错了。当然，他失去了这次机会。

就这样，商人打发了70个男孩。终于，有个男孩不受诱惑一口气读完了。商

人很高兴。他们之间有这样一段对话：

商人问："你在读书的时候，没有注意到你脚边的小狗吗？"

男孩回答道："没有，先生。"

"我想你应该知道它们的存在，对吗？"

"对，先生。"

"那么，为什么你不看一看它们？"

"因为我告诉过你，我要不停顿地读完这一段。"

"你总是遵守你的诺言吗？"

"的确是，我总是努力地去做，先生。"

商人在办公室里走着，突然高兴地说道："你就是我要的人。明早7点钟来，你每周的工资是6美元。我相信，你大有发展前途。"

后来，男孩的最终发展的确如商人所说，若干年后，男孩成了一个有着良好口碑的百万富翁。

感悟

自我克制是成功的基本要素之一。很多人不能自我克制，也就无法把精力投入到自己的工作中，完成自己伟大的使命。这可以解释成功者和失败者之间的区别。

自制是一种能力，人生贵在有自制

南京大学有一个美国留学生叫苏珊娜。寒假里，苏珊娜随她的女同学张某到她的老家河南农村过年。大年初一，张家准备了一桌丰盛的酒席招待苏珊娜。席上，张父特意以当地名酒款待佳宾。张父给苏珊娜斟了满满一杯酒，可是苏珊娜只是礼貌地举杯，却滴酒不沾。

张家问其故，苏珊娜说，她的家乡在美国西雅图。当地的法律规定，公民年满 21 岁才能饮酒，她今年才 19 岁，还未到饮酒的年龄。

张家人劝她，这里是中国，不是美国，入乡随俗嘛。再说，没有一个美国人会知道你在中国饮过酒。苏珊娜却说，虽然自己身在国外，也应该遵守美国法律。名酒的味道虽然很香，但自己会克制自己，不到法定年龄，决不饮酒。

张家人对这个 19 岁的美国姑娘十分敬佩。

寒假结束，苏珊娜要回南京的时候，当地政府有关部门特意设宴友好地款待苏珊娜，苏珊娜却婉言谢绝了。苏珊娜说，美国的法律规定，凡属官方的宴请，只能由政府官员出席。她是一个普通的美国人，不是政府官员，因此不能接受官方的宴请。

再说一个美国商人，他经常到中国做生意。有一次，一笔生意成交以后，中方宴请他。中方听说这个美国商人十分喜欢吃红鳟鱼，席上，主人特意请著名厨师做了一道名菜：清炖红鳟鱼。

这道菜上来以后，美国商人眼睛一亮，看得出，商人真的很喜爱这道菜。奇怪的是，商人夹了一块鱼肉以后，还没有送到嘴里就又送了回去，放下筷子不吃了。

主人忙问其故，商人说："这是一条有籽的鳟鱼，美国法律规定，要保护生态环境，不能吃有籽的母鱼。"主人连忙说："这是在中国，不是美国。中国并没有这样的法律。"美国商人说："我是美国人，走到哪儿，都要遵守美国的法律。"

主人很尴尬，再次劝美国商人说，即使是这样，这条红鳟鱼已经烧熟了，不吃浪费了岂不可惜！美国商人却说，即使浪费了，我也不能吃，美国商人自始至终都没有碰这条红鳟鱼。

美酒的味道很香，苏珊娜却不为之心动；红鳟鱼的味道很美，那位美国商人却不为之下箸。他们在没有任何外界压力下，都有一种自我限制行为，是在自觉地履行某种义务。

　　自制就是自己克制自己。自制是一种能力，一种可贵的自我限制行为，也是一种义务。快乐源于自制，成功也源于自制。只有做到自制，才会心安理得，才会快乐。

控制住自己的情绪，不要让怒火烧伤自己

　　第二次世界大战期间，乔治·罗纳被迫逃往瑞典，之前他曾在维也纳当过很多年的律师，人生阅历和生活阅历都很丰富。到了瑞典，他已身无分文，他必须找一份工作养活自己。

　　他学过好几种外语，既能说、又能写，因而他想到一家进出口公司找份秘书工作。他给很多公司写信，谈了自己的想法，绝大多数公司回信告诉他，现在处于战争时期，他们不需要这类职员，不过他们已把他的名字存入档案。

　　其中有一封回信这样写道："你对我生意的了解完全错误，你既错又笨，我根本不需要任何替我写信的秘书。即使需要，我也不会请你，因为你甚至连瑞典文都写不好，信里全是错字。"

　　乔治·罗纳读完这封信后怒火中烧，他简直要疯了。这个人也太讨厌了，他自己的瑞典文写得错误百出，还有资格指责别人，太狂妄了。于是他也写了一封信，想气气那个讨厌的家伙。

　　他转念又想：等一等，我怎么知道这个人说的不对呢？我学过瑞典文，可是它不是我的母语，或许我真犯了很多我不知道的错误。如果这样的话，我想找到一份工作，就必须努力学习。这个人可能帮我一个大忙，尽管他本意并非如此。他用这种难听的话表达意见或许自有他的道理，我应该写封信感谢他一番。于是，他写了一封感谢信。

　　后来，他竟然被这家公司聘用了。

情绪的确能影响人的行为，很多人因为不能控制情绪而做错了许多事，甚至导致了许多悲剧。那么，我们可以控制情绪吗？答案是肯定的。在遇事时，只要冷静下来，告诉自己等一等，我们就会控制住自己的情绪。

想说别人的闲话时，要闭上自己的嘴

圣菲利普是16世纪深受爱戴的罗马牧师。

有一次，一位年轻的女孩来到圣菲利普面前向他倾诉自己的苦恼。其实女孩心地不坏，只是常常说三道四，喜欢说些无聊的闲话。这些闲话传出去后，往往会给别人造成许多伤害。久而久之，人们都远离她了。因为没有朋友，所以，她觉得很孤独。

圣菲利普对女孩说："你不应该谈论他人的缺点，我知道你也为此苦恼，现在我命令你要为此赎罪。你到市场上买一只母鸡，走出城镇后，沿路拔下鸡毛并四处散布。你要一刻不停地拔，直到拔完为止。你做完之后，就回到这里告诉我。"

女孩觉得这是非常奇怪的赎罪方式，但为了消除自己的烦恼，她没有任何异议。她买了一只母鸡，走出城镇，并遵照吩咐拔下鸡毛。然后她回去找圣菲利普，告诉他自己按照他说的做了一切。

圣菲利普说："你已完成了赎罪的第一部分，现在要进行第二部分。你必须回到你散布鸡毛的路上，捡起所有的鸡毛。"

女孩照做了，可在这时候，风已经把鸡毛吹得到处都是了。她只捡回了一些，但是不可能捡回所有的鸡毛。

女孩回来说："我没能捡回所有的鸡毛。"

圣菲利普说："没错，我的孩子，你是无法捡回所有的鸡毛的。你那些脱口而出的愚蠢话语不也是如此吗？你不也常常从口中吐出一些愚蠢的谣言吗？你有可能跟在它们后面，在你想收回的时候就能收回吗？"

女孩说："不能。"

"那么，当你想说些别人的闲话时，请闭上你的嘴，不要让这些羽毛散落路旁。"圣菲利普说。

在生活中，如何说话，尤其是如何谈论别人，我们需要慎重考虑。当我们想谈论别人的缺点、说别人的坏话和散布谣言时，我们需要在说出前先想一想该不该说。因为有些话一旦说出口，不是想收回就能收回的。

记住该记住的，忘却不该记住的

有一次，著名作家阿里与吉伯、马沙两位朋友一同出外旅行。

3个人行经一处山崖时，马沙失足滑落，眼看就要丧命，机灵的吉伯拼上命拉住了他的衣襟，将他救起。

为了永远记住这一恩德，动情的马沙在附近的大石头上，用力镌刻下这样一行字："某年某月某日，吉伯救了马沙一命。"

于是3人继续前进，几日后来到一处河边。可能因为长途行的疲劳的缘故，吉伯跟马沙为了一件小事吵起来了，吉伯一气之下打了马沙一记耳光。

马沙被打得火星直冒，然而他没有还手，却一口气跑到了沙滩上，仍然用很大力气在沙滩上写下一行字："某年某月某日，吉伯打了马沙一记耳光。"

这以后，旅行很快结束了。回到家乡，阿里怀着好奇心问马沙："你为什么要把吉伯救你的事刻在石头上，而把他打你耳光的事写在沙滩上？"

马沙平静地回答："我将永远感激并永远记住吉伯救过我的命，至于他打我的事，我想让它随着沙子的运动忘记得一干二净。"

人的一生中，要经历许多事情，要相识相交许多人。对于智者来说，他们忘记的是别人的不足和过错，而记住的却是别人的友好和恩典。所以，他们过的是一种宽恕和大气的生活。

只有学会谅解别人，才能找回真正的自己

一个阳光明媚的早晨，格兰的礼品店依旧开业很早。格兰静静地坐在柜台后边，欣赏着礼品店里各式各样的礼品和鲜花。

忽然，礼品店的门被推开了，走进来一位年轻人。他的脸色显得很阴沉，眼睛浏览着礼品店里的礼品和鲜花，最终将视线固定在一个精致的水晶乌龟上面。"先生，请问您想买这件礼品吗？"格兰亲切地问。可是，年轻人的眼光依旧很冰冷。

"这件礼品多少钱？""50元。"格兰回答道。年轻人听格兰说完后，伸手掏出50元钱甩在橱窗上。格兰很奇怪，自从礼品店开业以来，她还从没遇到这样豪爽、慷慨的买主呢。"先生，您想将这个礼品送给谁呢？"格兰试探地问了一句。

"送给我的新娘，我们明天就要结婚了。"年轻人依旧面色冰冷地回答着。格兰心里咯噔一下：什么，要送一只乌龟给自己的新娘，那岂不是给他们的婚姻安上一个定时炸弹？格兰沉重地想了一会，对年轻人说："先生，这件礼品一定

要好好包装一下，才会给你的新娘带来更大的惊喜。可是今天这里没有包装盒了，请你明天再来取好吗？我一定会利用今天晚上为您赶制一个新的、漂亮的礼品盒……""谢谢你！"年轻人说完转身走了。

第二天清晨，年轻人早早地来到了礼品店，取走了格兰为他赶制的精致的礼品盒。

年轻人匆匆地来到了结婚礼堂——新郎不是他而是另外一个年轻人！年轻人快步跑到新娘跟前，双手将精致的礼品盒捧给新娘。而后，转身迅速地跑回了自己的家中，焦急地等待着新娘愤怒与责怪的电话。在等待中，他的泪水扑簌簌地流了下来，有些后悔自己不该这样去做。

傍晚，婚礼刚刚结束的新娘便给他打来了电话："谢谢你，谢谢你送我这样好的礼物，谢谢你终于能明白一切了，也能原谅我了……"电话的一边新娘高兴而感激地说着。年轻人万分疑惑，什么也没说，便挂断了电话。他似乎明白了什么，迅速地跑到了格兰的礼品店。推开门，他惊奇地发现，在礼品店的橱窗里依旧静静地躺着那只精致的水晶乌龟！

一切都已经明白了，年轻人静静地望着眼前的格兰。格兰冲着年轻人轻轻地微笑了一下。年轻人冰冷的面孔终于在这瞬间被改变成一种感激与尊敬："谢谢你，谢谢你，你使我懂得了谅解别人的真正意义，让我又重新找回了我自己。"

感悟

在人的一生之中，我们总有一些事无法释怀，总对某些人怀有怨恨。其实，这是不明智的，因为在这种心理状态下，我们不可能快乐。只有学会谅解别人，才会把一些事看透看开，也才能找回那个真正善良、快乐的自己。

信任是一双希望的手，能拯救一个人的灵魂

在一个小镇上，有一个出名的地痞叫布鲁姆，他整日游手好闲，酗酒闹事，人们见到他唯恐躲避不及。一天，他醉酒后失手打死了前来上门讨债的债主，被

判刑入狱。

入狱后的布鲁姆幡然悔悟，对以往的言行深深感到懊悔。有一次，他成功地协助监狱制止了一次犯人的集体越狱出逃，获得减刑的机会。

布鲁姆从监狱中出来后，回到小镇上重新做人。他先是想打工赚钱，结果全被对方拒绝。这些老板全部遭受过布鲁姆的敲诈，谁也不要他这种人。食不果腹的布鲁姆又来到亲朋好友家借钱，遭到的都是一双双不相信的眼光，他那一点充满希望的心，开始滑向失望的边缘。

这时，镇长听说了，就给了布鲁姆100美元。布鲁姆接钱时没有显出过分的激动，他平静地看了镇长一眼后，消失在镇口的小路上。

数年后，布鲁姆从外地归来。他靠100美元起家，终于成了一个腰缠万贯的富翁，不仅还清了亲朋好友的旧账，还领回来一个漂亮的妻子。他来到了镇长的家，恭恭敬敬地奉上了200美元，然后，说道："谢谢您！"

事后，费解的人们问镇长，当初为什么相信布鲁姆日后能够还上100美元，他可是出了名的借款不还的地痞。

镇长笑了笑，说："我从他借钱的眼神中，相信他不会欺骗我，我那样做是让他感受到社会和生活不会冷酷地遗弃他。"

一个即将走向极端的人，就这样被镇长的信任拯救了过来。

感悟

一个好人会变成一个坏人，一个坏人同样也会变成一个好人。当一个人想改变自己时，最需要的是来自别人的信任。信任是一双希望的手，能拯救一个人的灵魂。

在与对手过招时，无招往往胜有招

日本东京有一个武功高强的武士，精通禅道，尽管他年纪很大了，但在和人交手的时候，仍然次次获胜。

　　一天晚上，一个年轻力壮的武士前来拜访。这个武士不但武功高强，而且胆大妄为，横行乡里。他和人比赛的时候，经常先用各种方式将对方激怒，令其在忍无可忍的情况下先出手，然后，自己抓住这个时机，平静而仔细地观察对方的漏洞，一旦抓住对方的弱点，就以迅雷不及掩耳的速度进行反击。使用这种招数，再加上自己的超常武功，年轻武士在和人交手时，也从未失败过。

　　年轻武士久仰老武士的声名，但因为年轻气盛，不把老武士放在眼里。他这天前来拜访的目的就是踢馆，想以此来提高自己的名望。

　　弟子们担心师父年龄太大，不是年轻武士的对手，都纷纷劝他不要接受挑战，或者挑选自己的年轻弟子迎战。可是，老武士接下了对方的战书，并决定亲自出战。

　　两大高手比赛的消息不胫而走，人们纷纷来到市区的大广场前，观看这场不同寻常的比赛。

　　比赛开始了，年轻武士像往常那样，开始侮辱老武士，对他扔石头、香蕉皮，还往他脸上吐口水，用脏话侮辱他，想以此来激怒他，但老武士不为所动。

　　这样折腾了好几个小时，老武士始终一动不动，既不生气，也不抢先出手。这是年轻武士从来没有遇到过的情况，他骂得嗓子都哑了，并且精疲力竭，已经没有力气和勇气向老武士进攻了。最后，血气方刚的武士不战而退，灰溜溜地逃跑了。

回来后，老武士的弟子们都气不过，纷纷质问道："师傅，您为什么不好好教训一下那个狂妄自大的家伙呢？""就是！那个小子太过分，师父您怎么能忍受？再说，这样也有损师父您的声名。"

面对弟子们的质问，老武士没有辩解，反而问道："假如有人带着礼物来见你，你不接下礼物的话，礼物归谁？"

弟子齐声回答道："当然是归送礼的人。"

老武士微微一笑，说到："妒嫉、愤怒和侮辱难道不是同样的道理吗？如果这些东西你都拒收，它们还是归对方所有。"

老武士最后说："从对招的角度来说，他是有，我是无，无招胜有招。"

弟子们听了这番话才明白了师父的用意，也从中领悟到了许多的道理。

感悟

对方不怀好意的挑衅和侮辱，目的就在于让我们愤怒，从而失去理智，这样对方就可以抓住我们的弱点，将我们击倒。在这种情况下，我们一定要沉住气，以无招对有招。要知道，对方所有邪恶的语言或举动，如果我们不接受，对方只能把它收回。

以德报怨，更能彰显人性的光芒

一位老人，为了让儿子们多一些人生历练，便对他的 3 个儿子说："你们 3 个人出门去看看，3 个月后回来，把旅途中最得意的一件事告诉我。我要看看你们哪一个所做的事最让人敬佩。"他的 3 个儿子听完后，就动身出发了。

3 个月到了，3 个人都回来了，老人就问他们每人所做的最得意的事。

长子说："有个人把一袋珠宝存放在我这里，他并不知道有多少颗宝石，假如我拿他几个，他也不知道。等到后来他向我要时，我原封不动地归还他。"

老人听了之后说："这是你应该做的事，若是你暗中拿他几颗，你想你会变成什么样的人？"长子听了，觉得这话有道理，便退了下去。

次子接着说："有一天我看见一个小孩落入水里，我救他起来，他的家人要送我厚礼，我没有接受。"

老人说："这也是你应该做的事，如果你见死不救，你心里过得去吗？"次子听了，也没话说。

最小的儿子说："有一天我看见一个病人昏倒在危险的山路上，一个翻身就可能摔死。我走向前一看，竟然是我的仇敌，过去我几次想报复他，都没有机会，这回我要弄死他，可以说不费吹灰之力，但是我不愿意暗地里害他，我把他叫醒，并且送他回家。"

老人不等他说完，就十分赞赏地说道："你的两个哥哥做的是符合良心的事，不过你所做的是以德报怨，这很难得。"

感悟

做该做的事，是不昧良心，但做到原来不易做到的善事，则更能彰显人性的光芒。尤其能做到以德报怨，宽恕仇敌并能适时援助对方时，可以称得上是难能可贵。

遇事不要冲动，缓一缓再作决定

从前，有个愚人很笨，所以他一直很穷，可是他的运气还不错。在一次下雨的时候，有一堵围墙被雨水冲倒了，他居然从倒了的墙里挖出了一坛金子，因此他一夜暴富。可是他依然很笨，他也知道自己的缺点，于是就向一位老人诉苦，希望老人能指点迷津。

老人告诉他说："你有钱，别人有智慧，你为什么不用你的钱去买别人的智慧呢？"

于是这个愚人就来到了城里，见到一个智者，就问道："你能把你的智慧卖给我吗？"

智者答道:"我的智慧很贵,一句话100两银子。"

那个愚人说:"只要能买到智慧,多少钱我都愿意出!"

于是那个智者对他说道:"遇到困难不要急着处理,向前走3步,然后再向后退3步,往返3次,你就能得到智慧了。"

"智慧这么简单吗?"那人听了将信将疑,生怕智者骗他的钱。

智者从他的眼中看出他的心思了,于是对他说:"你先回去吧,如果觉得我的智慧不值这些钱,那你就不要来了,如果觉得值,就回来给我送钱来!"

当晚回家,在昏暗中,他发现妻子居然和另外一个人睡在床上,顿时怒从心生,拿起菜刀准备将那个人杀掉。突然,他想到白天买来的智慧,于是前进3步,后退3步,各3次,正走着呢,那个与妻子同眠者惊醒过来,问道:"儿啊,你在干什么呢?深更半夜的!"

愚人听出是自己的母亲,心里暗惊:"若不是白天我买来的智慧,今天就错杀母亲了!"

第二天,他早早地就给那个智者送银子去了。

感悟

很多悲剧都是由于一时冲动和鲁莽造成的,如果我们在遇事时能保持冷静,有些事缓一缓再作决定,那么很多悲剧都可以避免。

学会忍耐，就是学会不做蠢事

希勒尔是犹太历史上最伟大的智者之一。

一次，有两个人打赌，说好谁能让希勒尔发火，就可以赢400元钱。这天刚好是安息日前夜，希勒尔正在洗头。

这时，有个人来到门前，大声喊道："希勒尔在吗，希勒尔在吗？"

希勒尔赶忙用毛巾包好头，走出门问道："孩子，你有什么事？"

"我有个问题要请教"

"那就请讲吧，孩子。"

"为什么巴比伦人的头是圆的？"

"你提出了一个重要的问题，原因在于他们缺乏熟练的产婆。"

那个人听完，就走了。

过一会儿，他又来了，大声喊道："希勒尔在吗？希勒尔在吗？"

希勒尔连忙又包好头，走出门来问道："孩子，你有什么事？"

"我有个问题要请教。"

"那就请讲吧，孩子。"

"为什么帕尔米拉地方的居民都烂眼睛？"

"你提出了一个重要的问题，原因在于他们生活在沙尘飞扬的地区。"

那个人听完，又走了。

"为什么非洲人长的都是宽脚板？"

……

那个人听完了，没走，又说道："我还有许多问题要问，但我怕惹您生气。"

希勒尔干脆把身上都裹好了，坐下来说："有什么问题，你尽管问吧。"

"你就是那个被人们称为以色列亲王的希勒尔吗？"

"不错。"

"要真是这样的话，但愿以色列不要有许多像你这样的人。"

"为什么呢？"

"因为为了你，我输掉了400元钱。"

希勒尔问明情况后，对他说："记住了，希勒尔是值得你为他输掉400元钱的，即使再加400元也不算多，不过希勒尔是决不会发火的。"

忍耐是人类最伟大的品质之一。学会忍耐，就是学会不做蠢事，就是学会不做那种一时痛快但终生遗憾的事。只要能克制自己的愤怒，时刻保持着大将风度，那么我们将无往而不胜。

谅解曾经伤害过你的人，才是最好的待人之道

约瑟是雅各的儿子，受到兄长的排挤，在小时候被兄长卖往埃及为奴，后来约瑟在埃及做了大官。

有一年闹饥荒，约瑟的哥哥们一路逃荒来到埃及。当约瑟发现自己的哥哥们时，就走上前说："我是约瑟，父亲还好吗？"

可是，哥哥们简直不相信这是真的，一时无法回答，一个个都目瞪口呆了。

约瑟又对哥哥们说："请你们走近些。"

当哥哥们走近时，约瑟说："我是你们的兄弟约瑟，你们曾经把我卖到埃及。"

兄长们还是不敢相信。但是当他们明白一切都是真的时，看着眼前的弟弟如此荣耀、如此威风，吓得说不出话来了。

这时几位兄长听到约瑟说："你们不要因为把我卖到这里而谴责自己，这是上帝为了救我的命才把我送到这里来的。老家发生饥荒已经两年了，你们将无法继续生存下去，现在所有的土地都颗粒无收。上帝把我早些送来，是以特殊的方式让我们生存下去。所以，是上帝而不是你们把我送到这儿来的。"

约瑟把自己少年的苦难说成是上帝拯救自己的行为，替哥哥们摆脱了自责的心理。

"谁是最强大的人？化敌为友的人。"能够宽容待人、化敌为友是为人处世的最高境界。谅解和接受曾经伤害过你的人，才是最好的待人之道。那些受到侮辱却不侮辱别人、听到诽谤却不反击的人，是值得敬重的人。

有些事再等一等，往往就会柳暗花明

英格丽·褒曼18岁那年去参加皇家戏剧学校的考试。

进入考场后，英格丽·褒曼一丝不苟地表演着精心准备的小品，但无意中朝评判席上的一瞥，使她大失所望。

她看到评判员们在漫不经心地聊天，一点儿也没有在意她的表演。英格丽·褒曼绝望了，甚至连后面的台词也忘掉了。

这时，她听到评判团主席说："好了好了，谢谢你，小姐！下一个……"英格丽·褒曼脑海里一片空白，她的世界一下子模糊了。

她走到一条河边，想在那里结束自己的生命，但因为河水太脏，臭气熏天，最后时刻她动摇了。第二天，她收到了皇家戏剧学校的录取通知书。

若干年后，英格丽·褒曼与那位评判团主席邂逅。

说起当年的情景，他立刻瞪大了眼睛："真是天大的误会。那天你一上台，我们就一致认为你被选中了。你是那么自信，我们都很欣赏你的舞台风格。我对另外几个评判员说：'好了，别浪费时间了，叫下一个吧。'"

在特定的时候和特定的环境中，人的心智有时是非常脆弱的。明白了这一点，我们就不要在那种时候和环境中决定什么，不妨耐心等一等，往往会等到柳暗花明。

当出现误会时，有话要好好说

有一个小伙子跟自己的女友已谈了 3 年恋爱了，两个人非常相爱，都说找到了自己的"另一半"。周围的朋友们都羡慕他们俩，以他们为楷模。

那天，这对恋人相约到一家咖啡屋会面。

小伙子迟到了 20 分钟，这还是第一次。姑娘等着急了，见到小伙子后就忙问他干什么去了。

本来心情就不好的小伙子也来了脾气："凭什么你审问我呀？我是有自由的，难道什么事都得向你汇报吗？"

姑娘愣了，他从来没有对她这么粗鲁过，一气之下，姑娘泼了小伙子一身咖啡，转身就走了。小伙子顿时火冒三丈，也没有追赶。

后来，姑娘在家里等着小伙子来向她道歉，可小伙子愣是好几天不露面，往他家打电话，也没人接。姑娘心里打鼓，可还是因为矜持，没好意思去找小伙子。其实小伙子出差了，临走之前他本来想给姑娘打个电话的，可也是因为没咽下心中的恶气，所以一赌气走了。小伙子走了半个月，气早就消了，他在外地工作特忙，打电话又不方便，所以他老想回来再说。

可等小伙子回来后，一切竟然都发生了变化。姑娘赌气交了新男朋友，小伙子听了这个消息，二话没说给姑娘写了封绝交信，

转身又去了另一个城市。这一去就是半年，当他再次出现在姑娘面前的时候，姑娘已经成了别人的新娘。

小伙子痛苦地在姑娘的婚宴上喝醉了，他一边哭一边说："我那天迟到，其实就是因为开车超速，跟警察打了一架，耽误了时间，本想说了让你安慰一下，可还没张嘴，就让你给顶了回来！"

小伙子陷入了深深的悔恨之中，因为赌气使他们俩错过了美好的姻缘，而此时，姑娘早已泪流满面。

大多数误会都是在不了解对方实际情况，并且没有进行解释的情况下产生的。有些误会可能会导致恋人分手，也可能使朋友变为敌人，甚至会引发不可估量的后果。其实，这些误会很好避免，方法极其简单——有话好好说。

第十七章

要想收获果实，就必须先播种

世上无难事，只要肯登攀。人的命运不是上天注定的。"王侯将相，宁有种乎？"在这个世界上，只有一个人可以改变和决定你的命运，那就是你自己。

改变命运，先要改变内心

　　兔子是世界上最温驯的动物了，它只吃青草，谁也不伤害。可是，它却被很多动物伤害：狐狸、狼、老虎……这太不公平了！有一天，兔子就向上帝诉苦，它不想再做兔子了，希望上帝改变一下它的命运。

　　上帝很仁慈，马上答应了兔子的要求："好吧，你想变成什么？"

　　兔子说："变成一只鸟，在天上自由地飞来飞去，那些狐狸、狼、虎，就再也抓不着我了。"

　　上帝把兔子变成了鸟。没过几天，鸟又来诉苦："仁慈的上帝呀，我再也不想做鸟了！我在天上飞，天上的老鹰能抓住我；我在树上筑巢，树上的毒蛇能咬死我。这样的日子实在是太难过了！"

　　上帝问鸟："你想怎么样呢？"

　　鸟说："我想变成大海里的一条鱼，海里没有老鹰，没有毒蛇，我才能安心地过日子。"

　　上帝又把鸟变成了鱼。可是，鱼的处境似乎更糟，因为大海里到处都有"大鱼吃小鱼，小鱼吃虾米"的斗争。过了几天，鱼又要求上帝把它变成人。鱼说："人是万物之灵，他们住在坚固的钢筋水泥屋子里，使用着各种先进的武器装备，任什么凶猛的动物也不能伤害他们。相反，那些在山林里威风十足的狮虎，全被他们关在笼子里，供他们观赏取乐，那些蛇、鹰，都成了他们餐桌上的美味……"

　　上帝把鱼变成了人，心想，这下你该满意了吧！可是，过了不久，人照样来向上帝诉苦："太可怕了！到处都在流血，到处都是尸体，到处都是废墟……我们再也没法活了！"原来人类发生了战争，数以万计的士兵在互相残杀，无数的平民流离失所，死于饥饿和寒冷。

上帝问人："你想怎么样呢？"

人说："我想到另一个世界去，你把我变成上帝吧！"

上帝没有答应人的这个要求，他说："上帝只有一个，上帝多了也会打架。"

感悟

想改变自己的命运固然是件好事，但不可只追求表面形式上的改变，应该先要改变自己的内心。只有改变了自己的内心，才能真正地改变自己的命运，否则只能是越改命运越坏。

有什么样的看法，往往就会有什么样的命运

有两个乡下人，外出打工。一个去纽约，一个去华盛顿。可是在候车厅等车时，又都改变了主意，因为邻座的人议论说，纽约人精明，外地人问路都收费；华盛顿人质朴，见了吃不上饭的人，不仅给面包，还送旧衣服。

去纽约的人想，还是华盛顿好，挣不到钱也饿不死，幸亏没上车，不然真掉进了火坑。

去华盛顿的人想，还是纽约好，给人带路都能挣钱，还有什么不能挣钱的？幸亏还没上车，不然真失去一次致富的机会。

于是他们在退票处相遇了。两个人互换了车票。

去了华盛顿的人发现，华盛顿果然好。他初到华盛顿的一个月，什么都没干，竟然没有饿着，不仅银行大厅里的水可以白喝，而且商场里还有免费品尝的点心。

去了纽约的人发现，纽约果然是一个可以发财的城市。干什么都可以赚钱，带路可以赚钱，看厕所可以赚钱，弄盆凉水让人洗脸也可以赚钱。只要想点办法，再花点力气，什么都可以赚钱。

凭着乡下人对泥土的感情和认识，第二天，他在建筑工地装了10包含有沙子和树叶的土，以"花盆土"的名义，向需要泥土而又爱花的纽约人兜售。当天他在城郊间往返6次，净赚了50美元。一年后，凭"花盆土"他在纽约拥有了一间不小的门面。

在常年的走街串巷中，他又有一个新的发现：一些商店楼面亮丽而招牌较黑。一打听才知道，原来是清洗公司只负责洗楼，不负责洗招牌。他立即抓住这一商机，买了人字梯、水桶和抹布，办起一个小型清洗公司，专门负责擦洗招牌。几年以后，他的公司已有一百多个员工，业务也发展到多个城市。

有一次，他坐火车去华盛顿考察清洗市场。在火车站，一个捡破烂的人把头伸进软卧车厢，向他要一只空啤酒瓶，就在递瓶时，两人都愣住了，因为5年前，他们曾换过一次票。

在每个人的一生中，都有很多次可以改变自己命运的机会，是往好的方面改变，还是往坏的方面改变，完全有赖于一个人对当时情形的认识。也就是说，有什么样的看法，往往就会有什么样的命运。

用正确的方式审视自己，一切都会改变的

几十年前，在纽约北郊曾住着一位姑娘叫沙姗，她自怨自艾，认定自己的理想永远实现不了。她的理想也就是每一位妙龄姑娘的理想：跟一位潇洒的白马王

子结婚，白头偕老。沙姗整天憧憬着，眼看着周围的姑娘们都先后成了家。她成了大龄女青年，她认为自己的梦想永远不可能实现了。

在一个雨天的下午，沙姗在家人的劝说下去找一位著名的心理学家。握手的时候，她那冰凉的手指让人心战，还有那凄怨的眼神、如同坟墓中飘出的声音、苍白憔悴的面孔，都在向心理学家暗示：我是无望的，你会有什么办法呢？

心理学家沉思良久，然后说道："沙姗，我想请你帮我一个忙，我真的很需要你的帮忙，可以吗？"

沙姗将信将疑地点了点头。

"是这样的，我家要在星期二开个晚会，但我妻子一个人忙不过来，你来帮我招呼客人。明天一早，你先去买一套新衣服，不过你不要自己挑，你只问店员，按她的主意买，然后去做个发型，同样按理发师的意见办，听好心人的意见是有益的。"

接着，心理学家说："到我家来的客人很多，但互相认识的人不多，你要帮我主动去招呼客人，说是代表我欢迎他们，要注意帮助他们，特别是那些显得孤单的人。我需要你帮助我照料每一个客人，你明白了吗？"

沙姗一脸不安，心理学家又鼓励她说："没关系，其实很简单。比如说，看谁没咖啡就端一杯，要是太闷热了，开开窗户什么的。"沙姗终于同意一试。

星期二这天，沙姗准时出现在晚会上。她发式漂亮，衣衫得体。按着心理学家的要求，她尽心尽力，只想着帮助别人，她眼神活泼、笑容可掬，完全忘掉了自己的心事，成了晚会上最受欢迎的人。晚会结束后，有3个青年都提出了送她回家。

一个星期又一个星期，3个青年热烈地追求着沙姗，她最终答应了其中一位的求婚。看着幸福的新娘，人们都说心理学家创造了一个奇迹。

感悟

如果总是顾影自怜，孤芳自赏，其结果就是你走不进别人的心里，别人也走不进你的心里。只要用一种正确的方式审视自己，生活将变得轻松愉快，事业将变得一帆风顺，而且一切都会改变的。

习惯都是自己养成的，我们有能力改变它

有一个时期，美国富豪保罗·盖蒂的香烟抽得很凶。

一次，他开车度假经过法国，那天正好下着大雨，地面特别泥泞，开了好几个钟头的车子之后，他在一个小城里的旅馆过夜。吃过晚饭他回到自己的房间，很快便入睡了。

盖蒂凌晨两点钟醒来，想抽一支烟。打开灯，他自然地伸手去找他睡前放在桌上的那包烟，却发现是空的。他下了床，搜寻衣服口袋，结果毫无所获。

他又搜索他的行李，希望在其中一个箱子里能发现他无意中留下的一包烟，结果他又失望了。他知道旅馆的酒吧和餐厅早就关门了，心想，这时候要把不耐烦的门房叫过来，结果太不堪设想了。他唯一能得到香烟的办法是穿上衣服，走到火车站，但它至少在 6 条街之外。

看来并不乐观。外面仍下着雨，他的汽车停在离旅馆尚有一段距离的车房里，而且，别人提醒过他，车房午夜关门，第二天早上 6 点才开门。能够叫到计程车的机会也似乎是零。

显然，如果他真的要抽一支烟，只有在雨中走到车站。但是要抽烟的欲望不断地袭扰着他，并越来越浓厚。于是他脱下睡衣，开始穿上外衣。当他穿好衣服，伸手去拿雨衣，这时他突然停住了，开始大笑，笑他自己。他突然体会到，他的行动多么不合乎逻辑，甚至荒谬。

盖蒂站在那儿寻思，一个所谓的知识分子，一个所谓的商人，一个自认为有足够理智对别人下命令的人，竟要在三更半夜，离开舒适的旅馆，冒着大雨走过好几条街，仅仅是为了得到一支烟。

盖蒂生平第一次注意到这个问题，他已经养成了一个难以改掉的习惯，他愿意牺牲极大的舒适去满足这个习惯。这个习惯显然没有好处，他突然明确地注意到这一点。头脑很快清醒过来，片刻就作了决定。

他下定了决心后，把那个仍然放在桌上的烟盒揉成一团，丢进废纸篓里。

然后他脱下衣服，再度穿上睡衣回到床上，带着一种解脱，甚至是胜利的感觉，他关上灯，闭上眼，听着打在门窗上的雨点声。几分钟之内，他进入一个深沉、满足的睡眠中。

自从那天晚上后，他再也没抽过一支烟，也没有抽烟的欲望。

感悟

一件事一旦形成习惯，它就会控制我们。但是我们每个人也有一股不小的缓冲能力。我们既然有能力养成习惯，当然也有能力去除我们认为不好的习惯。

要想变得富有，最好的方法是向富人学习

有一个贫穷的人，见一个富人生活得很舒适和惬意，他对富人说："我愿意在您家里为您工作3年，我不要一分钱，但是您要让我吃饱饭，给我地方住。"

富人觉得这真是少有的好事，立即答应了这个穷人的请求。3年后，穷人离开了富人的家，不知去向。

10年过去了，那个昔日的穷人已经变得非常富有了，而以前那个富人相比之下，就显得很寒酸。于是，富人向昔日的穷人请求：愿意出10万元买他富有的经验。

那个昔日的穷人听了，哈哈大笑："我是用从你那儿学到的经验赚得了大量的财富，而今你又用金钱来买我的经验！"

再来看下面这个故事。

特奥的父母不幸辞世，给他和哥哥卡尔留下了一个小小的杂货店。微薄的资金，简陋的设施，他们靠着出售罐头和汽水之类的食品，勉强度日。

兄弟俩不甘心这种穷苦的状况，一直寻找发财的机会。

有一天，卡尔问弟弟："为什么同样的商店，有的赚钱，有的只能像我们这样惨淡经营呢？"

特奥回答说："我觉得我们经营有问题，如果经营得好，小本生意也可以赚钱的。"

"可是，如何才能经营得好呢？"于是，他们决定经常去其他商店看一看。

一天，他们来到一家"消费商店"，这家商店顾客盈门，生意红火，引起了兄弟俩的注意。他们走到商店外面，看到门外有一张醒目的告示上写着："凡来本店购物的顾客，请保存发票，年底可以凭发票额的3%免费购物。"

他们把这份告示看了又看，终于明白这家商店生意兴隆的原因了。原来顾客就是想要那"3%"的免费商品。

他们回到自己的店里后，立即贴了一个醒目的告示："本店从即日起，全部商品让利3%，本店保证所售商品为全市最低价，如顾客发现不是全市最低价，本店可以退回差价，并给予奖励。"

就是凭借这种借来的智慧，兄弟俩的商店迅速扩大，并最终成为世界上最大的连锁商店之一。

智慧源自于学习、观察和思考。变成富人的第一条途径是向富人学习，因为在富人的"言传身教"中，能学到富人致富的经验和智慧。

靠诚实和勤劳，最终一定会迎来好运

父亲去世了，约翰是家里的长子，所以，他必须承担起照顾全家的责任。那年他16岁。

约翰到镇里最有钱的法官多恩那儿去要一美元，那是法官买约翰父亲的玉米

时欠的钱。法官多恩把钱给了他并说，约翰的父亲曾向他借了 40 美元。"你打算什么时候还给我你父亲欠我的钱？"法官问约翰，"我希望你不要像你的父亲那样，他是个懒汉，从不卖力气干活。"

那一年的夏天，除了每天晚上和星期天全天在自己家的地里干活，约翰每天都到别人的田里干活。到了夏天结束的时候，约翰积攒了 5 美元交给法官。

冬季天气太冷，不能耕种，约翰的朋友塞夫为他提供了一个冬季挣钱的好机会。塞夫告诉约翰，靠狩猎获取兽皮能够挣到很多钱。但是他说，约翰需要 75 美元买一杆枪和捕猎用的绳、网以及在树林里过冬的食物。约翰去见法官多恩，说明了他的打算，法官同意借给他所需要的那笔钱。

约翰吻别了母亲，和塞夫一起离开了家。他的背上背着一大袋食物、一杆新枪和捕猎用具，这些都是用法官的钱买来的。他和塞夫步行了几个小时，来到林子深处的一间小木屋前。这所小房子是塞夫几年前搭建的。这年冬天，约翰学到了很多东西。他学会了如何追捕野兽和怎样在树林里生存。大森林考验了他的毅力，使他变得勇敢，也使他的体格更加健壮。约翰捕到了很多猎物。到 3 月初，他得到的兽皮堆起来几乎和他的个子一样高。塞夫说，约翰用这些兽皮至少可以挣 200 美元。

约翰打算回家，但是塞夫想继续打猎直到 4 月份。因此，约翰决定自己一个人回家。塞夫帮约翰捆扎好兽皮和

捕猎用的东西，让他能够背在背上。然后，塞夫说："现在请注意听我说，当你过河时，不要从冰上走，河上的冰现在很薄。找一处冰已融化的地方，再把一些圆木捆在一起，你可以浮在上面过河。这样做会多花几个小时的时间，但是这样更安全。""好的，我会这样做的。"约翰急切地说。他想立刻就走。

这一天，当约翰快步走在树林中时，他开始考虑起他的将来。他要去读书和学写字，他要给家里买一块大一些的农田。也许有朝一日，他也会像镇里的法官一样有权势，并受人尊敬。背上沉甸甸的东西使他考虑起到家后要做的事情：他要给他母亲买一身新衣服，给弟弟妹妹们买些玩具，他还要去见法官。约翰恨不得马上就把父亲向法官借的钱全部还清。

到了下午晚些时候，约翰的腿疼了起来，背上的东西也更加沉重。当他终于到达河边时，他高兴极了，因为这意味着他就要到家了。约翰记得塞夫的忠告，但是，他太累了，顾不上去寻找一块冰已化了的地方。他看到河边长着一棵笔直的大树，它的高度足以达到河的对岸。约翰取出斧头砍倒大树。树倒下来，在河面上形成一座独木桥。约翰用脚踢了踢树，树没有动。他决定不按塞夫说的去做。如果他从这棵树上过河，那么用不了一个小时他就到家了，当天晚上他就能见到法官。

约翰身背兽皮、怀抱猎枪，跨到放倒的树上。树在他脚下稳如磐石。然而，就在他快要走到河中央时，树干突然动了起来，约翰从树上掉到冰上。冰面破裂，约翰沉到水里，他甚至没来得及叫喊一声。约翰的枪掉了，那些兽皮和捕猎的工具也从他的背上滑了下来。他没法抓住它们，湍急的河水把东西冲走了。约翰破冰而行，挣扎到河岸。他失去了一切。他在雪地上躺了一会儿，然后，他爬了起来，找来一根长树枝，沿着河边来回走着。一连几个小时他戳着冰块，寻找那些东西。可是，他一无所获。

他径直来到法官家。天已很晚了，约翰敲门进去，他浑身冰冷，衣服潮湿。他向法官讲述了所发生的事情。法官一言未发，直到他把话讲完。然后，法官多恩说："人人都要学会一些本领，你却是这样来学习的。虽然这对你和我都很不幸，但是回家去吧，孩子。"

到了夏天，约翰拼命干活。他为家人种植了玉米和土豆，他还到别人的田里干活。他又攒够了5美元付给法官。但是他还欠法官30美元——那是他父亲欠的债，还有用来买捕猎工具和枪的 75 美元。加起来超过 100 美元。约翰觉得他一辈子也还不清这笔钱。

10 月份的时候，法官派人叫来约翰。"约翰，"他说，"你欠了我很多钱，我想我能够要回这些钱的最好方法，就是今年冬天再给你一次狩猎的机会。如果我再借给你 75 美元，你愿意再去打猎吗？"约翰羞愧难当，好半天才开口说："愿意。"

这一次，他必须独自一人进森林，因为塞夫已经搬到别的地方去了。不过，约翰记得塞夫教给他的所有本领。在那个漫长而孤独的冬天，约翰住在塞夫盖的小木屋里，每天出去打猎。这一次他一直待到 4 月底。这时候，他得到的兽皮太多了，因而他不得不丢掉他的捕猎工具。当他到达河边时，河上的冰已融化。他扎了一个木筏过河，尽管要多花去一天的时间，他还是那样做了。到家后，他以 300 美元把兽皮卖掉。约翰付给法官 150 美元，那是他借来买打猎用具的钱，然后他又还清了父亲借的那部分钱。

又到了夏天，约翰除了在自己家的田里干活，还去读书和学写字。这以后的 10 年里，他每年冬天都到森林里去打猎，他把卖兽皮挣来的钱全部攒了下来。最后他用这些钱买了一个大农场。

约翰 30 岁的时候，成了本镇的头面人物之一。那一年法官去世了，他把他的那所大房子和大部分财产留给了约翰，他还给约翰留下了一封信。约翰打开信，看了看写信的日期。这封信是法官在约翰第一次向他借钱准备外出打猎那天写下的。

"亲爱的约翰，"法官写道，"我从未借给你父亲一分钱，因为我从未相信过他。但是我第一次见到你时，我就喜欢上了你。我想确定你和你的父亲是否不一样，所以我考验了你。这就是我说你父亲欠我 40 美元的原因。祝你好运，约翰！"

信封里还装有 40 美元。

感悟

一个诚实的人，必然会受到他人的喜爱和敬重；一个勤劳的人，必然会得到成功的回报；一个勤劳而又诚实的人，最终一定会迎来好运。

要想收获果实，就必须先播种

一个穷汉每天都在地里劳作。有一天，他突发奇想："与其每天辛苦工作，不如向神灵祈祷，请他赐给我财富，供我今生享受。"

他深为自己的想法得意，于是把弟弟喊来，把家业委托给他，又吩咐他到田里耕作谋生，别让家人饿肚子。——交代之后，他觉得自己没有后顾之忧了，就独自来到天神庙，为天神摆设大斋，供养香花，不分昼夜地膜拜，毕恭毕敬地祈祷："神啊！请您赐给我现世的安稳和利益，让我财源滚滚吧！"

天神听见这个穷汉的愿望，内心暗自思忖："这个懒惰的家伙，自己不工作，却想谋求巨大财富。倘若他在前世曾做布施，累积功德，那么，给他些利益也未尝不可。可是，查看他的前世行为，根本没有布施的功德，也没有半点因缘，现在却拼命向我求利。不管他怎样苦苦要求，也是没有用的。但是，若不给他些利益，他一定会怨恨我。不妨用些方便，让他死了这条心吧。"

于是，天神就化作他的弟弟，也来到天神庙，跟他一样祈祷求福。

哥哥看见了，不禁问他："你来这儿干吗？我吩咐你去播种，你播下了吗？"

弟弟说："我也跟你一样，来向天神求财求宝，天神一定会让我衣食无忧的。纵使我不努力播种，我想天神也会让麦子在田里自然生长，满足我的愿望。"

哥哥一听弟弟的祈愿，立即骂道："你这个混账东西，不在田里播种，就想等着收获，实在是异想天开。"

弟弟听见哥哥骂他，却故意问："你说什么？再说一遍听听。"

"我就再说给你听，不播种，哪能得到果实呢！你不妨仔细想想看，你太傻了！"

这时天神才现出原形，对哥哥说："诚如你自己所说，不播种就没有果实。"

感悟

一分耕耘，才能有一分收获。想要收获果实，就要先播种。我们只有脚踏实地地付出努力，才能改变命运，才能过上幸福美满的生活。

只有真正认识自己，才能拯救自己

有一次，美国从事个性分析的专家罗伯特·菲力浦在办公室接待了一个自己开办的企业倒闭、负债累累、离开妻女的流浪者。

那人进门打招呼说："我来这儿，是想见见这本书的作者。"说着，他从口袋中拿出一本名为《自信心》的书，那是罗伯特许多年前写的。

流浪者继续说："一定是命运之神在昨天下午把这本书放入我的口袋中的，因为我当时决定跳到密歇根湖，了此残生。我已经看破一切，认为一切已经绝望，所有的人已经抛弃了我，但还好，我看到了这本书，使我产生新的看法，为我带来了勇气及希望，并支持我度过昨天晚上。我已下定决心，只要我能见到这本书的作者，他一定能协助我再度站起来。现在，我来了，我想知道他能替我这样的人做些什么。"

在他说话的时候，罗伯特从头到脚打量流浪者，看到他茫然的眼神、十来天未刮的胡须以及紧张的神态。显然，他看上去已经无可救药了，但罗伯特不忍心对他这样说。罗伯特请他坐下来，要他把自己的故事完完整整地说出来。

听完流浪汉的故事，罗伯特想了想，说："虽然我没有办法帮助你，但如果你愿意的话，我可以介绍你去见一个人，他可以帮助你赚回你所损失的钱，并且协助你东山再起。"罗伯特刚说完，流浪者立刻跳了起来，抓住罗伯特的手，说道："看在老天爷的份上，请带我去见那个人。"

显然，他心中仍然存在着一丝希望。于是，罗伯特拉着他的手，引导他来到从事个性分析的心理试验室里，和他一起站在一块看起来像是挂在门口的窗帘布之前。罗伯特把窗帘布拉开，露出一面高大的镜子，他可以从镜子里看到自己的全身。罗伯特指着镜子说："就是这个人。在这世界上，只有一个人能够使你东山再起，除非你坐下来，彻底认识这个人，否则，你只能跳密歇根湖里，因为在你对这个人作充分的认识之前，对于你自己或这个世界来说，你都将是一个没有任何价值的废物。"

他朝着镜子走了几步，用手摸摸他长满胡须的脸孔，对着镜子里的人从头到脚打量了几分钟，然后后退几步，低下头，开始哭泣起来。一会儿后，罗伯特领他走出电梯间，送他离去。

几天后，罗伯特在街上碰到了这个人，而他不再是一个流浪汉形象，他西装革履，步伐轻快有力，头抬得高高的，原来那种衰老、不安、紧张的姿态已经消失不见。他说他感谢罗伯特先生，让他找回了自己，并很快找到了工作。

后来，那个人真的东山再起，成为芝加哥的富翁。

感悟

古希腊德尔菲城的神庙大门上镌刻着一句警言："认识你自己。"是的，在很多时候，很多人并不知道自己是个什么样的人，这不仅是人们常常存在的一种误区，而且往往也是人类很难超越的人性的弱点。要解决这个问题也很简单，照照镜子，你或许就能找回自信，找回那个真正的自己。

勤奋的人，更容易得到最高的荣誉和奖赏

哈德良皇帝是一个贤明的君主。有一天，他看见一个老者正在勤奋地种植无花果树。

他问老者："你想享受你劳动带来的果实吗？"

老者说："假使我活不到吃无花果的时候，也没什么，我的子孙们将会吃到。不过，也许上帝会特赦我。"

"请记住，老人家，如果你得到了上帝的特赦，吃到这树的果实，请你一定告诉我。"哈德良皇帝说。

时间过得很快，果树在老者有生之年结出了丰硕的果实。老者十分高兴，装了满满一篮子无花果来见哈德良皇帝。

老者说道："我就是你看见过的那个种无花果树的老头儿，这些果实是我劳动的成果。"

哈德良皇帝让他坐在金椅子上，把他的篮子装满了黄金。

皇帝的仆人反对说："您想给一个老头儿那么多荣誉吗？"

哈德良皇帝却说："上帝给勤奋的人以荣誉，难道我就不能做同样的事吗？"

感悟

勤奋的人，更容易得到最高的荣誉和奖赏；对于那些懒惰的人，上帝不会给他们任何礼物。懒惰的人一生无所事事，他们的一生也将是一无所获。

要珍视和发掘自己的价值

一个年轻人觉得自己什么事也做不好，大家都说他没用，又蠢又笨。他很苦恼。于是，他找到了老师诉说烦恼。

老师说："孩子，我很遗憾，现在帮不了你，我得先解决自己的问题。"他

停顿了一下，说："如果你先帮我个忙，我的问题解决了，之后也许我可以帮助你。"

"哦……如果能帮您的忙，我很荣幸，老师。"年轻人很不自信地回答说。

老师把一枚戒指从手指上摘下来，交给小伙子，说："骑着马到集市去，帮我卖掉这枚戒指，我要还债，要卖一个好价钱，最低不能少于一个金币。"

年轻人拿着戒指离开了。一到集市，他就拿出戒指。人们围上来看，而当年轻人说出了戒指的价格后，有人嘲笑他，有人说他疯了，只有一位老人出于好心向他解释一个金币是多么值钱，用来换这样一枚戒指是多么不值。有人想用一个银币和一些不值钱的铜器来换这枚戒指，但年轻人记着老师的叮嘱，拒绝了。

年轻人骑着马悻悻而归。他沮丧地对老师说："对不起，我没有换到您要的一个金币。也许可以换到几个银币。"

"年轻人，"老师微笑着说，"首先，我们应该知道这枚戒指的真正价值。你再骑马到珠宝商那里去，告诉他我想卖这枚戒指，问问他给多少钱。但是，不管他说什么，你都不要卖，带着戒指回来。"

年轻人来到珠宝商那里，珠宝商在灯光下用放大镜仔细检验戒指后说："年轻人，告诉你的老师，如果他现在就想卖，我最多给他 58 个金币。"

"58 个金币？"小伙子不敢相信自己的耳朵。

"是啊，我知道，要是再等等，也许可以卖到 70 个金币。我不知道你的老师是不是急着要卖……"珠宝商说。

年轻人激动地跑到老师家，把珠宝商说的话告诉了老师。

老师听后，说："孩子，你就像这枚戒指，是一件举世无双、价值连城的珠宝。但是，只有真正的内行才能发现你的价值。我们每个人都是一枚戒指，在人生这个大市场里要自我珍视，同时也要努力，让我们遇到的人，就算不是内行，也能发现我们真正的价值。"

年轻人顿悟，舒展了眉头。

一个人既然能够存在于这个世界上，就说明有存在于这个世界上的价值。人生就好比是一个大市场，你认为自己的价值有多大，别人也会认为你的价值有多大，那么你的价值就会有多大。

播种希望，收获奇迹

希腊神话中有一则神话叫"潘多拉的匣子"。传说众神之王宙斯因为普罗米修斯违背了他的意愿，盗了天火给人类，因此大怒，开始惩罚普罗米修斯和人类。他命令手艺最高明的匠神赫淮斯托斯按照女神的模样打制出一名女子，起名叫潘多拉，即具有一切天赋的女人之意，并且让每一个神都送一样礼物放在潘多拉随身携带的匣子里。之后，宙斯把潘多拉嫁给了普罗米修斯的弟弟埃庇米修斯。因为普罗米修斯是个先知，所以他知道潘多拉的匣子是宙斯用来惩罚人类的工具，因此，他事先反复郑重地提醒和警告埃庇米修斯：千万千万不要动潘多拉的匣子。但普罗米修斯万万没有想到，自己语重心长的警示反而引起了埃庇米修斯强烈的好奇心。埃庇米修斯趁人不在，偷偷地打开了潘多拉的那个匣子，顿时，匣子里各种各样的东西都飞了出来，埃庇米修斯定神一看，天哪，从匣子里飞出来的是战争、疾病、瘟疫、灾难、痛苦、妒忌……埃庇米修斯被吓坏了，他急急忙忙关上了匣子，结果，最后一样东西被关在了匣子里，这个东西恰恰就是：希望。

从此以后，人类经历各种各样的战争、疾病、瘟疫、灾难、痛苦、妒忌……唯独缺少希望。

亚历山大大帝给希腊世界和东方的世界带来了文化的融合，开辟了一直影响到现在的丝绸之路的丰饶世界。据说他投入了全部的青春活力，出发远征波斯之际，曾将他所有的财产分给了臣下。

为了登上征伐波斯的漫长征途，必须买进种种军需品和粮食等物，为此他需要巨额的资金，但他把珍爱的财宝和所有的土地，几乎全部分给臣下了。

他有位部下名叫庞尔狄迦斯，深以为怪，便问亚历山大大帝："陛下带什么启程呢？"

对此，亚历山大回答说："我只有一个财宝，那就是'希望'。"

据说，庞尔狄迦斯听了这个回答以后说："那么请允许我们也来分享它吧！"于是庞尔狄迦斯谢绝了分配给他的财产，许多人也仿效了他的做法。

带着"希望"启程的亚历山大大帝最后征服了无数的地方，促进了东西方文化的交流，对人类历史产生了深远的影响。

感悟

只要我们心中存有希望，只要我们心中有一颗希望的种子，那么就一定会创造出奇迹。希望能够带来美好，同时，我们要时刻提醒自己：希望只是希望，只有用勤奋去浇灌，才能盛开希望之花，得到希望之果。

第十八章

这世上最靠得住的东西，是智慧和本领

一个人想生存和发展，就必须要有靠得住的东西。在这个世界上，最靠得住的东西，不是金钱，也不是权势，而是智慧和本领。对于我们每个人来说，只有智慧与本领才是世上最有用、最长久的财富。

真正的本事不在于有多少理论，而在于实际运用

在森林里，住着一只见识广阔，满腹经纶，在社会上颇有地位的狐狸。这只狐狸熟读理论，常以专家自居，喜欢滔滔不绝地发表长篇大论。

有一天它外出，遇上一只从森林外边来的小花猫。闲谈时，小花猫仰慕这狐狸"才高八斗"，因此便虚心请教。

小花猫问道："尊敬的狐狸先生，近来生活困难，您是怎样度过的？"

狐狸说："什么？你这只可怜的小花猫，每天只会捉老鼠，你有什么资格问我如何生活！真不识抬举！你学过什么本领？说来听听！"

小花猫很谦虚地说"我只学会一种本事。"

"什么本事？"

"如果有只狼狗向我扑来，我就会跳到树

上去逃生。"

"唉，这算什么本领？我可是精读百科全书，掌握上百种武术，我身边还有不少锦囊妙计呢！你太可怜了！让我教你逃脱狼狗追逐的绝招吧！"

说着狐狸想从袋子中寻找妙计。碰巧，这时一群猎人带了四只猎狗迎面而来。小花猫敏捷地一纵身，跳上一棵树，躲藏在茂密的树叶中。小花猫大声向惊慌得不知所措的狐狸说："狐狸先生，赶快解开你的锦囊，拿出脱身妙计来！"

说时迟那时快，四只猎狗已扑向狐狸，将它抓住了。

小花猫叹息道："唉，狐狸先生，你会十八般武艺，却不会使一招半式。如果像我一样懂得爬上树来，你就不会落到这种凄凉的下场了！"

很多人讲起理论来头头是道，自以为自己很了不起，但到了需要实际应用时却往往不知所措。其实，理论只是文字的堆砌，一个人拥有多少理论并不重要，重要的是能够在实际中运用。

世界上没有笨蛋

沃斯一直觉得生活很压抑。他父亲是一家大公司的总经理，而他自己只是个普通的学生，甚至要在家庭教师的帮助下才能勉强完成学习课程。

"我该怎么办？为什么不能像父亲那样出色？"沃斯这样问自己。每一天，他都不快乐，因为他从没有体验到成功的喜悦。

安妮是父亲为他请来的家庭教师，她很奇怪沃斯为什么总是沉默寡言。

"能告诉我你为什么不快乐吗？"安妮问道。

"我没有个性，也从没有获得过成功。"沃斯对安妮说，"你知道，我的父亲是一个非常成功的人，而我作为他的儿子，却非常平凡。我对学习不感兴趣，几乎找不到可以让我感到自豪的事情。我是个笨蛋。"

"哦，沃斯，你听过一句话吗？"安妮问。

"什么话？"沃斯抬起了头，看着安妮。

"世界上没有笨蛋！"安妮说，"这是我的老师告诉我的，而我现在把这句话告诉你！"

"每个人的智商都不一样，但是世界是公平的，或许你不擅长某些东西，但总有你擅长的，只不过有的时候，你自己没有发现而已。"安妮接着说，"所以你要去寻找你所擅长的，也就是你所感兴趣的东西。如果你愿意，我可以带你去一个好玩的地方。你一定还没有尝试过飞翔的感觉吧？"

"好吧，也许你说的对。"沃斯轻轻地说。

……

"好棒的感觉！"他兴奋的对安妮说道，"我擅长于飞行，仿佛我天生就有这种本领。我把一切都投入到这疯狂的追求中，并由此获得了自信心。"沃斯终于找到自己所擅长的东西，他也从此获得了自信和快乐。

"我知道自己不是一个才华横溢的人，但我有一个不同寻常的能力，我会飞翔。"他常常这么对别人说。

长大的沃斯后来接管了父亲的公司，并把公司带到了一个非常好的发展阶段，比他父亲那时候还要好。

感悟

很多人觉得自己很笨，没有取得什么成就，比起别人来差很多。要知道，每个人的智商都不一样，除了极少数智商特别高的人以外，大多数人的智商都相差无几。虽然每个人的智商都不一样，但这个世界上没有笨蛋，因为每个人都有最出色的一面。

眼睛并不一定可靠，最可靠的是智慧

四处流浪的伯金来到了一个陌生的地方。当他走进一条街道的时候，看到有一个老头儿坐在街道的拐角处，那是一个乞丐。没来由的，这个乞丐居然要请伯金喝咖啡，伯金没有拒绝，他们到广场喝起了咖啡。

几分钟以后，这个面貌和蔼的乞丐对他说，他有些重要的东西要给伯金看并要与他共同分享。伯金紧紧地跟在老乞丐的后面，穿过了几个街区，来到了图书馆。他跟着乞丐走进了这座神圣而又庄严的知识殿堂，而这里曾是伯金讨厌的地方。

乞丐让伯金坐在椅子上，说："我马上回来。"

不一会儿，乞丐夹着几本旧书回来了。他把书放到桌子上，在伯金身边坐了下来。接着，乞丐打开了话匣子，开始了那改变伯金一生命运的谈话。

"年轻人，我教你两件事。"他目不转睛地看着伯金，意味深长地说，"第一，不要从封面来判断一本书的好坏，因为封面有时也会蒙骗你。我敢打赌，你一定认为我是个乞丐，是不是？"

"难道你不是吗？"伯金反问道说。

"嗯，年轻人，我知道你会这么想的。不过，我会让你大吃一惊的。"他一边说着，一边神秘地望着伯金，"你可能不知道，其实我是这个世界上最富有的人之一，人们梦寐以求的任何东西我几乎都有。"说着，乞丐收敛起笑容，目光也从伯金的脸上移向了远方，仿佛陷入了回忆之中。

"我原来住在繁华的大城市，凡是金钱能买到的东西，我全都拥有。但是一年前，我妻子死了，我为她祈祷，请求上帝保佑她的在天之灵。从那以后，我开始追忆过去的岁月，深刻反省人生的意义。我知道，生活是丰富多彩的，而我还有很多东西都没有体验过，比如做一个沿街乞讨的乞丐，于是我决定要做一年的乞丐。就这样，在过去的一年里，我从一个城市流浪到另一个城市，到处漂泊，到处乞讨。"说到这儿，他把目光再次移向伯金，"所以，年轻人，千万不要以貌取人，否则你会受骗的。"

他顿了顿，咽了口唾沫，语重心长地继续说道："我要教给你的第二件事是要学会如何读书。因为这个世界上只有一种东西是别人无法从你的身上拿走的，那就是智慧！"

说完，他伸出一双肮脏不堪的手握住伯金的右手，把刚才从书架上找到的书放到了他的手上。那是柏拉图和亚里士多德的著作——已经是流传了几千年的不朽经典。

多年以后，伯金已不再四处流浪了，他成了一个不但有钱财而且有学问的人。

看人看事不要过于相信自己的眼睛，因为眼睛看到的只是表面的东西。这世界上最可靠的是自己的智慧，因为智慧是别人无法夺走的，只有依靠智慧才可以拥有自己想要的东西。

要学习书本知识，更要学习生活常识

有个书呆子一天到晚只会待在家里看书，什么事都依赖妻子，过着饭来张口、衣来伸手的生活。

这天黄昏，妻子在地里干完活回家，见自家的鸡还没有归窝。她自己要忙着做饭，没工夫去张罗赶鸡，就对丈夫说："我做饭，你去帮我把鸡都赶进窝去。"

书呆子答应了。他放下书本跑到外面。看到自家那几只鸡，连忙上去一阵使劲猛赶，结果那几只鸡吓得惊慌失措，乱飞乱窜；书呆子只好停下来朝鸡扬起手慢慢示意，于是那鸡又停在那里东瞧西望。等那几只鸡刚刚安定下来要向北面走去时，书呆子赶忙上前将鸡拦住，鸡吓得一掉头又朝南边跑去，书呆子急了，又赶到鸡前将鸡拦住，鸡又重新掉头朝北跑去。就这样，他靠近鸡时，鸡吓得到处扑腾，他远离鸡时，鸡又停住不走。折腾到天都黑下来了，还有几只鸡依然没赶回窝。

妻子做好了饭，还不见丈夫赶鸡回家。她出屋一看，书呆子无可奈何地站在那里，额上还淌着汗。

妻子很是生气，教他说："应该这样赶鸡：在鸡安闲的时候慢慢靠近它；如果它惊恐不安，你就扔点食物去引诱它。不能像你这样简单粗暴地乱赶一气，要慢慢引诱着赶。你尽量把鸡赶到熟悉的路上，让它慢慢安定下来，它自然而然就会直奔鸡窝了。这才是最好的赶鸡方法。"

书呆子恍然有所悟，说："想不到赶鸡也有学问，怎么书本上就见不到呢？"

感悟

人生处处皆学问，我们需要学习的不仅仅是书本上的知识，还要学习生活中的一些常识。如果一个人只懂得书本知识而不懂得一些生活常识的话，就会变成一个地地道道的书呆子。

这世上最靠得住的东西，是智慧和本领

从前，有一个小木匠，生了 5 个儿子后，日子穷得没法过了。他只好带着家中唯一一件值钱的东西——一套木匠用的工具出外谋生。一晃 20 年过去了，昔日的小木匠成了老木匠，他的儿子们也长大成人，老木匠也发了大财回来了。

发了大财的老木匠把 5 个儿子叫到跟前，对儿子们说："我这 20 年在外闯荡，没有照顾过你们一天，苦了你们和你们那死去的娘。今天，为了弥补我对你们欠缺的爱，特地要送给你们每人一样特别又有用的厚礼。你们谁能猜得出那礼物是什么吗？"

老大想也不想抢着答道："一定是好多好多的钱，谁不知父亲您在外面发了大财？"

"不是。钱再多，也有坐吃山空的时候。这礼物是世上最长久的东西。"老木匠提醒说。

老二回答说："父亲莫不是替我们兄弟几个买了官，让我们去做官，光宗耀祖，多威风！"

"不是。这礼物是世上最靠得住的东西。一个人当官能当一辈子吗？"老木匠问。

老三想了想说："父亲是不是给我们每位找了一位有权有势的靠山，来帮助我们呀？"

"更不是。"老木匠有点失望了。

老四不耐烦了，他着急地催促道："是什么宝贝快送给我们吧。"

老五听了哥哥们的话，一声不吭地从屋里拿出父亲外出谋生时随身携带的那套工具，对老木匠说："如果我没猜错的话，父亲应该是要教会我们谋生的本领吧。"

老木匠欣喜万分，他欣赏地看了看小儿子，说："还是你最懂父亲的心，你已经拥有了智慧，现在让父亲来教你做木匠的本领吧。"

老木匠把自己的木匠绝活传给小儿子，把钱财平均分给他的另外4个儿子。老木匠死后，老大、老二、老三和老四相继花光了父亲分给的钱财，又恢复到原先一穷二白的境况，只有小儿子凭着一手远近闻名的木匠绝活，日子越过越滋润，成了远近有名的大富翁。

感悟

一个人要想生存和发展，就必须要有靠得住的东西。在这个世界上，最靠得住的东西，不是金钱，也不是权势，而是智慧和本领。对于我们每个人来说，只有智慧与本领才是世上最有用、最长久的财富。

别被固有的知识禁锢了头脑

大草原上，日上中天。一位动物学家和一头大犀牛不期而遇。

动物学家一下慌了神，须知犀牛一嗅到可疑的气味，便会向散发气味的地方狂奔过来，横冲直撞……

但见眼前这头犀牛在不断摇头，动物学家紧皱的眉头一下又舒展开了。

牛背上的犀牛鸟焦急地提醒："科学家，我的伙伴的脾气喜怒无常！你最好在主人未动前先动，没命地逃吧！"

但见动物学家扬了扬手中的一本书，气定神闲："放心吧，这不会有什么危险的。根据《犀牛习性科学研究指南大全》第十二章第十二节的分析，犀牛摇头无非有两大重要信号：其一，说明它对另一方没有敌意，它不会主动进攻另一方；其二，说

明它可能见到了漂亮
的异性，因发情而摇头。"

犀牛鸟刚要说什么，但动物学家立刻把食指竖在嘴前："安静！这正好让我和犀牛来一次近距离的'亲密接触'！"

接着，动物学家便神情自若地和犀牛"对峙"起来，双方相持了 1 分钟，之后，犀牛却突然猛冲过来，动物学家当场被撞翻，身上不知留下了多少处骨折。

动物学家倒在地上，吐着断牙，奄奄一息："怎么会这样，这书上明明说……"

犀牛鸟失望地摇头："我来不及告诉你，我的伙伴刚才并未真正摇头，而是在驱赶钻入耳朵里的苍蝇……哎，大科学家，尽信书则不如无书，可怜啊……"

感悟

俗话说："尽信书则不如无书。"无论做什么事，我们都要区别对待，不能被固有的知识和经验禁锢了头脑。否则，只能在原地打转转，很难有什么创新，有时候甚至还会吃经验主义的苦头。

学历并不重要，重要的是能力

巧克力之父弗斯·贝里一生几乎没进学校读过书，然而凭着灵活的头脑，他经营的乔治王巧克力公司，资产达 98 亿美元，在同行业名列世界第一。

2003 年，乔治王公司获准登陆中国。消息一经发布，该公司在美国的总部信箱，就收到来自中国的四百多份自荐信，它们大多是即将毕业的大学生发去的，他们要求进入中国分公司工作。

弗斯·贝里获知此事，非常高兴，可是在他阅读了这些信件后，却犹豫起来，因为在这四百多份自荐信中，有三百多人的学习成绩每科都在90分以上，并且有80%以上的学生曾担任过学生会干部，从老师给他们写的评语看，每个学生的在校表现也都是尽善尽美的。

弗斯·贝里读完自荐信，没有对自荐者的诚信产生怀疑，他相信这一切都是真的。中国是一个重视教育的国家，中国学生无论在哪个国家读书，成绩好都是出了名的。不过，他觉得仅凭这些还不能确定谁有资格进入他的公司。他想，要在这些好学生中选一位适合自己公司的人，还必须测试点其他的东西。于是，一份别具一格的问卷被以回执的形式发回自荐者的信箱。

回执是这样写的：请你用一句最简洁的话，回答下面四位著名人士到底在说些什么？

1954年4月2日，苏黎世联邦工业大学建校100周年，邀请爱因斯坦回母校演讲，爱因斯坦在演讲中说了这么几句话："我学习成绩中等，按学校的标准，我算不上是个好学生，不过后来我发现，能忘掉在学校的东西，剩下的才是教育。"

1984年10月6日，诺贝尔物理学奖获得者丁肇中回母校清华大学演讲，在接受学生的提问时说了这么一句话："据我所知，在获得诺贝尔奖的90多位物理学家中，还没有一位在学校里经常考第一，经常考倒数第一的，倒有几位。"

1999年3月21日，比尔·盖茨应邀回母校哈佛大学参加募捐会，在记者问他是否愿意继续学习、拿到哈佛的毕业证书时，盖茨向那位记者笑了一下，没有回答。

2001年5月21日，美国总统布什返回母校耶鲁大学，接受荣誉法学博士学位。由于当年他成绩平平，在被问到现在接受这项荣誉作何感想时，他说，对那些取得优异成绩的毕业生，我说"干得好"；对那些成绩较差的毕业生，我说"你可以去当总统"。

接到回执的四百多名同学，均发回自己的答案。2003年3月10日，乔治王巧克力公司中国分公司在北京开业，有一位学生被通知参加开业庆典。他是这么回答的："学校里有高分低分之分，但校门外没有，校门外总是把校门里的一切打乱重排。"

有时，在校园里学到的东西，在校门外可能用不上。一个人在学校里学习成绩好，并不代表着走上社会后的工作和创业能力强。在校门外，主要看的不是学历，而是能力。

知识要灵活运用

逻辑学家、语法学家、音乐家、占星家和物理学家5个人准备合做一顿饭。为了做饭，他们还做了分工。

逻辑学家去市场上买酥油。他回来的时候手里提着一罐子酥油，他的逻辑学知识使他动起了脑筋，他自问道："究竟是罐子依赖酥油呢，还是酥油依赖罐子？"他反复考虑仍然解释不了这个问题。他想最好试验一下，以便弄清这个真理。于是，他把罐子口朝下，翻了一个跟头，结果油都洒在地上了，逻辑学家这才弄清了谁依靠谁的问题。他感到很高兴，因为他又发现了一个新的真理，他愉快地拿着空罐子回到了住处。

语法学家去买酸奶。在大街上，他遇到一个卖酸奶的姑娘。他听她说话不合语法，就堵着耳朵走开了。当他往前走时，听到另一个姑娘在叫卖酸奶，她的发音不对，于是语法学家走到姑娘旁边说："看来你是个野姑娘，每一个词和每一个字就像神一样神圣，发音不对就糟蹋了它，这是亵渎圣物。你要认真学习发音，要发正确。"姑娘听了这番教训和责备很不高兴，她回敬说："你是哪儿来的？你好像是一个野人，你有什么资格让我好好学习说话。你应首先管好自己的舌头。如果你想买酸奶的话，就买，不然，就闭上你的嘴滚开吧！干吗在这儿浪费时间？"听了这顿数落，语法学家火了，说："如果我从像你这样说话不符合语法

的人手里买酸奶，我也会因而招致罪恶。"他说完就走了，因而没有买成酸奶。

占星家来到附近的森林中寻找树叶，准备烧饭用。他爬到一棵榕树上去揪树叶，他正要揪的时候，听到变色龙"咕噜咕噜"地叫起来。占星家自言自语说："这个叫声很不吉利，今天我不应揪树叶，最好还是下去吧。"当他试图下来时，地上有只蜥蜴叫了起来。他想，这个声音是个吉兆。当他左思右想该怎么办时，天已经快黑了，他只好回到住处，而没有采回树叶。

物理学家去市场上买菜。他看到那里有各种各样的菜。但是他想，茄子吃了使人发热，根茎类菜常引起痛风症……他发现每种菜都有缺点，他回到住处，什么菜也没有买。

当4个学者出去采购时，音乐家开始做饭了。他把开水倒在锅里，再加上米，盖上锅盖。当他把炉子点着时，蒸汽噗噗地冒出来，把锅盖顶得"啪啦啪啦"直响，听到这种声音，音乐家的灵感来了。他随着锅盖震动节奏，谱起曲子来。过了一会儿，粥煮开了，它发出的声音是很不协调的，于是音乐家找来一根粗棍子，使劲地敲起锅来，结果锅被打碎了，煮的稀饭洒了一地。虽然如此，他仍然很高兴，因为那不协调的声音消失了，当然，稀饭也没有了。

到了晚上，5个学者聚到一起，互相指责起来，都说之所以没有做好饭，是别人的错误。

生活中的各个方面都需要专家和精英，但拥有专业的知识却不能灵活运用，仅仅做个书呆子是没用的。我们必须懂得各种生活常识，做什么事情都不能脱离这些常识，只有这样，我们才能过上正常的生活。

要虚心听取别人的意见

鹰王和鹰后打算在密林深处定居下来，它们挑选了一棵又高又大、枝繁叶茂的橡树，在最高的一根树枝上开始筑巢，准备夏天在这儿孵养后代。

鼹鼠听到这个消息。大着胆子向鹰王提出警告："这棵橡树可不是安全的住所，它的根几乎烂光了，随时都有倒下的危险。你们最好不要在这儿筑巢。"

嘿，这真是咄咄怪事！老鹰还需要鼹鼠来提醒？你们这些躲在洞里的家伙，难道能否认老鹰的眼睛是锐利的吗？鼹鼠是什么东西，竟然胆敢跑出来干涉鸟大王的事情？

鹰王根本瞧不起鼹鼠的劝告，立刻动手筑巢，并且当天就把全家搬了进去。不久，鹰后孵出了一窝可爱的小家伙。

一天早晨，正当太阳升起来的时候，外出猎食的鹰王带着丰盛的早餐飞回家来。然而，那棵橡树已经倒下了，它的子女都已经摔死了。

看见眼前的情景，鹰王悲痛不已，它放声大哭道："我多么不幸啊！我把最好的忠告当成了耳边风，所以，命运就对我给予这样严厉的惩罚。我从来不曾料到，一只鼹鼠的警告竟会是这样准确，真是怪事！真是怪事！"

"轻视从下面来的忠告是愚蠢的，"谦恭的鼹鼠答道，"你想一想，我就在地底下打洞，和树根十分接近，树根是好是坏，有谁还会比我知道得更清楚呢？"

不要总认为自己高高在上，无所不能，更不能目空一切，听不进去别人的忠告。即使你有纵览全局的雄才大略，相对来说，别人只能做一些微不足道的小事，但尺有所短，寸有所长，一个人再有能力，也有失策的时候，虚心听取别人的意见永远不会错。

要想巩固偶尔的成功，必须要不间断地苦练本领

斑马埃里克在一次逃避狮子的袭击中，本能地向后一踢，恰好踢中狮子的额头，狮子应声倒地，一会儿工夫就命归西天了。于是群马就认为埃里克是上帝派来保护马群的天马。在大家的推崇下，埃里克成了马群的领袖。狮子们也都不敢贸然前去找埃里克的麻烦。

　　一年后，埃里克在幸福安逸中发福了。庞大的体形配上油光发亮的毛皮，让大家一眼就知道它是"马中之尊"，加上慢悠悠的走路姿态，十足的领袖身份。

　　一天，一头流浪的狮子来到了这里，见到斑马群它垂涎三尺。它搜觅了一下，见弱者不少，不是骨瘦如柴，就是小如羔羊，实在不能满足自己的胃口。正犹豫不决时，它的眼睛突然一亮，一匹体态臃肿、油光发亮，走路胜似闲庭信步的斑马进入它的视野。凭它的判断，这匹马虽不年迈，但绝对没有奔跑力。想到这里，这头流浪狮子喜出望外，于是一纵身向埃里克扑去。

　　埃里克也发现这头狮子向它袭来，除了加快速度夺路逃窜之外，它还使出了曾经踢死一头狮子的历史经验，抬后腿频频向狮子踢去，可这头狮子狡猾地一偏头就躲过去了，并趁斑马放慢了速度之际，一口咬断了它的喉管。众斑马见它们的领袖被一头很一般的狮子未费多大力气地捕获了，个个瞪起了惊奇的眼睛。

感悟

　　偶然的成功算不了什么，要想拥有真本事，我们还得在生存的过程中，不间断地总结经验和教训，不间断地苦练本领，只有这样才能夯实自己生存和发展的基础。否则，偶然的成功或许就是将来永远的失败。

无论做什么事都要全身心投入

乔伊·柯斯曼出身贫寒，第二次世界大战后，他退役在匹兹堡一家出口公司工作。他不是大学毕业生，又没有什么专业技术，每周只有 35 美元的薪水。

他急着想自己做生意。每天晚餐后，他就在厨房的桌子上，写信和全世界的至交联络。在一年时间里，他发出了几百封信，但是由于地址错误，全都投递无门，这就耗尽了他所有的休闲时间。

有一天，他在《纽约时报》上看到一则卖洗衣肥皂的广告，这类的肥皂当时还很稀少，他以电话证实了这项广告后，又开始给国外的至交发信。

几个星期以后，银行通知他，有一封 18 万美元的信用状给他。这表示只要他能将肥皂运上船，这张信用状就可以兑现。信用状的有效期限只有 30 天，假若他在 30 天内不能装上船，信用状就作废。

柯斯曼的肥皂批发商告诉他在纽约有货。他所要做的事只是到纽约去安排肥皂装船事宜，当然还要处理一些财务上的问题。柯斯曼找到他的老板，向他请几个星期的假，但老板不准。柯斯曼只得找到一些匹兹堡的朋友，问谁愿意到纽约去办这件事，就可得到这项交易的一半利润，但是没有一个人愿意去。

柯斯曼最后无办法可想，又去找老板，声明假若不准他假的话，他只有辞职，老板看他这样专注，只有让步。柯斯曼和妻子在银行里只存了 300 美元，但妻子也尊重他的专注，她对他有信心。他们提出这仅有 300 美元，让柯斯曼带着上纽约去。

住进旅馆以后，柯斯曼又打电话找批发商。结果电话号码弄错了，也就没有地方去找这批发商。但柯斯曼仍然坚持不放弃。

他到图书馆找到一份肥皂公司的名录，回到旅馆后，他打电话问美国电话公司，仅电话费就用了 80 美元，最后他找到一家阿拉巴马的肥皂公司有这种肥皂，但必须由他自己去阿拉巴马提货。

柯斯曼找遍了纽约所有的货运公司，找到了一家以赊账方式来为他运 3000 箱肥皂的公司。这时候他又有了另一件麻烦，30 天的期限浪费了很多，他是否还有时间将肥皂运到纽约上船？

但柯斯曼仍显出对目标的专注。那些借钱给他的人都说，在他身上似乎有着某种东西使他们信任他会成功，而愿意将钱借给他。

他将肥皂运到纽约后，只剩下不到一天的装船时间。柯斯曼亲自动手帮忙装船。他们整整工作了一夜，到第二天中午，事情非常明显，他们在银行关门以前无法装完货。在银行关门前不到一个小时，柯斯曼只得离开装货码头，前去找轮船公司的总裁。

后来柯斯曼告诉朋友说："当时我已经一星期没洗澡，由于帮忙将肥皂装船，整夜没有睡。我满脸胡子，早饭钱还是向货车司机借的。肥皂公司的人追着我要肥皂的货款，货车公司也在催讨我欠他们的钱。旅馆等着我要钱，但不知道我的去处。甚至连我妻子也不知道我的下落。我的外表和我的感觉，仿佛我自己也需要用一箱肥皂来清洗。"就在这种情形下，他去到轮船公司总裁办公室，向总裁说出全部事情的经过。这位总裁注视着他说："柯斯曼，事情已做到这种程度，你不会失去这笔生意了。"说着总裁交给柯斯曼装货凭单——虽然肥皂未装完。这表示轮船公司愿意负责，要是货装不够，要由轮船公司赔偿损失。总裁派人将柯斯曼送到银行去。

这项交易的成功，使柯斯曼赚了 3 万美元，这对一个周薪 35 美元的人来说，可说是相当好了。

无论做什么事都要全身心投入，表现出自己的专注和热忱，不轻言放弃。因为这种精神能使我们具备一种领袖气质，影响和感染每一个和我们打交道的人。这样做起事来，就很容易成功。

发现之门就在我们身边

1872 年的一天，在美国加利福尼亚的一个酒店里，斯坦福与科恩因为"马奔跑时蹄子是否着地"发生了争执。

斯坦福认为，马奔跑得那么快，在跃起的瞬间四蹄应是腾空的。而科恩认为，马要是四蹄腾空，岂不成了青蛙？应该是始终有一蹄着地的。

他们人各执一词，争得面红耳赤，谁也说服不了谁。于是他们就请英国摄影师麦布里奇做裁判，可麦布里奇也弄不清楚，不过摄影师毕竟是摄影师，点子还是有的。他在一条跑道的一端等距离放上24个照相机，镜头对准跑道；在跑道另一端的对应点上钉好24个木桩，木桩上系着细线，细线横穿跑道，接上相机快门。

一切准备就绪，麦布里奇让一匹马从跑道的一头飞奔到另一头，马一边跑，一边依次绊断24根细线，相机转接拍下了24张相片，相邻两张相片的差别都很小。相片显示：马奔跑时始终有一蹄着地，科恩赢了。

事后，有人无意识地快速拉动那一长串相片，"奇迹"出现了：各相片中静止的马互相重叠成一匹运动的马，相片"活"了。电影的"雏形"经过艰辛试验终于成熟了。

感悟

处处留心皆学问，发现之门就在我们身边。只要我们内心充满好奇和求知的欲望，留心生活中的每一个瞬间，坚持己见，并为之争执、理论，适时求助、探究，就能打开那扇隐藏的发现之门。

不要生搬硬套学习别人的经验

有一对夫妻做蔗糖生意。

丈夫每天到各村向村民收购蔗糖，村民将蔗糖熬制成四方块或扁圆形的糖出售。丈夫每次收购糖回家后，总是把糖装进箩筐或麻袋里，然后运到外地去卖。他在集中包装时，经常掉些糖在地上，而他却很不在乎，不加理会。

他的妻子是个细心、勤俭的人，她见满地的蔗糖心疼极了。当丈夫每次装完糖后，她都要把地上的糖捡起来，装在麻袋里，存放在屋后的房间里。

第二年，临近年关时，蔗糖短缺，丈夫无奈之只好停止买卖。按照当地的惯例，每年年终要结一次总账，一切拖欠的债务都要偿还完毕，绝不能拖到明年。

近年来由于年头不好，又缺乏运气，丈夫的生意日渐冷清。特别是缺糖这一年，他亏了本钱，欠了人家一些债。数目虽然不多，但也使他伤透脑筋。

他整天冥思苦想："到哪儿去筹措这笔钱来还债呢？"

后来他对妻子说了这件事，并且感叹道："如果还留点蔗糖就好了，一定能卖个好价钱，也不至于负债。可现在一点糖也没有，怎么办？"

丈夫的艰难处境，使妻子猛然想起平时捡的糖，她想："糖可能不多，但还有些。"她疾步走到后房，清点一下，居然还不少呢，整整有四担之多。妻子满面笑容地将此事告诉丈夫，丈夫到后房一看，真是绝处逢生，看着这些蔗糖不禁欣喜若狂，简直是天外飞来的财富，再也不用担心债务了。

丈夫扭亏为盈，全靠细心贤惠的妻子。这消息传遍了大街小巷，不久，竟然传到了镇上。

镇上有家卖书报和文具的小店，店主将这件事讲给自己的妻子听。妻子也想博得丈夫的夸奖和感激，她思忖片刻，觉得这没有什么难。

从那天起，她每天趁丈夫不在时，将书、报纸、课本、日历等，每样都拿一两本藏起来，天天如此。快两年了，她看到藏起来的书报等物已经不少，扬扬得意地叫丈夫到后房去看。丈夫不看倒也算了，一看气得差点昏倒。

"天啊，你这是在拿我的血汗钱开玩笑！"丈夫仰天哀叹。妻子愚蠢至此，报纸、课本、日历过了时，还会有谁要呢？

丈夫伤心之余，冷静下来，开导妻子说："向别人学习，是要动脑筋想想的，别人的情况和咱们的不一样，所以要找适合自己的方法，千万不能生搬硬套。生搬硬套，不但走了弯路还吃了亏，还不如不学呢。"

感悟

别人成功的经验固然值得借鉴，但万不可生搬硬套，要根据自己的具体情况来应用，否则会把事情办砸。很多时候，生搬硬套地学习别人的经验，还不如不学。